2016年 江西省社会科学规划办公室 青年项目 16Y
市内涝问题的典型性研究——以景德镇城市为例》主持
2017年江西省人文社科 青年项目 YS17221《以海绵城市理论为导向的低能耗城市景观设计研究》主持在研

海绵城市
——景观设计中的南方小城市内涝管理

张一帆 张娜娜 著

吉林大学 出版社

前言 PREFACE

近年来，城市内涝频发，成了我国城市化经济建设与发展无法回避的重要问题之一。海绵城市的提出，是在生态文明建设背景下，基于城市水文循环，重塑城市、人、水和谐关系的新型城市发展理念，具体是指通过加强城市规划建设管理，充分发挥建筑、道路、绿地和水系等生态系统对雨水的吸纳、蓄渗和缓释作用，进而有效控制雨水径流，实现自然积存、自然渗透、自然净化的城市发展方式。其建设能有效缓解快速城市化过程中的各种水问题，有效改善城市热岛效应等生态问题，创造具备生态和景观等功能的公共空间。这是修复城市水生态、涵养水资源、增强城市防涝能力，扩大公共产品有效投资，提高新型城镇化质量，增强市民的获得感和幸福感，促进人与自然和谐发展的有力手段。

2014年，国家住房和城乡建设部印发了《海绵城市建设技术指南——低影响开发雨水系统构建（试行）》（以下简称《指南》），明确了海绵城市的定义、内涵和路径，并从规划、设计、工程建设、维护管理等几个方面提出了内容、要求和方法。2015年4月，根据国家财政部、住房城乡建设部、水利部《关于开展中央财政支持海绵城市建设试点工作的通知》（财建〔2014〕838号）和《关于组织申报2015年海绵城市建设试点城市的通知》（财办建〔2015〕4号），财政部、住房城乡建设部、水利部评选出首批海绵城市建设试点城市。2016年10月，住房城乡建设部发布《关于印发国家园林城市系列标准及申报评审管理办法的通知》（城建〔2016〕235号）。海绵城市建设已然成了当前城市建设领域的热点问题。

建设海绵城市不是为了赶时髦，而是要实现城市生态环境的可持续发展。针对我国城市建设密度高、强度大的现状，海绵城市建设应突出中国雨洪管理特色，即统筹低影响开发雨水系统、城市雨水管渠系统及超标雨水排放系统，三个系统相互补充，实现弹性的科学管理。此外，海绵城市建设必须与城市景观建设相结合，通过景观生态型的雨洪管理措施与方法使城市生态环境实现可持续发展。国外的成功经验我们可以学习借鉴，但不能生搬硬套，建设海绵城市要根据区域环境和场地的特点采取不同的措施和方法。

第五章　海绵城市规划理论方法 …………………………………………… 064

　　第一节　海绵城市规划主要技术方法 / 064
　　第二节　雨洪管理景观安全格局 / 085
　　第三节　生态雨水基础设施规划 / 087

第六章　海绵城市设计概论 …………………………………………………… 094

　　第一节　海绵城市设计要则 / 094
　　第二节　海绵城市设计内容 / 097
　　第三节　海绵城市设计步骤 / 098
　　第四节　低影响开发雨水系统的构建 / 105

第七章　海绵城市设计技术 …………………………………………………… 116

　　第一节　雨水回收利用及其他雨水管理技术 / 116
　　第二节　绿色设计技术 / 120
　　第三节　生态基础设施设计技术 / 128
　　第四节　雨水花园设计技术 / 137
　　第五节　低维护技术 / 140
　　第六节　雨洪管理 / 142
　　第七节　土壤改良 / 144
　　第八节　透水材料 / 147
　　第九节　绿色街道 / 149
　　第十节　屋顶花园和垂直绿化 / 151
　　第十一节　生态修复 / 155

第八章　低能耗城市景观设计的研究理论 ……………………………………… 156

　　第一节　我国以海绵城市为向导的低能耗城市景观设计理论和
　　　　　　实践发展 / 156
　　第二节　江西省城市景观设计的实践发展中存在的问题 / 164
　　第三节　海绵城市理论中的低能耗城市景观设计方法思路 / 166

第九章　海绵城市建设组织管理 …… 170

第一节　组织管理架构 / 170
第二节　责任主体 / 171
第三节　职能分工 / 175

第十章　海绵城市规划管理 …… 180

第一节　规划编制管理 / 180
第二节　规划审批和实施管理 / 183
第三节　建设项目规划许可制度管理 / 185

第十一章　海绵城市维护管理 …… 193

第一节　维护管理机制和流程 / 193
第二节　维护管理重点 / 195
第三节　风险管理 / 200

第三部分　实例篇

第十二章　景德镇市城区主要内涝点调研 …… 204

第一节　景德镇市水系概况 / 204
第二节　景德镇市水利工程概况 / 208
第三节　景德镇市城区内涝点调查分析 / 210

第十三章　海绵城市建设实例 …… 214

第一节　宜兴海绵城市 / 214
第二节　南昌青山湖水生态治理 / 220
第三节　深圳龙华新区大道景观设计 / 227
第四节　景德镇市黄泥头地区雨水花园景观设计 / 230

参考文献 …… 245

第一章　城镇化与水循环

第一节　城镇化与水循环

一、城镇化与水循环

改革开放后，我国经历了翻天覆地的变化，社会生产力迅猛发展，科学技术水平取得长足进步。在全国国内生产总值中，第二产业、加工业以及以通信业、服务业为代表的第三产业所占比重快速升高，而农业、林业等第一产业所占比重逐年下降。与此同时，大量人口向城市转移，城市核心圈层建设趋于饱和，城市用地不断向郊区扩展。与此同时，城市中的居住形式也随之发生改变，由之前低密度的分散式向高密度的集约式转变，居住空间逐渐远离自然环境。这些现象都标志着城市化进程处于高速发展阶段。但是，在城市化的过程中，人们一直以来只是注重了城市的发展，而没有注重城市中自然生态系统的建设，因而引发了城市化进程中的一系列生态问题，其中最突出的问题就是城市水问题。

参与城市水循环的水体主要有雨水、河湖水、地下水、饮用水、景观水以及废水。雨水下渗补充地下水，补充河湖等自然水体；城市取湖水或地下水作为水源净化处理后，为市民提供饮用水以及生产、生活用水；生产、生活用水经使用后成为废水，被输送至污水处理厂净化处理后，排入自然水体；自然水体蒸发（包括植物蒸腾）促成降雨。城市发展初期，这种循环有序进行，城市供需水量基本保持平衡。然而城市化的高速发展打破了这种良性循环过程。为了满足日益增长的需求，楼房越建越多且越来越密集，纵横交错的道路也越来越发达、便利，但是这些发展同时促使城市下垫面硬质化面积越来越大，以至于雨水不能正常渗入地下，与地下水融合到一起，更无法与河湖自然水体之间进行融合。而此时，埋于地下的城市管网，默默工作，集中收集地表径流。中小降雨时，雨水径流经管网快速排至城市下游；

遇强降雨时则受管网设计建造标准的限制，在排水受阻时形成内涝灾害。高硬质化率的城市下垫面与管网排水方式共同造成城市降水无法入渗，来不及蒸发，进而导致雨水资源流失、城市地下水减少、河湖水体缺乏补充，最终危及城市供水环节，引发城市水问题。

二、城镇化与水问题

（一）城镇化与水资源短缺

从物化属性来讲，水是可再生资源，但是并非"取之不尽，用之不竭"，其本身具有时空分布不均的特性，在全球干旱或者半干旱气候区季节性缺水问题比较突出，人类活动和气候变化等也会增加这种不确定性，从而造成水资源短缺问题。城镇化过程中人口不断涌进城市，再加上工业生产集聚区越来越多，以至于城市对水的需求量也迅速加大。但是，城市一般地域狭小、集水面积不足，淡水资源供应能力往往不能满足需求，用水浪费、管理不善、效率低下等现象又会进一步加剧水资源供需不平衡，造成资源型缺水。2015年的世界经济论坛甚至将水危机列为全球第一大风险，据估计全球淡水需求量每年增加约6 400亿 m^3，联合国教科文组织报告预测：到2025年全球淡水紧缺量将增加至20 000亿 m^3，如果人们对水资源管理不加以改进，到2030年供水量将只能达到所需水量的60%。

为满足生产和生活需求，人们兴建蓄水、引水等工程，过度开发地表水和地下水资源。据统计，目前世界各地兴建的长距离跨流域调水工程有160多项，如美国加利福尼亚州的北水南调和我国的南水北调工程。长距离调水工程量大、投资和运行成本高并具有较大的潜在生态危机，需要权衡利弊、充分论证、科学决策来开展建设。地表水过度开发会造成河流断流、湖泊萎缩、湿地退化、纳污能力丧失、水生生物灭绝等问题，国际上界定河流水资源开发利用率40%为水生态警戒线，而人们对有些河流的水资源开发利用率甚至达到90%以上。地下水超采则会带来地面沉降、海水内侵、地下水质恶化、泉水枯竭、地质灾害风险等问题。例如，我国华北地下水超采区形成了世界上最大的地下水漏斗，在沧州、衡水等地引起地面沉降、地面大裂缝等。与常规水资源开发利用技术相比，解决水资源短缺的方式更多的应考虑水资源的可持续性方式。比如：节水技术；雨水的收集、利用；污水的二次利用等。

另一方面，城市水污染导致水质不能达到生产、生活用水和原水水质的标准，这又会进一步加剧水资源短缺的问题，造成水质型缺水。由于大量污废水没有得到有效处理，水质型缺水问题在发展中国家和地区尤为突出，如我国长江三角洲和珠江三角洲部分区域，本是丰水湿润地区，而快速粗放的经济发展方式却造成了严峻的水质型缺水问题。

（二）城镇化与水环境污染

相比水资源短缺，快速城镇化过程中工业生产、生活污水的大量排放和非点源污染等导致的水环境污染状况更让人触目惊心。水环境污染不仅包括地表水环境污染，还包括土壤、地下水、近海海域，甚至大气等相关的生态环境中的污染，并且影响饮用水安全和农产品安全，最终威胁人体健康。工业废水中含有大量酸碱、重金属、耗氧有机物、放射性物质等，特别是一些具有持久性和生物累积性的有毒物质，不经处理排放到水体将对环境和人类健康造成严重危害，如日本"水俣病"等水污染公害事件。工业废气中的氮硫氧化物等直接排放也会引起酸雨，从而间接污染水环境。城市居民生活污水则主要含有病原微生物、氮、磷、有机物等，容易造成疾病暴发和水环境富营养化，出现河流水污染状况。

18世纪以来，发达国家在工业化和城镇化的发展早期，湖泊河流多被当作排污的"下水道"，水质被有机物、重金属、致病菌等严重污染。英国伦敦的"母亲河"——泰晤士河19世纪初期被严重污染，引发多年的霍乱疫情，恶臭甚至导致人们工作停滞，从19世纪中期到20世纪经历了百余年的治理，从建设拦截式排污下水道到实行流域管理，泰晤士河才得以恢复到接近污染前的自然状态。美国的工业化早期也是"黑色文明"阶段，据统计直到1909年，仍有超过80%的污水未经处理直接排放，河流、港口等水体均遭到严重污染，直到1948年美国开始制定综合性的水污染控制法——《清洁水法》以控制不断恶化的水环境，并不断进行修正，对点源、面源的污水处理和排放标准进行严格的规定，经过数十年的治理，水环境才得到有效改善。

而发展中国家的城镇化过程往往忽视了对发达国家环境治理经验和教训的借鉴，重走了"先污染后治理"的老路。总人口世界第二的印度过去几十年也在经历快速的城镇化过程，2010—2015年间的城镇化率年均增速更是高达2.47%，工业和生活污水的直接排放造成了印度严重的水污染问题：2003年联合国世界水资源评估报告中印度的生活用水质量在全球被评估的122个国家中排名第120位，境内恒河被列入世界上污染最严重的河流之列，2008年印度一类城市和二类城镇的污水处理能力仅为32%和8%。

（三）城镇化与雨洪灾害加剧

城镇化过程中的另一个突出问题是雨洪灾害加剧，其中虽有极端气候增加等自然因素，但也有较多的城市建设原因。城镇化最显著的表现就是产业、物业不断向城中发展，人口不断向城中涌进、集中，这些因素也就导致了人口密度加大、土地用途产生变化，而建筑物及道路建设则促使下垫面不透水面积也随着其增加而增大，从而改变了城市地区雨水形成条件和水文循环过程，加剧了雨洪灾害。

城镇化对区域降雨存在一定影响。有关研究表明城市地区的热岛效应、建筑物对气流的机械阻碍和抬升作用、下垫面阻滞效应和空气污染带来的凝结核效应等，会对局部气候特征产生一定影响，使城区容易形成对流性降水，如降水强度增大、降水时间延长、降雨量增多，从而增加局部城市地区内涝风险。

城镇化发展对雨水产汇流过程的改变是城市雨洪灾害加剧的主要原因之一。自然地表具有良好的透水性，通常在降雨过程中，一部分雨水被地表上的植物截流蒸发，剩余部分下渗涵养土壤、补给地下水，其余部分汇入地表径流，形成水体。而传统的城镇化建设和开发过程中，人们强烈干预自然环境，将其改造为人工环境主导的空间：城市区域表面从植被覆盖变为硬质不透水的混凝土、沥青覆盖的路面、屋顶面等，减少了土壤和植物对雨水的蓄积和蒸腾，截断了雨水入渗及补给地下水的通道，使地表径流增加，而且地表径流中的污染物也在不断增加；对河流附近的荒地进行人工造田，不仅破坏了地表植被，使水土流失不断加剧，同时大量减少了水面积及湿地面积，使城市滞洪、蓄洪能力下降；对河道进行人工改造，如裁弯取直、驳岸硬化渠化、建造单一化景观等，隔断了河流与周边土地之间自然的水文和生物过程。这些变化造成区域原有的自然生态和水文特征的改变，破坏了自然水循环的平衡，导致市区内雨洪径流增加、洪峰流量增大、洪峰时间缩短，从而加剧了城市本身及其下游地区雨洪灾害的威胁。

城市规划建设管理滞后和防洪标准偏低也是城市内涝多发的一个重要原因。在"城镇化"快速推进的过程中，由于城市基础设施规划建设的不科学或者滞后于城市发展，出现排水系统设施建设不完善和老化、重现期设计标准过低、雨污合流溢流污染严重、功能单一等突出问题。与此同时，城镇化使城市地区的人口、财富、资源等更加集中，"雨洪"灾害造成的损失和影响也日益严重。

第二节　传统雨洪管理模式

一、城市化带来的"雨洪"管理问题

随着城市化的高速发展，大量人口涌进城市，人口密度不断加大，其活动对原有自然生态系统的干扰也在逐步增强；同时，为了满足进城人口居住、工作、生活

等的需要，建设用地也在迅速增加，这也就促使地表地理过程以及景观结构发生巨大变化。城市地区中的下垫面也由透水性极好的自然地表为主转变为以透水性较差以及无透水性的硬质下垫面为主，很大程度上改变了原有的自然水文生态过程，也因此导致了一系列城市"雨洪"管理问题，突出的问题有：洪涝灾害发生的频次越来越多、水环境恶化不断加剧、水资源短缺日趋严重。城市中存在的大量渗透性较好、"雨洪"调蓄能力较强的耕地、林地及湿地等急剧消失，取而代之的则是纵横交错的交通用地、各种建筑屋面、供人们休闲的大小广场等透水性能较差及无透水性的硬化表面。这些硬化表面不能像自然地表那样对降雨进行有效截流、自然下渗和蒸发以及影响其产汇流过程。同时，硬化表面让原本应该渗入地下的雨水转变为地表径流排出，使雨水径流量变大，汇流速度更加迅猛，洪涝灾害发生的频率和强度也就随之加大。数据显示，近几年沿海大中城市爆发洪涝灾害的频率也在不断增加。

夜以继日的城市建设，让人们的居住和生活环境发生了翻天覆地的变化，同时使城市中的物质迁移生态过程产生了巨大变化，面污染源污染越来越多，河流的水质与生态功能受到严重破坏。城市水质性缺水局面越来越严重，主要是由于城市点源污染及面源污染不断加剧造成的，其中工业和生活污染源等点污染源随着政府及各界人士对城市环境保护的关注而获得了一定程度上的有效控制，降雨径流冲刷地表产生的面污染源逐渐成为城市水质性缺水的主要因素。美国环保局一项研究显示：60%的河流污染以及50%的湖泊污染都与面源污染有密切关系。我国环保部一项2003年的一项数据显示，河流经过城市的区域有90%都产生了严重污染，湖泊流经城市的区域75%都产生了富营养化。

除此之外，土地利用及土地覆被随着城市化进程的发展也产生了巨大变化，这也就导致了地表水与地下水相互转化的过程受到了影响，尤其是硬化地表让雨水无法自然渗透到地下，对地下水形成有效补给。由于人们对环境保护的意识比较薄弱，地表水一直在遭受着各种污染，可利用的地表水越来越少。但是，社会的不断进步，工业的日益增多，生活用水量也在逐年增加，人们只好选择对地下水进行无节制的开采。与此同时，地下水的补给来源在不断减少，这就使地下水位下降速度越来越快，环境负效应也越来越严重，其中典型的就是"地下漏斗"。

二、传统排放管理的问题

其实，"雨洪"也是一种资源，它可以用来满足人们生活、生产及生态环境的需要。而我们没有看到传统的"雨洪排放管理"的资源性，只是将它看作了一种废水，并将它直接排入城市地下管网，让它和城市污水同流合污，浪费了它的资源性，有时还会给城市带来洪灾，造成损失。对"雨洪"的认识，农村和城市是一致的。

（一）"雨洪"资源浪费现象突出

"雨洪"不只是一种废水，也是一种宝贵的资源。其对城市水循环系统和流域水环境系统的作用非常重要。城市植被在城镇化发展的过程中被大量破坏、减少，水泥场地、路面等阻碍雨水渗透的硬质面积大量出现，导致"雨洪"流量迅速加大，水循环系统遭到严重损坏。这种现状也就导致了城市原有的排水系统和河湖水系的排洪能力无法满足日趋增长的"雨洪"流量，从而引发城市中一系列生态环境问题。

城市规模不断扩大，城市对水资源的需求越来越多，现有的水资源已经无法满足城市的用水需求，尤其是在水资源相对匮乏的北方城市更为突出。目前，人们对城市"雨洪"资源的管理仍然处于传统的粗放式排放管理阶段，"雨洪"资源没有得到有效利用，从而被浪费掉了。生活在农村的人们，对环境保护更是意识淡薄，随处可见乱砍滥伐等现象，这也就导致农村许多植被遭到破坏，水土流失现象越来越严重。

面对日趋紧张的城市水资源问题，我们应从以下两方面进行改善：一是采用各种手段增加城市水资源的供给量，如调水措施（南水北调工程）、农用水资源向城市用水转换等；二是积极进行节约用水的宣传，引导城市居民及企事业单位树立节约用水的理念，让节约用水深入到每个人的心中。在努力找水、节水的同时，我们还应把注意力转向另一种水资源——"雨洪"资源，这是存在于城市中的，最便于利用的水资源。目前，人们对水资源的认识和重视度相对较低，这也就导致了现实中存在的一种怪象，即城市用水问题日趋严重，但是日益增长的城市雨水资源却通过巨额投资建造的庞大雨洪排放系统白白流失了。财政数据显示，当前每年由于缺水给国家带来约二百亿元的直接财政损失。

天然降水是可用水资源重要的组成部分，但并未得到充分的重视和利用。某项数据显示，仅有30%~40%的降水量获得了利用，而60%~70%的降水通过地表径流和无效蒸发白白流失了。在国内，天然降雨的利用率更是低到只有10%。可见，"雨洪"的利用还存在着巨大的潜力。城市"雨洪"资源的合理利用，一方面可以很大程度上缓解城市水资源匮乏状况，另一方面还能降低洪涝灾害的发生频次，改善日趋恶化的城市环境状况，促进城市的良好发展。对于水资源匮乏状况越来越恶化的国家来说，"雨洪"资源的有效利用是其缓解水资源匮乏现状的首选方向，也是城市和农村水资源可持续利用的有效途径之一。

（二）雨水径流污染严重

随着社会快速发展，人口密度不断变大，人类活动也更加频繁，有毒有害以及难降解物品大量进入人们常用物品之列，再加上传统的废弃物排放管理方式，促使雨水径流污染程度日趋严重。无论是城市还是农村，此情况都在不断恶化中。

城市化进程的迅速推进也加速了雨水径流污染的程度不断加深。城市径流雨水中有机物、悬浮物等不断增多的因素主要有：一是城市建筑越来越多；二是沥青油毡屋面也迅速扩大；三是沥青混凝土道路纵横交错；四是城市汽车拥有量逐年上升，轮胎磨损的碎屑不断增多；五是建筑工地上的淤泥和沉淀物更是随处可见。由于对各种固体废物的处置不够合理，导致其处理过程中产生的大量有机物、悬浮物进入径流雨水中，大量污染了径流雨水资源。其中，一些地区的雨水受污染的程度比城市污水有过之而无不及，如北京城区，通过对1998年至2003年不同月份数据研究就会发现，屋面和路面径流水质的污染远比城市污水的受污染程度要高很多。

农村的雨水径流受污染程度也在不断加剧。农药、杀虫剂的发明、应用，让农民劳作效率提升的同时，给雨水径流造成了极大污染；动植物的有机废弃物等将自身携带的大量有机物、病原体、重金属、油剂等污染物也融进了径流雨水中。这都使农村雨水径流受污染的程度不断加深。

现在国内大多数城市没有设置专门的雨水管道，其雨水排放主要借助污水管道来进行，雨水口也被大家视为污水口，许多垃圾被人为地丢进雨水井中，还有道路泥沙、建筑垃圾等不断进入雨水井，造成雨水排放堵塞。每当暴雨过后，道路雨水无法及时排放，造成道路路面大面积的积水，交通也受到严重影响。甚至还有一部分未经处理的污水通过雨水井溢出管道之外，进入受纳水体。合流制管系的溢流污染无法得到有效控制。以北京城区为例，政府出资数十亿元对城区内的河道和湖泊进行整治，但是2001年至2003年雨季，仍有一些河道和湖泊出现水质恶化、藻类大量出现的状况，这些都与城市雨水径流污染有密切的关系。

到现在为止，国内对城市水污染控制方面还没有将城市雨水径流污染纳入重点关注对象，尤其在法规和技术规范这些方面更是匮乏，这也就导致了雨水径流污染一直无法得到根本性缓解。

（三）洪涝灾害发生概率增加

与过去城市相比，现在的城市规模有了大幅度的扩展，人口数量也大幅度增加，财产数值也随之加大，洪灾一旦产生，人们的生命、财产损失将比过去增加数倍。城市化进程的迅猛推进，导致了城市不透水面积（屋顶、街道、停车场等）的大幅度增加，致使雨水与地下水直接的通道被阻隔，雨水无法直接渗入地下。同时，城市的整改，将天然弯曲的河道取直、疏通，河底和堤岸也都被水泥、石材等材料覆盖、加固，这也就促使河槽中的光滑度加大，河水流速也相应加快，更容易出现大量的洪峰。

传统雨洪排放系统存在以下两个方面缺陷：一是其目标设置为快速汇集和排出地面径流，这也就导致了城市各条河道汇集的时间变短、速度变快，河道洪峰流量快速接近，低洼地带的洪灾压力瞬间增大。二是经济条件制约下的雨洪排放系统的设计重现期普遍较短，普通地区为一年，重要地区为二至三年，特别重要的地区（如天安门等）为十年。由此可知，当暴雨超出城市雨水排放系统设计的重现期，就会引发一系列水灾问题，如道路积水、交通堵塞等。如今的城市雨水排放管网正在日趋完善。

（四）生态环境被破坏

下垫面是雨洪资源转化为土壤水，以至于最终补给到地下水位中的关键环节。由于我们对雨洪资源管理的缺乏，无论是城市还是农村，生态环境都遭到了不同程度的破坏，这也就致使雨洪资源补充到地下水位环节中的下垫面环节产生了恶化。在城市中，城市建设工程夜以继日地进行，纵横交错的道路不断延伸，楼前楼后的交通组织及休闲广场越建越多，这些都导致原有的便于雨水渗透的下垫面转变为阻碍雨水渗入地下的下垫面，城市生态环境原本的功能逐渐消退，雨洪资源的可持续性功能也在减退，由此产生了城市热岛现象，干燥、多风、少雨、沙尘暴等恶劣天气越来越严重，城市中原有的鸟类和植物也在迅速减少，生态平衡严重失调。在农村，人们的环保意识薄弱，乱砍乱伐等破坏环境的现象司空见惯，有利于雨水渗透的长满植被的下垫面也在迅速减少，取而代之的就是大量的水土流失。

依靠地下管网系统排水是过去雨洪管理的主要模式。在世界城市开始步入工业化阶段，依靠地下管网系统方便、快捷地将雨水径流排放至城市下游的方法，切实解决了城市的排涝问题。但是，随着社会的不断发展、进步，也是出于对污染防治和下游地区城市饮用水安全的保障考虑，城市雨水排放系统也开始从过去的雨污合流逐步转向雨污分流模式。前者指废水与雨水排入同一套管网系统中，雨水混着污水一同经管网排至河流等自然水体；后者指污水与雨水分别进入两套彼此分离的管网系统中，污水输送至污水处理厂处理，雨水则排至受纳水体中。

三、雨洪管理模式转换的探索

在我国，自 20 世纪 80 年代起，从合流向分流制管网转变的"排水体系改革"在全国各大城镇广泛展开，并率先在广州、昆明、天津、南京等城市中心城区实施改造工程，力图在汛期或者大暴雨来临时，避免城市污水中大量雨水径流进入而导致管网过流能力无法满足，从而溢流至地表，甚至进入自然受纳体，产生内涝、水体污染等一系列问题。然而由于种种原因，无论从内涝防治还是水环境改善的角度来看，效果似乎都并不明显。出现这种现象有管网系统自身的问题，也有来自外部的压力。

（一）自身问题

市政管网作为城市地下工程性基础设施，无法针对快速的城市变化做出及时调整甚至改变。若进行应对，必然产生高额资金投入，并对城市交通、市民生活等造成影响。例如，采用雨污合流制排水方式的场地，原为低层建筑区，拆改重建后成为多层或高层建筑群，容积率大幅提高，场地实际建设规模成倍增长，原有的地下管网必然难以承受增加了数倍的排水量，内涝隐患加剧。

加之我国排水管网建设标准偏低，规划布局不够合理，水环境问题日益突显。

（二）外部压力

城市硬质化率大幅提高，原始自然水循环过程中的下渗、蒸发环节被阻滞。城市发展近几年进入一个高速发展期。与此同时，城市内部的下垫面硬质化面积进入了一个迅速扩张期，雨水的径流量、汇流时间等因素也随着下垫面硬质化面积的变化产生了巨大改变，规模相对稳定的城市排水管网已经无法适应城市雨水径流量及其汇流时间产生的巨大变化。综上可知，传统城市雨洪管理模式已经无法适应城市快速发展所带来的一系列改变。当前，水资源意识及环保意识在国际社会中不断增强和加深，这也就促使国际社会对城市雨洪管理提出更加合理的改善城市水环境的模式，让雨洪管理更加生态化和可持续化，同时应利用城市不同层面的建设机会，发挥不同城市管理部门的职责，引导全民积极参与其中。

第三节 城市内涝问题

一、城市内涝总体概况

2010年，住建部对351个城市排涝能力进行专项调研，其数据显示，2008年至2010年，城市中发生不同程度内涝的数量达62%，其中有137个城市内涝灾害超过三次以上，西北部的西安、沈阳等城市也位列其中；在这些内涝城市中，有74.6%的城市最大积水深度超过500毫米，有78.9%的城市积水时间超过30分钟，这其中有57个城市最大积水时间超过了12小时。2010年以后城市发生的内涝，虽没有统计分析，但毫无疑问，内涝城市早已超过已有的统计数字，灾害也更加严重。

大城市内涝不断，中小城市内涝也频频发生；如今，内涝正向小城镇蔓延。逢暴雨必内涝已成为一些城市无法释怀的忧伤，这不仅给市民出行带来严重不便，更重要的是其中存在着许多安全隐患。

二、城市内涝与积水成因分析

（一）内涝成因

城市内涝早已引起社会普遍关注，关于内涝的成因有不同的观点，专家、学者和媒体等都有不同的论述和分析，主要有以下几种观点。

（1）内涝根本原因在于城市盲目朝"大"发展。城市排水系统滞后是国内城市中普遍存在的问题，造成这个问题的因素主要有：城市建设、扩展速度过快，城市排水系统的建设没有同步跟进；还有就是地下系统建设是一项人们无法直观评价的工程，对城市外观的改变没有显著效果，没能引起各阶层和人群的关注。

城市地下排水系统建设的滞后是造成城市内涝的直接因素，究其根本还在于城市规划。城市一味地向大扩展，其带来的不仅是城市内涝问题，还有交通堵塞等系列城市病。我国城市都在向"大都市"进军，这也就意味着搞再多的排水沟也无法彻底解决城市内涝问题。

（2）排水标准过低是内涝主因。以北京城区的排水系统设计为例，其排水系统的设计是一年一遇到三年一遇，能够达到每小时降雨36～45毫米的排水要求。排水能力较高的地区也只有像长安区那样的重点区域才会达到，非重点区域排水能力还是相对较低的，这也是近几年积水现象频频出现的原因。城市排水系统的提升是需要综合最初管网建设以及城市规划等众多要素才能实现的。城市积水是否严重是由城市排水设施及其排水能力来决定的。当前，有关部门正在对城市排水系统的设计标准进行升级研究，研究目标为排水最低标准由一年提高到三年，实现三年一遇至五年一遇的标准。

（3）城市排水系统建设的滞后是城市排洪能力差的主要因素。城市地面建设已经进入一个高速建设期，但是城市排水系统建设却相对发展缓慢，没能紧跟城市地面建设的步伐。当暴雨降临的那刻，城市排水系统面对高速发展的城市地面建设带来的短时间内形成的大径流量，有些力不从心。

（4）资金是解决管网标准的大问题。面对管网标准，从水务部门来讲，他们把排水设施标准、设计标准和规划标准再提升一个等级，那是相对容易做到的；从排水系统建设部门来说，这些标准提高一个等级，也就意味着整个管网布局和前后连接都将以N次方的形式来扩大，这就需要有大量的建设资金来支撑这个标准的实施。总之，排水系统管网标准是与城市发展的经济实力密切相关的。

（5）城市规划不尊重自然地理格局是形成灾害的主要原因。进入雨季之后，城市发生雨灾的频率在逐步增加，追根溯源就是城市规划未遵循原来的自然地理格局。

几何美是国内城市规划一直以来的最重要标准，规划理念讲究的不是景观的协调而是美观的协调，因而就出现了一圈、两圈等环路型城市格局，并且环路型格局越来越大，但这并不是城市的自然地理格局。城市规划只讲求美观，没有考虑城市布局和城市原有的自然地理格局问题，这样就容易造就大城市病。与国内相比，国外的城市规划更多的是考虑城市所在地的自然地理格局。

（6）城市下垫面硬化是积水主因。城市面积无限扩大，下垫面硬质化面积越建越大，雨水渗入地下的通道被阻隔，这是城市积水越来越严重的主要原因。过去的城市，在其周围有许多农村，还有大量农田，排水比较容易。

（7）经济发展观与官员政绩观的问题是造成城市内涝更为深层次的原因。国内的城市化进程在过去很短的时期内经历了一个迅猛的发展过程，发展速度由20%迅猛上涨到47%。在此阶段中，地方政府的关注点更多的是放在了地面上的高楼大厦建设，城市排水系统存在被忽视的倾向。城市排水系统总体规划存在滞后性，大部分城市都是发展一个区域就规划、建设一个区域的排水系统，甚至有一些小区各自为政，这样排水管网主干部分就可能无法满足一些地方或者小区的排水需求，从而产生积水。

当前城市发展的经济条件并不十分充裕，同时有一部分官员政绩观存在一些偏差，这种情况就容易让城市管理者将视野更多的放到供水、供电、交通、排污等与市民生活关系密切的方面，从而减少了对城市排水系统的关注。还有一方面就是，城市排水系统发挥作用主要体现在雨季，出现问题也就是遇到大暴雨的时候，且这种时候也不一定会年年发生，所以一些人也存在着一定的侥幸心理。

（8）城市内涝不能仅"怨天"而应"尤人"。2015年入夏之后，国内有二十多个城市先后经历了暴雨带来的城市内涝以及严重积水。面对这些情况，舆论更多的是放在了"怨天"上，而很少有人关注"尤人"。这种情况都是"天"造成的，城市管理者就真的没有责任吗？只有让问责成为一种常态，而不是一种例外，才能引导城市管理者去认真地经营这个城市。何谓认真经营这个城市，说到底就是城市管理者不能只关注城市地面上的华丽建筑，还应关注城市地下那些涉及民生的东西。如果这种问责机制能够落实，并促进了问题的解决，它将会成为未来城市管理者的重要参考。

（9）城市内涝问题不单是技术问题，更重要的是观念和制度问题。解决城市内涝问题，首先就要转变城市规划、建设观念，不能只关注一时效果和短期的责任，而是要关注长期规划、长期责任，强化公共管理和应急机制。同时，应设计一套有效的沟通协调机制，这样才能将与内涝问题有关的规划、交通、水利气象等众多部门联系起来，形成合力来更好地解决城市内涝问题。由此可见，城市内涝问题不仅是技术问题，更重要的是观念和制度问题。

城市地下排水系统建设滞后，究其根源就在于城市管理者急功近利的政绩观。例如，一部分城市管理者，他们只关注任期内的城市面貌的改变以及经济增长的速度是否提高，对于城市地下这些不容易看到形象的工程关注度自然就降低了。在解决城市内涝这个问题上，资金和技术不是最关键的因素，最关键的因素是那颗为城市繁荣和人民幸福而深谋远虑的责任心。这种观念的转变，除了城市管理者自身之外，还需要制度的引导和推动，比如将唯GDP的考核方式进行改变，将地下排水系统建设这样的工程加进考核内容之中，让城市管理者的政绩冲动找到理想的出口。

（10）完善相关法律是解决城市内涝问题的纲领性部分。国内的治水理念、管理体制与运作机制的调整与完善，是一个逐步推进的过程。洪水风险管理的本质就是运用法律、行政、工程等综合性手段来合理调整人与人之间、人与自然之间基于洪水风险的利害关系，这种利害关系也会随着社会经济的发展而日趋复杂。

防范城市内涝在部分发达国家已经具有了与之相关的法律。在这些国家中，对城市内涝在防范和治理措施方面的规定都较为详尽，最好的当属美国的防范城市内涝的法律制度；德国为了减轻政府在防洪中的负担和压力，也为了更好地培养公民防洪意识，专门颁布了《城市内涝保险法》；日本还颁布了《下水道法》，对下水道的排水能力和各项指标都给出了严格的规定。

（11）城市内涝不能只强调客观原因。城市内涝的产生是有多方面的原因的：一是排水系统设施的更新改造投入问题；二是标准设计的问题；三是建设过程中是不是严格按照标准执行的；城市公共服务的优劣，是城市管理者的执政理念、能力和决策水平的重要体现。城市排水系统作为城市公共服务的一部分，其所显现出来的问题，我们要从多个角度、多个方面，深入地、实事求是地认识问题、解决问题。在这个过程中，不断发现不完善之处并不断改进，这样城市管理者自身的管理水平也会随之不断提升。同时，有利于降低城市的管理成本，营造一个理想的城市生产和生活环境。

（12）城市内涝还是一个社会管理问题。城市内涝问题从表面上看，是由于城市化发展过快和城市排水系统建设滞后产生的。但是，究其根源，这个问题的产生还在于社会管理。社会管理的决策体系在权衡表面与隐形、GDP和民生等这些问题时，权衡机制一旦发生偏差，必然会出现问题。城市内涝就是因为决策体系只注重表面和 GDP 这些政绩考核因素而引发的权衡机制产生的偏差造成的。

（二）城市积水

1. 积水成因

积水的主要原因有以下几点。

（1）局部地区处于较低的地势。城市中一些地域所处的地势较低，而且没有在道路上设置有效的反坡点，这样就容易造成积水。

（2）排水管道封堵、淤积。如果城市排水设施不能得到切实的维护、管理，管道存在着淤堵，即使城市的排水管道比较完善，降雨时也不能得到很好的排放，造成雨水集聚。

（3）雨水收集设施排水能力不足，或雨水口间距过大。强降雨时，地面或路面径流不能及时排出，从而形成短时间积水。

2. 积水治理

（1）积水治理要求

城市不同区域（城区或郊区），可承受的积水深度不同，中心城区一般可以按照以下要求：① 道路，积水深度为路边不大于 100 mm，积水时间不大于 30 min(雨停后)，积水范围不大于 100 m²。② 街道，积水深度为路边不大于 100 mm，积水时间不大于 30 min(雨停后)，积水范围不大于 50 m²。

（2）解决措施

积水点根据积水产生的缘由可进行以下几个方面的改造：① 排水出路不顺畅所产生的积水。解决措施为提高设计标准，新建或者扩容现在的排水主干管道。② 地势较低或者排水出路存在较大问题所产生的积水。解决措施就是建设排水泵站。平均坡度越大的地方越容易发生内涝。因为坡度越大，下凹程度越高，雨水汇流时间越短，给排水管网遭受的压力就越大。由此可见，常年容易产生积水的区域和路段，要采取建造人工湖泊、河流等方式来排泄地表积水，蓄滞雨洪资源。③ 雨水收集设施排水能力不足、雨水口之间间距过大造成的积水。解决措施就是改造能力不足的设施，增设雨水口，减小雨水口之间的距离。④ 排水管网淤积严重造成的积水。解决措施就是加强对排水管道的养护，尤其在雨季到来前，积极开展管道疏通工作。

三、城市排水方式

城市排水方式的分类是一种归纳和综合，分类是为了更好地认识城市排水的共性和个性。城市排水方法很多，从不同的角度出发，会有不同的归纳和分类，因此，要进行严格的统一分类是非常困难的。另外,城市排水技术在不断发展,功能不断扩大,如雨污合流、雨污分流、河道治污、污水处理和排放等,也使城市排水分类变得更加困难。

城市内涝治理,主要是解决水多的问题,这是内涝治理的关键点。"抓住了主要矛盾,其他问题就可以迎刃而解了。"雨水的时空分布不均,导致城市内涝不断,因此,本专著所述城市排水只谈雨水的排放,不涉及污水的排放。

(一)排水模式

不同的城市可能具有不同的排水模式,对于平原地区的城市,其排水模式大致可分为三类。第一类是城市小区强排水模式,其中分为城市小区一级强排模式和城市小区二级强排水模式。第二类是圩区缓冲式排水模式,其中分为城市圩区排水和城市自流排水模式。第三类为区域缓冲式排水模式;各类中又分为两种:分区一级排水模式和分区二级排水模式。

毫无疑问,随着海绵城市建设,低影响开发雨水系统的构建,将改写和优化城市现有的排水模式。同时,海绵城市中将会诞生新的排水模式——海绵模式——就地分散、弹性蓄排。

(二)实用性分析

排水模式的确定取决于水面率、水位、地面高程、河网的密度、排水体制等因素。

1. 城市小区强排水模式

城市小区强排水模式是当前老城市化地区广泛采用且有效的排水模式,该排水模式为,降雨通过分支管道进入主干管道流入城市雨水泵站,处理完毕后排放到区域外河之中;或者是降雨通过分支管道进入主干管道流入城市雨水泵站,经过处理后排放到区域内河之中,再经过区域外围泵闸流入区域外河之中。这种模式是城市化地区广泛采用且有效的排水模式,一年一遇情况下的排水模数一般为 $5\sim6m^3/s\cdot km^{-2}$,一般用于市区河网稀疏、水面率比较低的高度城市化地区,这种排水模式投资较大,运行管理比较复杂。

强排水模式是城市雨水排水系统最常用的一种措施,也是历史形成的一种城市雨水排水措施,主要适用于河面率较低、水系不发达的地区,市中心城区普遍采用这种模式。

2. 缓冲式排水模式

缓冲式排水模式采取多头就近自流排水入河,一般用于水面率相对较大、河网分布较为均匀且间距不大、地面高于最高水位 0.8m 左右的地区,这种排水模式投资较少、抗风险能力强；一般郊区常采用缓冲式排水模式。

缓冲式排水模式是以"控制内河水位，分散多点，就近入河"；排水模数一般为 1～3m³/s·km⁻²。适用于水面率高、河网分布较为均匀的低洼地。

缓冲式自流排水模式其雨水过程有3种：① 雨水—沟（管）—区域内河—区域外围泵闸—区域外河；② 雨水—沟（管）—圩区内河—圩区泵闸—区域内河—区域外围泵闸—区域外河；③ 雨水—沟（管）—圩区内河—圩区泵闸—区域外河。

城市河道间距，也就是所说的两条河道之间的间隔距离，按规范应该在600米至800米之间，不能大于1000米；管道排距，也就是管道起端至排放口的距离，这个距离应小于等于600米。

缓冲式自流排水河网密度，也就是指单位面积上的河道总长度，通常在2km/km²至3km/km²。如果河网密度小于2km/km²，也就说明河道间距是大于1000米的，这样的排水条件是相对较差的；水面率应大于等于50%，如果水面率不够但是排距达到要求，这样就可以增加河湖等的集中水面，对调蓄具有一定的积极作用，还能解决水面率不够的问题。

缓冲式自流排水模式在城市排水系统中的应用大大缓解了城市排水矛盾。第一，这种模式对河道的蓄水、排水功能的使用更加合理；第二，这种模式削弱了强排对河道水位峰值产生的不利影响；第三，这种模式促使雨水就近自行流出，让市政雨水管道大大缩短，泵站流量也就会相应降低；第四，这种模式降低了城市除涝及市政雨水排水系统的投资及管理费用；第五，对城市生态环境的建设具有良好的促进作用。

3. 区域缓冲排水模式

区域缓冲排水模式的表现形式为"控制区域水位，分散多点，就近入河"。排水模数一般为0.5～2m³/s·km⁻²。适用于水面率高，河网分布较为均匀、地面高水位差大的地区。区域缓冲排水模式适合于城市郊区、河网水系比较发达地区，暴雨前预降片内河网水位，暴雨期间片内河网参与调蓄，并在低水（潮）时自排或加泵抽排。这种排水模式由河网、水闸或河网、水闸、泵站组成，能够充分发挥河网的"蓄排"功能，运行管理简便，在三类排水方式中投资最为节省。

（三）常用二级排水模式

随着城市的不断发展，城市的排水都在寻找适合自身的排水模式。目前，各个城市根据道路和水系布局，尤其是滨海城市或中心城区，多数都形成了二级排水的格局，即城市小区强排水模式。而中心城区往往也正是内涝的重灾区，因此选取二级排水模式作为研究重点，通过对典型排水模式的分析，了解其一般规律，进而掌握城市内涝的治理方法。

城市排水模式对内涝影响较大，与内涝治理方案的选择关系密切，因此有必要了解排水系统的组成和运行方式。

1.系统组成

城市小区强排水模式，其排水和防涝系统的组成，是在大的防涝片（水利片）或小流域的框架下，区域内由众多的、各自独立的排水区组成。

表现形式为"管线成网，集中排水"。排水模数为 5~6m3/s·km^{-2}。适用于区域水面积率低、河道分布不匀的中心城区；一般排水区面积 2.0km² 左右。

2.运行方式

排水区通过各自独立的排水管网收集雨水，就近河道低水位时，雨水直接排进河道；就近河道高水位时，采用排水泵站将雨水排入河道。通过排水区内河道等水系的调节、输送，并通过外围泵、闸自排或抽排，将区域内雨水从河道内排入外围的大水系。

排水区组成排水系统，河道及控制建筑物组成防涝系统。二级排水系统组成和运行见图 1-1。

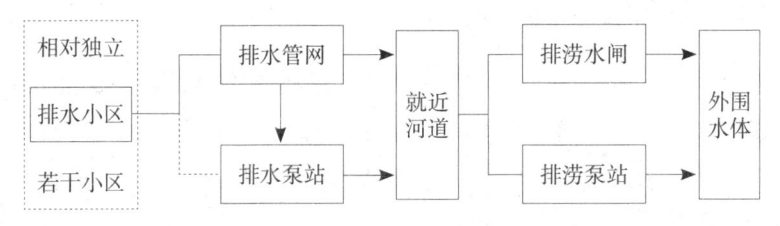

图 1-1 二级排水系统组成和运行示意图

3.问题分析

从上图可以看出，传统的二级排水系统只注重"排"；整个排水系统一环接一环，环环相扣，缺少其中一个环节或某一环节不配套，都会造成排水区雨水无法排出，从而导致积水或内涝。

年年内涝的实际情况表明，强降雨时，地面雨水来不及排入河道；仅仅依靠雨水管道及泵站的"灰色排水"，根本不能解决短历时超标准集中暴雨。所以，需要实施蓄渗措施，从源头消减雨水流量。

当就近河道的涝水不能外排，而河道的调蓄量又不够时，河水顶托，排水区排水管道无法排出雨水，即使采用排水泵站强行排出，也会出现河水倒灌的现象。所以，需要增大河道调蓄量，暂时存贮，相机排出，以提高防涝能力。

第二章 海绵城市概述

第一节 海绵城市

2013年中央城镇化工作会议明确指出:"解决城市缺水问题,必须顺其自然。比如,在提升城市排水系统时要优先考虑把有限的雨水留下来,优先考虑更多利用自然力量排水,建设自然积存、自然渗透、自然净化的'海绵城市',推行低影响开发。"

为了大力推行海绵城市生态化雨洪管理理念的推广和落地工作,2015年,我国中央财政部发布了有关建设海绵城市资金补助的政策文件。相关文件明确指出对于申请海绵城市建设试点的地区,在三年内中央财政将给予补助。补助金额根据城市规模的大小,按照直辖市、省会城市以及其他城市划分为三类:直辖市的补助金额为每年六亿元,省会城市每年五亿元,其他城市每年四亿元。文件同时提出若某个城市或地区采用公私合营模式进行雨洪管理且效果明显,则所得资助将在原补助金额的基础上给予10%的奖励。消息一经公布,全国各地积极响应,有百余城市开展了试点城市的申请工作。经过从申报、筛选再到评价的激烈竞争,经过国家中央财政部、住建部、水利部三部委的联合审查与评估。2015年4月2日中央财政部网站公布了我国第一批海绵城市建设试点城市名单,其中包括济南市、重庆市等十六个城市。

海绵城市在《指南》中的释义:即城市像海绵一样,降雨来临时可以吸收、储存、净水,城市水资源紧缺时可以将储存的水供给城市,同时,对环境变化和自然灾害等拥有良好的"弹性"。

还有部分学者指出海绵城市的本质就是协调城镇化与资源环境之间的和谐。传统的城市建设会导致原有水生态的改变,并且对周边水生态环境产生破坏式的影响,同时会大幅度提高地表径流量。海绵城市建设会保护原有的水生态,同时对周边水生态环境的影响非常低，尽量使地表径流量不发生变化。

对海绵城市的认知会随着不同专业和所处背景的不同而不同。首先，海绵城市的理念将"雨洪"看作是资源而不是灾害，并且十分重视生态环境。其出发点就是顺应和尊重自然环境。城市的良好发展，尤其是在"雨洪"方面，应该留有足够的"雨洪"储蓄空间，这些空间包括更多的湿地、湖泊，特别是在雨洪区尽量不进行建设，以便减少城市内涝。这样也有利于保障水资源的安全。

其次，以减少城市地表径流和非点源污染为海绵城市建设的主要目标。在城市基础设施建设方面，以量化城市地面径流控制率、综合的径流系数、湿地的面积率等指标来为城市生态基础设施的建设提供指导。地表径流减少也就意味着非点源污染也会相应减少，有利于水系水质的保障和水质的安全，同时会增加降雨的下渗性，对地下水进行补充。这一点也反映海绵城市设计的初衷是让更多的降雨下渗到地下，补充地下水。

再次，海绵城市建设将会降低洪峰和减少洪流量，保证城市的防洪安全。当城市面临最大的降雨时，由于海绵城市有足够的融水空间（湿地、湖泊、洪泛区、河漫滩、农业地、公园、下沉式绿地等等）及良好的就地下渗系统，城市的防洪能力会更强，洪流量、洪峰都会大大降低，暴雨的危害性也会降低。

在中国，我们所面临的许多城市内涝、防洪防旱、水资源安全、水生态安全，仅在小区、城区范围的海绵城市建设是很难奏效的。必须在流域的尺度上，在水系整体打造的尺度上进行海绵城市建设，这些问题才能得以解决。

一、雨洪是资源

（一）雨洪及雨洪资源化利用

雨洪，是指由于降雨而形成的洪水，其包含：在一定地域范围内由于降水而瞬时聚集形成的洪水和在一定范围之外的降雨流经此范围形成的洪水。雨洪资源化利用，主要指通过工程或者非工程的措施让降雨获得拦截、下渗，从而补充到地下水中，也可以将雨水储存起来，用于绿化浇水、喷洒道路等。

雨洪资源化利用是一个综合性的方案，也是一个系统的技术性方案，不仅包括雨水收集利用，还包括缓解洪涝、补充地下水、控制地面雨水径流污染以及改善城市生态环境等。

一般认为，洪水是灾害，造成的损失是巨大的。基于此种观点，人们就认为只有采取众多排洪、泄洪的方式才能解决雨洪带来的危害。通常采取的措施有将河流改造为泄洪渠道、将河流堤坝进行加高等，这些措施虽然暂时性解决了雨洪带来的一些危害，但是也存在着更大的危险。如果降雨超出了现有的排洪能力，那么洪水带来的危害也将变得更大。以武汉为例，由于城市规模不断扩张，其原来的城市构成为六水三田一山变为当下的三水三田一山，许多湖泊被改造成了城区，因此这些地方被雨洪"光临"是可以预见的。再有东莞的内涝，就是由于城市建设将河流两岸的湿地或者河滩改造占据，导致城区雨水无法排放到河道中而滞留在城区造成的。因此，可以说洪灾和内涝是人为的，是城市发展占据了本该属于湖泊、湿地、河漫滩、洪泛的区域。

更严重的问题是，当我们采取一切工程手段排洪、泄洪时，我们又面临越来越严重的旱灾。许多城市的历史资料显示，年降雨量在近五十年来，并没有太大的变化，但降雨强度和降雨频率变了。一次连续降雨，很可能占全年降雨量的30%～70%，如果这一部分雨洪全排泄掉，旱灾缺水也是无法避免的了。因此，将雨洪当作资源，不仅是解决水资源的问题，也是从根本上改变防洪防旱的理念、工程、技术、设计问题，更是城市发展和城市安全的战略问题。

（二）雨洪资源化对城市的意义

雨洪具有利、害的两重性，这也是由于城市的发展带来的。有害性主要体现在城市的土地形状和气候条件，由于城市的不断发展也发生了巨大变化，其产汇流的特性也相应产生了改变，从而增加了城市雨水排放系统的压力，城市雨洪的危害性也就更加突出。有利性方面主要体现在雨洪资源如何得到合理利用，可以很大程度上缓解城市水资源缺乏的现状，促进城市环境的改善以及城市水循环系统与生态环境之间的平衡，更加有利于城市的可持续发展。

我国当前城市水资源短缺的现状为：国内669个城市中，常年水资源短缺的为400个，其中严重短缺的为110个。城市化进程进入高速发展阶段，工业发展也呈现突飞猛进的态势，这些因素让城市缺水态势越来越严峻。同时，粗放型经济带来的水体污染，让水质型缺水成为当下城市水资源短缺的显著特征。

城市水资源的获取中降雨是主要来源渠道。海绵城市通过滞蓄、下渗的城市设施建设，让更多的雨洪转变为宝贵的水资源，实现了雨洪资源化利用，大量的补充了城市水资源，缓解了城市的水资源短缺态势。同时，这些措施还改善了城市小气候，有效的控制了雨洪过程，降低了洪涝灾害的危害性。

要想实现雨洪资源化利用，就要在城市中建设更多的湿地、湖泊、绿地和公园等，这样既可以增加城市的活动和生态空间，也能更好地提高城市宜居程度和生态安全。同时，这些空间的形态、面积和分布都要与城市的具体气候、地形地貌、城市规划相适应。海绵城市建设的关键就是如何将这些资源进行存储。

二、减少地表径流和雨水就地下渗

降雨到达地面后,有将近40%的雨水被蒸发返回大气层,还有约50%的降雨下渗补充到地下水中,还有约10%随着地形地貌经过地表径流排放到河流以致海洋中。随着城市化进程的不断加速,地表径流在逐渐加大,下渗补充到地下水中的降雨在急剧减少,甚至为零。通过对海绵城市的认识,我们可以发现城市的雨洪资源化利用就是在降雨过程中就地或者就近对雨洪资源进行合理利用,提高就地下渗是打造海绵城市的重点。

雨水就地下渗的重要性表现为以下三点:一是把原来被排走的雨水就地蓄滞起来,作为城市水资源的重要来源;二是减低地下排水渠道的排涝压力,减轻城市洪水灾害的威胁;三是回补地下水,保持地下水资源,缓解地面沉降以及海水入侵;四是减少面源污染,改善水环境,修复被破坏的生态环境等。

城市雨水就地下渗对于城市建设是一个挑战。它除了要增加湿地、湖泊、水系面积,增加下沉式绿地、公园、植被面积,都市农业面积的保护、城市生态廊道的建设,也是就地下渗的重要基础设施,这些都是大尺度上海绵城市建设的重要因素。至于雨水花园、透水铺砖、空隙砖停车场、透水沥青公路等都是小尺度海绵城市建设的具体技术、工程、设计。这两个尺度上的海绵城市建设的终极目标,就是让雨水最大限度地就地下渗,或者最大可能地实现对地下水的补充。

三、减少地表径流和减少面源污染

水环境污染是由点源、线源和面源污染造成的。面源污染是指以"面流"的形式向水环境排放污染物的污染源。它们在降水和地表径流的冲刷过程中,使大量大气和地表的污染以"面流"的形式进入水环境。城市面源污染是城市水体污染的重要污染源。

城市面源污染包括直接排放的污水和地表径流携带的污染,而直接排放到水系所造成的污染包括垃圾等污染物以及城市生活用水和工业用水。这种污染是对水体的践踏和对水系、自然的不尊重,而排放这种污染是极其不文明、不道德的违法行为。一个生态文明的社会,就是要从水生态文明做起,从对水的尊重做起。

当前,随着国家对面源水污染治理力度的加大且逐步显现成效,点源治理达到一定水平,水污染的主要诱导因素发生转移,面源污染影响水环境质量的比重加大,面源污染治理正逐步受到重视。但面源污染的发生存在时间随机、地点广泛、机理复杂以及污染构成和负荷不确定等特点,使传统的末端治理方法难以达到较好的效果。

由于城市的扩展，地表不透水面积比例不断增高，径流系数也就越来越大。城市道路和广场的径流系数甚至会超过0.9，硬质地面的下渗率很低。而且，形成地表径流的时间很短，地表径流来势猛，水量大，对污染物的冲刷强烈。因此，面源污染还具有突发性。

中国工程院院士王浩曾经说过："污染物是放错了位置的营养物。"例如，氮、磷直接排入水体，可能引起水体富营养化，造成环境污染，若氮、磷随地表径流进入城市绿地，则成为绿地植被生长的重要营养物质。而且，在一定的可承载范围内，水系具有一定的自净化能力，环境具有一定的可塑性，就像一滴墨水滴在湖里，没有影响，而滴在碗里的影响显而易见。因此，总量控制很重要。

传统的城市开发模式的绿地(公路绿化带、城市绿化景观等)普遍高于硬化地面，地表径流携带的面源污染物顺着路面，汇集成洪流进入水系。这些面源污染量大，污染严重。一方面绿地无法发挥雨水下渗功能，使水资源白白流失，大量的污染物进入水体，水系无法自我净化，造成水体污染。另一方面，植物生长需要的氮、磷等营养物质却随着地表径流进入雨水管网被排出了城市，营养物质白白流失，人类反而花费人力、财力为绿地施肥以维持其生长。

海绵城市正是根据污染物的这一双重属性，运用低影响开发技术，建设生态基础设施，增加城市绿地面积，打造下沉式的绿地，使城市的污染物随地表径流流入下沉绿地内，有效减少城市的地表径流，减少面源污染，又将地表径流带来的污染转化为绿色植被生长所需的营养物质。显然，下沉式绿地是城市面源污染控制的重要措施，其主要的控制手段符合源头截污和过程阻断的原则，也符合将污染转化为资源的理念。

对于面源污染，源头截污就是在各污染发生的源头采取措施将污染物截留，防止污染物通过雨水径流进行扩散。该手段可通过降低水流速度，延长水流时间，减轻地表径流进入水体的面源污染负荷。城市绿地、道路、岸坡等不同源头的截污技术包括下沉式绿地、透水铺装、植被缓冲带、生态护岸等等。

过程阻断是治理面源污染的另一重要手段。海绵城市建设必须完善污水管道，保证所有的污水进入管道，并得以进入污水处理厂处理。另外，城市雨水应该尽可能不进入管道，因为城市雨水和径流通过冲刷，城市地表的悬浮物、耗氧物质、营养物质、有毒物质、油脂类物质等多种污染物由下水管网进入受纳水体，会引起水体污染。为此，应该尽可能让更多的雨水进入城市下沉式绿地、草地、草沟、公园以及各类雨水池、雨水沉淀池、植草沟、植被截污带、氧化塘与湿地系统等，将被阻断的污染转化为资源。

四、降低洪峰和减少洪流量

地表特征是影响流域和城市水文特征的重要因素。未经开发的土地，地表植被覆盖率高，雨水下渗率大，径流系数小。降雨来时，先经过植物截留、土壤下渗，当土壤含水量达到蓄满，后续降雨量就形成地表径流。地表径流汇合集聚，通过自然地形的坡地流入河道。随着降雨强度和降雨历时的增加，河道流量达到最大值，成为洪峰。

城市规模越来越大，城市中的大量地表植物也遭到严重破坏，许多地表被硬质化，降雨的下渗能力降低，地表径流时间缩短，很快就通过市政管道排放到河道中。持续的降雨会使地表径流量一直增加，河道中的雨水汇集量也会快速上升，洪峰流量也会在短时间内形成。城市河道中洪峰出现得越早，而且越大，就越容易产生洪涝灾害。在传统城市开发阶段，一场连续强降雨，不仅会产生城市洪涝灾害，而且还会将宝贵的雨水资源白白流失出去，造成雨水资源的浪费，同时还可能产生水体污染。

海绵城市的建设就是为了解决传统城市开发中存在的这些问题，让表土得到尊重，让土壤生态系统得到保护，让植物和植被的生长得到保障，让蓄洪水面、湿地、绿地等空间实现最大化，让雨洪就地下渗的能力增强使地表径流和城市排水管道更加分散化和系统化，也使城市流域水系和汇水空间格局更加合理，尽量保障城市中的水生态安全，消除洪涝灾害和旱灾的威胁。

五、生态廊道修复和生物多样性保护

海绵城市不仅能够解决城市水环境中存在的问题，还可以产生综合生态效益和社会效益。比如增加城市的绿地、湿地和水面，这样可以降低城市中的热岛效应，让城市居民的居住环境得到改善，同时，更多的生物获得了栖息地，城市的生物也更加多样化。但是，这种多样化是建立在适合城市安全、生产和生活等的需求条件下的，多样化的重要条件就是城市生态廊道，这个生态廊道包括水系蓝带和绿地绿带，它们的空间格局和连续性也就是生态廊道，是海绵城市建设的关键指标。

（一）生态廊道与生物多样性的关系

在城市化进程中，人类的建设活动改变了原本的地表形态，城市景观变为了"高度破碎化"，即由原来整体和连续的自然景观趋向于异质和不连续的混合斑块镶嵌体。这种形态破坏和摒弃了以前的生物群落，阻断了生物交流与物质交换，同时，

人为添加的外来生物及生物群落也给原有的生物群落造成了危险。

由此可见，城市景观的"高度破碎化"给城市发展带来了极大的阻碍，尤其在自然环境方面，城市之间、城市与自然之间还有物流循环之间都无法实现城市生态系统的服务功能。在此情况下，可以尽可能地建设生态廊道。这样既可以提高城市景观的异质性，也可以提高城市生物的多样性。以城市绿化来讲，可以采用多种植物进行不同的搭配组合，充分体现当地特色，亮化城市景观，也为多种生物提供了栖息地。

（二）景观破碎与生态廊道

城市建设和发展过程中造成的景观破碎化对生物多样性造成直接威胁，但是，海绵城市却可以形成两者之间的一层缓冲带，即生物多样性的保护在海绵城市中可以借助生态廊道作为动植物栖息和迁移的通道。廊道是有着重要联系功能的景观结构，那么依靠生态廊道重新连接破碎的生境斑块是解决景观破碎化的主要办法和有效手段。

1. 功能城市公园的建立

在海绵城市的建设中，可以运用空间规划的方法，结合当代景观设计手法，规划设计兼具水体净化和雨水调蓄、生物多样性保育和教育启智等多种生态服务功能的综合性城市公园。

2. 城市空间上的生物多样性保护规划

如何构建具有生物多样性保护的景观安全格局？可以通过选择指示物种，进行地形适宜性分析，判别该物种的现状栖息地，合理推断其潜在栖息地位置，以此规划景观网路，这便是一个对生物多样性保护具有关键意义的景观安全格局。在海绵城市中，基于不同的生物保护安全水平，构建不同层次的生物多样性保护景观安全格局，特别是在一些市政基础设施与生态网络相交叉或重叠的地方，则需要特别的景观设计。

3. 绿化建设由传统规划向低碳规划转变

在绿化建设方面，低碳规划更符合生物圈的自然规律，它考虑了城市自然生境的问题，以生物多样性作为城市自我净化功能的基础，在满足城市安全、生产、生活等需求的前提下丰富生物种类。这样一方面为更多生物提供栖息地，提高城市生物多样性水平，另一方面，改善了人居环境，发展了一种低碳愿景下可持续城市规划理念。

除此之外，在海绵城市建设中，对于生物多样性的保护主要可以从以下几方面来进行：一是借助高科技技术来建立生物基因库，以此来保护城市中的频危物种；

二是加大对多样性生物保护的宣传,并科普相关知识,让更多的人参与进来;三是政府出台相应的法律法规切实保护生物的多样性。

第二节　海绵城市建设背景

　　海绵城市的提出,源于突出的城市洪涝灾害,2014年《指南》印发后,水利部于2015年8月印发了《水利部关于推进海绵城市建设水利工作的指导意见》,其中提出要充分发挥水利在海绵城市建设中的重要作用。

　　国内真正意义上的城市雨洪管理开始于20世纪80年代,发展于90年代。2011年住房和城乡建设部同意将深圳的光明新区列为全国低冲击开发雨水综合利用示范区,在规划、建设、管理方面积累了宝贵的经验。以深圳所处的珠江三角洲为例,全球气候变暖的影响越来越大,珠江口海平面具有明显的上升趋势,河口水位不断升高,潮流的顶托作用不断加强,河道排水受阻,沿海城市的雨水排放系统压力大增,台风暴潮的灾害也在不断加剧。与此同时,珠三角地区快速高度的城镇化,使河口地区大量土地被开发利用,地面硬化,对雨水的蓄滞能力大大降低,而城市排涝设施配套不健全,应对措施不及时,致使"水漫金山"的内涝问题突出。城市建设地区迫切需要更多、更安全、更生态的雨洪蓄滞公共基础设施。

　　我国地域辽阔,南北差异大,城市水文各有特点,城市建设尤其是大面积高强度的城市开发建设对区域水文循环的影响,主要表现为城市热岛效应、城市径流面源污染、城市内涝等一系列问题,究其原因,有以下几点共性。

一、城市热岛效应的加剧导致雨水转移,逢雨必涝,边"涝"边"旱"

　　我国显著的季风气候与地理位置导致国内多水患。当暴雨来临时,自然环境内,土壤所具有的涵水和缓冲作用让雨水不会在短时间内汇流并进入地表水系,河流的水位也就不会在短时间内大起大落;而在城市环境中,大面积的土壤被硬质铺装覆盖,使雨水无法下渗,形成地表径流,本应成为地下水水源的大量降雨反而成为城市排水的巨大负担,导致城市内涝。我国在过去的三年中,有360多个城市发生内涝,其中的六分之一的城市内涝时间达12小时以上,深度超过50厘米,北京、济南等地还发生了人员伤亡。

　　"逢雨必涝"已逐渐成为我国城市的痼疾,与此同时,干旱和缺水的问题也愈演愈烈。边涝边旱的"涝""旱"矛盾凸显了我国城市雨水利用率普遍偏低的现象,如北京城区一年流失的雨水径流总量超过三亿立方米,整个北京全部流失的雨水一年超过十亿立方米。

二、水资源过度开发和生态污染

随着城镇化的快速建设,我国对水资源的过度开发导致河流、湿地和湖泊大面积消失,并引发生态污染。北方的许多地下水资源面临枯竭危机,全国约有50%的城市地下水污染较为严重。地表水质状况也不容乐观,全国103个主要湖泊中,Ⅰ~Ⅲ类的湖泊只有32个,劣Ⅴ类水质的湖泊有25个,水质的污染带来严重的富营养化现象,水生物生存环境质量下降,直接导致生态环境遭到破坏。

三、不科学的工程措施破坏了城市的水文条件

城市化和各项灰色基础设施的建设导致植被破坏、水土流失、不透水面增加、河湖水体破碎化、地表水与地下水连接中断,极大地改变了城市的水文条件。

北京建筑大学环境与能源工程院院长李俊奇说:"我国城市对雨水追求'一排了之'。然而单一目标的工程措施无法解决复杂、系统的水问题,结果导致城市生态进入恶性循环。"

如"缩河造地",盲目围垦湖泊、湿地和河漫滩等行为,使河道行洪、蓄洪能力下降;长江的下荆江河段裁弯取直后,原河道长度缩短1/3,造成河道冲刷加大等不良影响。这样简单粗暴的工程措施不但未能给城市带来良好的蓄洪能力,反而加速了城市生态的破坏,带来城市内涝、干旱、动植物多样性减少等一系列问题。

2013年,习近平总书记在中央城镇化工作会议中讲道,众多城市水资源短缺的重要因素就是硬质化下垫面过多,减少了林地、草地、湖泊等能够涵养水源的下垫面,阻碍了自然的水循环,因此,解决水资源短缺的问题,必须顺应自然。

在建设城市排水系统的时候就要尽可能地考虑把雨水留下来,先考虑自然排水,建设自然渗透、储存和净化的海绵城市。

第三节 海绵城市建设意义

我国政府针对城市雨水问题提出了一项战略性决策:海绵城市建设。该决策的实施涉及多个领域的管理与合作,其中包括:水利、市政、交通、城建、国土、财政、气象、环保、生态、农林及景观等。该决策让雨水管理与生态环境、城市建设

与社会发展之间的关系更为条理,有利于水安全、水资源、水环境、水生态和水景观以及水经济等问题的合理解决,从而让生态、社会、经济效益和艺术价值达到最大化。

一、海绵城市的生态效益

一般来说,海绵城市建设可以让现有雨水排放系统的排放能力获得显著提升,减少内涝带来的市民健康及财产损失。海绵城市建设是在不降低设计重现排水能力的条件下,尽量减少基础设施建设费用。

更为突出的是,海绵城市让城市中被破坏的水生态系统获得极大的恢复,从而使整个城市生态系统的结构和功能得到改善,提升区域生态系统服务价值和生态效益。

海绵城市建设可带来显著的生态效益。主要包括以下几方面。

1. 控制面源污染

海绵城市中的生物滞留设施、透水铺装和下沉式绿地等技术措施可以有效净化城市雨水径流中的 SS(悬浮物)、COD(化学需氧量)等污染物,更好地保护城市水资源和水环境。

2. 建立绿色排水系统,保护原水文下垫面

增加植被浅沟等生态排水设施,减少雨水管道,低影响开发(如生物滞留设施、透水铺装、下沉式绿地和雨水湿地等的应用)和传统灰色基础设施相结合,建立生态化绿色城市雨水排放系统,降低城市雨水地面径流量,恢复城市的水文条件。

3. 提升生态景观效果

海绵城市建设让城市中的公园绿地具有了更多的生态功能,增加了其景观的层次感,也提升了其对雨水的滞蓄能力以及补充地下水的能力。

4. 提升生态系统服务价值

海绵城市建设有利于城市被破坏的水生态系统获得恢复,整个生态系统结构和功能的改善,也能更好地提升区域生态系统服务价值。

二、海绵城市的社会效益

海绵城市的建设是城市居民直接参与和享用的公共资源,是城市基础设施的构成部分。其社会效益体现的主要是公共服务价值:第一,它是城市的公共开放空间,面向城市各类人群;第二,有利于城市生态环境的宜居化,提高城市的品质,提升城市整体的形象;第三,有利于改善城市居民居住环境,缓解城市水资源短缺问题。

海绵城市与城市公共开放空间的关系是其社会效益的重点部分。

(一)海绵城市的基本目的

海绵城市首要目标就是合理利用雨洪资源,建立一个多功能一体化的城市开放空间,这些功能包含展示、休闲、活动和避难等。海绵城市的建设先要尽可能在建设中保护好现有的雨水载体,如河流、湖泊、沟渠和绿地等,充分发挥这些公共资源的功能,让城市居民拥有一个生态化的公共空间。同时,新建设的载体要是以满足市民活动为方向的公共空间,这些新载体有新建的绿地、公园、水景设施等。

(二)海绵城市丰富公共开放空间

1. 广场

城市广场具有多方面的功能,首先是城市的公共开放空间;其次还是城市居民休闲娱乐的场地;再次还是一个文化传播的平台;最后还是一个城市形象的体现,是城市的客厅。因此,在海绵城市建设中,城市广场是其重要的展示场地,也是十分重要的示范区,它的设计一定要着重于生态型广场的塑造,包括广场中的透水铺装、下凹绿地、景观水系等。

2. 公共绿地

城市公共绿地既是城市生态系统的有机构成部分,也是城市景观系统的重要组成元素,是城市居民休闲娱乐、散心、交际的区域。海绵城市建设中所设置的雨水花园、湿地公园、微型的雨水塘、下凹绿地、植被铺设的缓冲带等让城市公共绿地的种类变得丰富多彩,同时让城市绿地的品质和景观价值获得了大幅度的提升。

3. 海绵城市与公众参与

海绵城市及其低影响开发理念,要借助城市规划、科普宣传等多种途径进行宣传,让其不但符合规范要求,而且引导更多的人参与到建设中来。通过公众参与海绵城市建设,让他们变成海绵城市建设的坚定支持者。比如在社区雨水花园、绿色阳台和微型湿地等方面的设计中,公众可以直接进行参与,建设一个更加合理的海绵居住区和海绵建筑。

新型的城镇化发展方向就是要建设一个海绵城市,其产生的综合效益,也是符合新型城镇化建设的需求的。由此可见,城市广场、公园、居民区等公共设施在城市基础设施的建设中被充分利用,是打造海绵城市的必然途径。

(三)海绵城市的经济效益

1. 新常态经济

我国经济在逐步由唯GDP论转向关注综合价值的可持续发展的新阶段。宏观经济格局的基本状态就是新常态经济,此种状态将持续相当长的一段时间。此阶段中,我国经济发展的方式也将由粗放转向集约；经济结构也由简单的增量扩能转变为存量调整和优增量并存；经济发展动力也以新的增长点为主。海绵城市的产生和建设是宏观经济调整下的必然趋势，也是新常态经济下的必然要求。

（1）海绵城市是经济增长方式向集约型、再生型转变的典型代表

新常态经济环境下，经济增长的方式主要转向再生型增长，也更加注重资源的集约利用。再生经济学理论提出，无直接经济效益的长期基本投资任何时候都占据首位，然后才是有直接经济效益的中短期基本建设投资，再然后是生产资料的生产投资，最后才是消费资料的生产投资。雨洪作为资源被充分利用，是海绵城市在集约型发展上的典型体现。与此同时，基本建设投资具有长期效益，而且符合再生经济学发展的要求。综上所述，海绵城市是新经济增长方式的杰出代表，也是当前国情的基本要求和城市发展趋势的必然走向。

（2）海绵城市是新常态下金钱导向转变为价值导向的示范标杆

新常态经济的核心体现就是价值，其导向就是将人民幸福作为中心、综合价值作为目标，最终实现社会全面的可持续发展。从金钱角度看，海绵城市建设是城市的基础公共服务设施的建设，很难获得盈利。可是，从价值角度讲，海绵城市建设是关系民生的工程，它所产生的综合效益和间接效益是无法估算的。海绵城市建设获得国家和全社会的关注，是新常态经济价值观的直接体现，能够对全社会可持续发展产生良好的示范带头作用。

2. 新型城镇化

我国城镇化已经处于相对成熟的发展阶段和转型重要节点上。面对如此关键的时期，2013年12月12日，习近平总书记在中央城镇化工作会议上提出：新型城镇化，其中也包括了海绵城市。其内容主要为：基础设施的一体化和公共服务的均等化。由此可见，海绵城市建设必然是新型城镇化建设的重要构成部分。

在我国实施改革开放30年的路程中，城市空间在原来的基础上扩大了2~3倍，其中，2014年数据显示，城镇化率已达54.77%，从内部结构数据化来考虑，东西部地区的差异很大。东部地区的城镇化发展早于西部地区，东部地区进入以存量调整为主的阶段时，西部地区还处于外延式城市发展阶段。城镇化转变方向为新型城镇化，主要体现在由原来片面追求城市规模和空间的扩大，转变为以提升城市文化和公共服务等内涵为重点，让城镇切实成为宜居之地。中国发展研究基金会预测：我国将来的城市化会带动50亿人民币的投资需求。在如此良好的发展前景下，海绵城市将会成为我国城镇化转型的成功典型，对公共服务均等化和城市建设品质提升具有极大的推动力。

3.海绵城市建设的市场分析

（1）海绵城市产业链体系

海绵城市建设以传统意义上土建领域为基础，同时还包括了技术服务、材料、管理和居民生活等众多领域，不是单纯的整合原有生态产业体系，还会催生新兴产业，有利于整合产业体系的整合、细化及提升，将会极力推动"微笑曲线"走向更高的价值端。

海绵城市产业链及微笑曲线见图2-1。

海绵城市建设自身所拥有的生态工程开发和城市园林产业建设，对城市排水系统升级改造具有极大的推动力。在前期阶段，相关技术的研发、规划设计和新材料装备制造等环节被全面激活；在实施、维护阶段，这些设施的管理、监测和城市居民的休息娱乐等环节会带动一个庞大的产业链，这有利于科技、制造和服务业的协同发展。

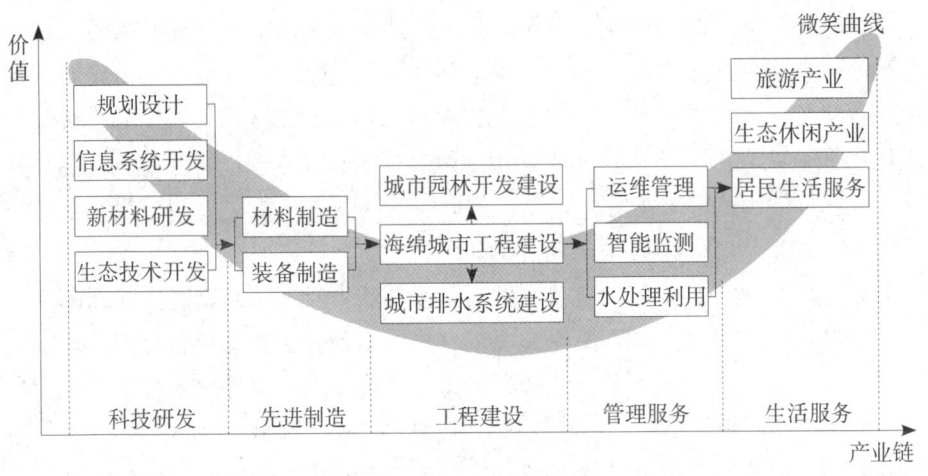

图2-1 海绵城市产业链及微笑曲线

（2）海绵城市市场前景预测

海绵城市建设的热潮于2015年4月在全国掀起，海绵城市试点城市的名单在此时获得正式公布。针对海绵城市建设，中央财政给予200亿元左右的专项资金补助，其补助时限为3年，补助额度随着城市规模不同而不同：每年给予直辖市6亿元的补助，每年给予省会城市的补助为5亿元，其他城市每年的补助金额为4亿元。PPP（公私合营模式）模式的应用达到一定比例的城市，还可以获得补助基数10%的奖励，海绵城市的试点城市投资数据显示：补助金额从几十亿元至几百亿元不等。

海绵城市建设的资金来源为中央财政补贴与社会资本投入两个方面，其建设可以带动相关产业发展，从而产生新的经济增长点。预计海绵城市建设可以带动社会上的资本投入每年可达上万亿，第十三个五年计划期间，海绵城市形成的市场规模将达六万亿以上。由此可见，海绵城市建设具有非常巨大的发展潜力。

（四）海绵城市的艺术价值

海绵城市，顾名思义就是城市能够像海绵一样具有良好的弹性，可以应对城市环境不断的变化，以及应对降雨带来的自然灾害。这种建设理念目的就是对城市生态环境进行恢复性的改造，方式就是通过自然途径与人工措施相结合。海绵城市作为一个低影响的开发性生态工程，除了保护和恢复城市生态环境，还对城市景观艺术设计、城市形象建设等具有创新影响，这是将海绵城市放在艺术的角度进行评价。

海绵城市的建设遵循的原则就是保持城市生态的可持续性，而不是人为地强制改造，其建设以符合自然规律和城市原有的生态系统为基础，在尽可能保护城市原有生态系统的基础上进行城市的规划设计和建设。人类在审视过去城市建设中出现的各种问题和弊端的基础上，努力探索一条能够避免这些问题和弊端的建设途径，于是，重新向大自然学习，目的就是恢复自然的生态之美，让水不断流动，让树苗壮成长，让城市自然生态符合原有的系统规律，城市生态系统中的元素能够自行循环再生。

综上可见，海绵城市的景观营造是在景观设计的基础上，同时兼顾城市生态的改造，使功能和艺术获得良好的结合，建造一座既有实力又能体现优雅的城市，而不是建造一座单纯的观赏性城市。

海绵城市中的创新和有效的景观设计是其艺术价值的重要体现。海绵城市建设中的设施不仅具有实用价值，还兼顾更多的景观提升作用，雨水花园的设计、绿化带的布局，湿地、池塘的布局等，这些设计在减轻城市排水压力的同时，还兼顾更多的观赏性和休闲性，让水泥建造的城市具有更多的生机和活力，让城市景观具有更多的层次性和多样化。这些设施的设计和建设都来源于自然，并最终融入自然之中，让人既感觉到景观的新颖，又体验到良好的视觉盛宴，同时，给人一种全新的艺术享受。

海绵城市对空间形态上的塑造也体现着它的艺术价值。针对地块的不同形态，我们对空间营造采取的手法也不同，比如，要建造一个生态驳岸，我们在植物搭配上选择湿生植被、灌木和常绿乔木，并根据这些植物自身的高度、形状等差异，营造一个错落有致的生态驳岸空间，同时也能起到稳固堤岸、减少污染、减缓径流速度等的作用。这种设计在空间上给人一种韵律感，具有良好的视觉效果。

第三章 海绵城市基础理论

第一节 低影响开发理论

对环境低影响开发的技术是海绵城市建设的关键，其追求的是在城市设计、施工、管理过程中，尽量对环境不产生破坏，尤其是针对雨洪资源和分布格局不能产生太大的影响。

要想达到这种"低影响"，城市设计和土地开发要按照以下四个原则来实施：一是尊重水；二是尊重表土；三是尊重植被；四是尊重自然，这也是核心。

从某种意义上看，低影响开发和海绵城市建设是一个意思的两种说法而已。从狭义上讲，它就是雨洪管理的资源化和低影响化；从广义上讲，它不仅包含城市生态基础设施建设，而且还包括生态城市建设的目标体系。具体内容涵盖：污水管理、清洁水源保护、污染控制、生态水利控制、滞流间隙、沉积坑塘、降水、植被缓冲带、雨洪资源化、水系空间形态、湿地、湖泊、河流、水域、生态走廊、城市绿地、城市空间、城市雨水花园、城市下沉式绿地、透水铺装、可渗透的道路和雨水收集系统等众多具体的技术和设计。从当前国家战略来看，城市雨洪管理技术和设计与水污染的生态治理技术和设计这两方面，是海绵城市建设的主要议题。

海绵城市土地开发中的低影响开发技术主要是指：在海绵城市建设中，充分尊重水、植被、表土、地形，采用下沉式绿地、雨水花园、可渗透铺装等措施尽量不改变原有的水文下垫面特征，保持原有的降雨产流水文特征，其中包括雨水径流总量、峰值流量和峰现时间等。

一、对水的尊重

尊重水就是要防止面源污染，保护水系统的自净化系统，同时还要保护水生态系统，这就要求在建设中不能把有污染的水排放到河流中，也不能破坏河道两岸的草沟草坡。

尊重"水"在水文循环方面讲，就是水文特征在开发前后基本不发生改变，径流总量、峰值和峰现时间基本不变。在保持下垫面和水文特征基本方面，我们可以采取的措施有渗透、储存、调蓄、滞留等，切实做到开发后要保存一定量的径流；在保持峰值流量不发生改变方面，我们可以采取的措施有渗透、储存、调节等，这样可以消减峰值，或者延缓峰值来临时间。

同一次降雨，水资源的构成比例会因下垫面特征和开发强度的不同而产生极大差异。

通常在自然植被状况下，降雨总量的40%会以蒸腾、蒸发的方式进入大气，还有10%的雨水会形成地表径流，50%的雨水会通过下渗变为土壤水与地下水。如今的城市建设已经破坏了原有的雨水分布格局，现有的雨水分布格局变为：蒸腾、蒸发的雨水已经超出了原来的40%，城市地表径流由原来的10%上升到50%，甚至更高，雨水下渗由原来的50%减少至10%，甚至更低。这种现状下，强降雨一旦来临，城市雨洪和内涝必然产生，同时还会导致雨洪资源大量损失、水土流失、面源污染和水系自动化系统遭到破坏。由此可见，低开发影响技术的关键就在于地表径流的减少、降低水土流失、降低非点源污染、减少雨洪资源的损失以及洪水和旱灾带来的危害，更多的将雨水补充到地下水之中。

二、对表土的尊重

土壤是人类生存很重要的部分，人类所需的食物、建材和景观等都由其提供。表层土也就是土壤最外层的那层土，也是我们最容易获取和利用的资源，土层厚度一般在15～30厘米，内含丰富的有机质，植物根系相对繁多，也具有较多的腐殖质，土壤比较肥沃，盐化和侵蚀土壤除外。表土是地球表面经过千万年的时间才形成的宝贵财富，是植被获得生长的基础，也是地表水下渗的主要介质。因此，我们必须尊重表土，这就要求我们保护好表土，利用好表土，努力减少水土流失，尤其在开发中一定要收集表土，并在开发完成后将表土复原。

有机质和微生物大多都存在于表土之中，植被的茁壮生长需要立足于表土，微生物的活动也必须依靠表土这个载体，同时，表土还具有渗透、储存和净化雨水的功能。

表层土自身所具有的特殊结构让它具有以下功能：调节土壤水分、调节空气和调节温度。这些功能可以让植物育苗的生长周期变短。表土回填让土壤中蕴含的生物更加多样化，水循环效率也会提高，水质也更加安全。在过去城市的传统开发模式下，城市建设在对场地进行平整过程中，表土都被看作渣土来进行处理或者廉价出售。一些有经验的国家，已经清晰地认识到表层土壤的重要性。比如，美国和澳大利亚，已经设立了专门的表土层保护的法律机构；英国和日本则有详细的土壤处理指南。

在城市建设中，如果部分流转农用地表层土能够被回填利用，将会产生巨大的环境效益，而且在我国农用地变性为建设用地的数量每年都有很多的情况下更明显，海绵城市建设中专门采用表土层剥离利用的流程和技术，将这些表土重新回填到城市绿地或者公共空间，让建设用地、景观用地和农业用地得到全面优化。表土在海绵城市中的作用还有以下几个方面：

降水的渗透：也就是降雨经过表土空隙渗入深层土壤的过程。雨水渗入表土层中，一部分进入深层土壤，然后渗漏，还有一部分转化为土壤水储存在土壤中。可见，表土是降雨的重要载体，其渗透能力与地表径流量、表土侵蚀以及雨水中物质的转移具有密切的关系。表土的渗透力大小决定着地表径流量和洪峰流量的大小。

降水的储存：表土储存降水的功能主要是借助分子力、毛管力和重力，储存在其中的水有四种类型：吸湿水、膜状水、毛管水和重力水，同时也存在三种形态，即固态、液态和气态。其中植物生长需要的关键水形态是存在于土壤空隙和土粒周围的液态水。

降水的净化：降水的净化主要借助的是表土—植被—微生物构成的净化系统，其过程包括：土壤颗粒过滤、表面吸附、离子交换及土壤生物和微生物的分解、吸收。

（一）影响表土作用的因素

表土对降雨的储存和渗虑作用主要受土壤质地、容重、团聚体和有机质等理化性质影响。

土壤质地是指土壤中的黏粒、粉砂、砂粒等矿物质构成的状况。依据国际标准，土地质地分为十一类：一是壤质砂土；二是砂质壤土；三是壤土；四是粉砂质壤土；五是砂质黏壤土；六是黏壤土；七是粉砂质黏壤土；八是砂质黏土；九是壤质黏土；十是粉砂质黏土；十一是黏土。通常来说，土壤中的砂粒含量越低，其渗透作用越弱，保水作用则越强。

土壤容重：也就是土壤的密度，通常所说的是干容重，也就是单位体积土壤被烘干后的重量，其中单位体积土壤包括土壤颗粒间的空隙，它能反映土壤的紧实度和孔隙度的大小，其决定因素是土壤颗粒的数量和土壤颗粒间的空隙，影响着降水的渗滤和储存。土壤的容重越小，空隙越大，渗透能力就越强，相反则越弱。

土壤团聚体和有机质：土壤颗粒形成的结构单元小于10毫米就属于土壤团聚体，团聚体的粒径对土壤空隙分布和大小具有很大影响，同时，也会影响表土及深层土壤中水分的迁移。土壤有机质主要指土壤动植物、微生物及其分泌物，其所具有的黏力能够让土壤颗粒形成团粒结构，在某个范围内，有机质减少，胶结的作用减弱，不利于土壤团聚体的形成。

（二）如何增加土壤渗透率

减少城市地表雨水径流量，增加土壤渗透率，主要方式就是改变土壤的渗滤性和储水能力，这种方式可以通过改变土壤质地、容重、团聚体和有机质等来实现。在某个区域，地形和土壤质地确定的情况下，可以借助地表植物来增强表土的渗滤性。

植被的根系可以让表土的空隙度获得增加，这样就可以增加降雨的渗入量。植物散落的枯枝烂叶可以加快土壤团聚体的形成，增加土壤的空隙度和透水性，同时，枯枝烂叶还能为土壤生物提供活动空间，有利于土壤性质的改善。枯枝烂叶可以让表土的粗糙率加大，降低地表雨水径流速度，让雨水渗入更加容易，水土流失也会相应减少。

低影响开发过程中的一些设施能够让地表的透水性提高。应用透水性较强的材料以及搭配种植植物促进地表水下渗也具有极其重要的作用。

三、对植被的尊重

植被是顺应地形环境的产物，地形环境包含水和土壤等部分，同时植被也是地形环境的守护神。如果植被因破坏而消失，那么水土流失和面源污染加剧就是必然现象，这样会导致地形发生改变，从而让水失去它的资源属性，留下的只有洪水、干旱、水荒等灾难性属性，给城市带来无法估量的经济损失，影响城市的发展。

（一）植被的重要作用

陆地表面分布着多样化的植物群落，植被作为能量转换与物质循环的关键环节，还能为生物提供栖息地和食物，有利于区域小气候的改善，平衡水循环，减少土壤侵蚀、沉积和流失，也是城市非常重要的景观，有利于城市热岛效应的降低。

城市建设首要考虑的就是土地原生自然植被的保护，城市的绿地率有所保证，植被多样化，城市生态系统获得良好发展。植被可以截留部分降雨，根系可以吸收一些水分，为雨季降雨的渗透提供更多空间。同时，还能净化降雨下渗过程中携带的污染物，提升地下水的质量。在有坡度的区域，植被能够减缓雨水径流速度，降低水流对地表的冲击，缓解对河流渠道的破坏，减少水土流失，防止洪涝灾害。

植被在低影响开发中占据着重要的位置，低影响开发的种植区，不仅具有坑塘和生物滞留池的排水与雨洪滞留功能，还具有自然渗透性，降低地表径流量，增加雨水的蒸发量，让城市的热岛效应得到有效缓解。同时，还可以让进入河道的雨洪流速和流量有所减少，污染程度也获得降低，有效地控制面源污染。排水功能能否达到最佳取决于是否在区域内种植了最适合这个区域生长的植物。

（二）选择本地物种

种植区植物的挑选，应当尊重区域内的自然状况和当地的植被，当地植被是最适合当地气候、土壤和微生物条件的，种植和维护成本相对较低，水肥需求量小，所以应优先选择本地物种。但由于国外低影响开发技术相对成熟，可使用与国外成熟的低影响开发植物生态习性相近的本地物种或在必要条件下慎重选择容易驯化的外地物种。

（三）植被的空间格局

低地带，也就是地势最低的那部分区域，也是雨水或灌溉水的最终去向，因此这个地带的设计应该有地漏，让雨水的存量时间尽量在 72 小时以内。在雨季，这个区域通常会被雨水长时间淹没，因此，这个区域的植物选择应该偏向根系发达的耐水植物，建议种植当地草本植物或者地被植物。

中地带，是介于低地带和高地带之间的缓冲带，对雨水径流有一定的缓冲作用，在降雨过程中，植物不仅滞留雨水，还要吸收雨水，同时还对护坡有一定作用，因此，此区域植物的选择应该偏向耐旱和耐周期性水淹的生长快、适应性强、耐修剪及耐贫瘠土壤的深根性护坡植物。

高地带，也就是低影响开发的顶部区域，通常降雨不会在此区域存储，因此，此区域植物选择应当偏向耐旱性和具有一定耐涝性的植物。

四、对自然的尊重

区域开发中一个重要因素就是自然地形形成汇水格局，如果地形发生改变，汇水格局也会相应发生改变。低影响开发的研究方向就是原有地形与开发后地形的不同汇水格局及其影响。由此可见，对环境影响较小也相对安全的规划设计和土地开发必须以原有地形为基础，这样才能充分体现空间的多样性，以及其具有的自然和艺术之美。

传统的城市开发中，人们秉持"人定胜天，改造自然"的错误思想，肆意改变地形地势，挖山填湖，变山地为平地，将河道裁弯取直，自然绿地被人工硬化。流域下垫面的改变直接导致了降雨产汇流模式的改变，水文循环被破坏，城市热岛效应、雾霾加剧，洪水内涝灾害频发，水资源总量日益减少。因此，城市开发必须尊重土地原始的地形地势，顺形而建，应势而为，尽量维持土地的地貌、气候及水循环，使人类融于自然，与自然和谐共生。

地形通常是指地表上存在的各种不同的形态，具体讲就是存在于地球表面的错落有致的各种形态，有山地、高原、平原、谷地、丘陵等。城市的形成和发展就是建立在自然形成的地形地貌（比如位置、坡度、高差等）之上，尤其在城市发展方面，自然地貌对城市的形态、结构和延伸方向具有决定性作用。

地形地貌对其他生态因子具有一定的影响，并且对局部温度、降雨及水系环境、生物分布和多样性具有一定程度的影响；地形构造和海拔差异也会影响当地的采光、太阳辐射等。生态城市规划在每个设计阶段所受地形的制约程度是不一样的，规划者在中观和微观尺度城市规划设计的时候，应该结合地形地貌，包含城市的物理结构，对当地气候进行调节，因地制宜地进行控制、引导，这样就可以让建筑选址尽可能地坐落在理想的方位、日照和风环境中，降低建筑能耗，节约更多的资源，让人体在不同季节都能感受到最佳的舒适度。根据地形地貌分析得到当地太阳辐射数据，可以合理利用太阳能资源和合理配置植物布局。

随着城市的发展，人们逐渐认识到地形地貌会影响城市气候的方方面面。

（一）地形与太阳辐射

太阳辐射随季节变化而变化，影响太阳辐射的主要因素有太阳高度角、地形和天气等。地球围绕太阳运行的轨迹是椭圆形，日地距离不断变化，形成的太阳高度角越大，太阳辐射就越强。此外，太阳辐射也会受到气溶胶影响，削减一部分能量。如果天气状况基本一致，相同地区，地势高的地区会比地势低的地区太阳辐射量要高些。因此，为确保建筑的太阳能利用、植物喜好的布局和建筑必要的太阳光照，必须考虑此问题。

（二）地形与汇水

起伏的地形形成各具特色的水文单元——流域，自然汇水将地表不同形式的水系联系起来。海绵城市建设作为流域管理的一个节点，把研究区域只局限在一部分地区显然是不完整的。还应分析流域的地形、水文、土壤和气候等生态因素，把城市发展置于流域管理的系统中，使整体的建筑布局和动植物群落符合流域整体格局。

城市建设改变了原有的地形地貌，场地平整和地表硬化改变了流域的产汇流机制，使城市成为汇水集中区，增大了洪涝灾害的发生概率。

海绵城市建设应该吸取传统城市开发的惨痛教训，依据地形营造连续的自然水岸，在易侵蚀地区建立高植被覆盖的自然防线，疏通自然排水肌理，连通城市水系，增加水域面积，提高城市容水能力，提高地下水补给量。构建"生态沟渠—滞留湿地—河湖"的连通系统，完善地表水系空间格局，实现能量交换，美化城市环境。

数字高程模型（DEM）模拟真实的地形地貌信息，包含丰富的水文信息，通过水文计算软件可以快速准确提取地区水网和流域分区等水文信息。

水系是城市的命脉，水是城市产生和发展的动力，因此在城市的建设过程中应当首先搞清楚其所处的流域和水系格局，形成小区域内的良性循环，构建更大区域的水生态文明。

经过合理的水力计算，增加水体面积，构建"生态沟渠—滞留湿地—河湖连通"系统，完善地表水系空间格局，充分利用自然排水，雨水湿地滞留水资源，实现能量交换，完成地表水、地下水补给。

（三）地形与温度降水

高山往往具有气候带来的植被垂直分异，迎风坡形成雨屏，背风谷地成为高温中心，甚至产生"焚风效应"。在大气中，高度每上升100m，温度减低0.6℃。在山地地区最能体现随高度升高、温度减低的现象。在地形地势情况差异不明显的情况下，降水对不透水下垫面形成地表径流量的影响大于自然地表下垫面，因此需要尽可能地还原自然地表，利用地形地势自然疏导降水，减轻对低洼地区的洪涝影响。地形的高差与几何特性可以影响城市的气温与降水，对提高城市的舒适环境和洪涝安全有积极影响。

（四）地形与风环境

地形对气流具有绕流作用，地形可以造成局地环流与地方性风。局部地形风作为局地微气候的特殊现象，其影响规模约为水平范围十千米以内，垂直范围一千米以内。山顶风大，峡谷风急，陡坡风猛，死谷风静，盆地静风频率高，逆温强烈，对大气扩散不利。例如，成都城区气候条件差，静风频率较高，风速较低会导致城市大气问题，为改善城区大气环境，成都城区采用"扇叶式"布局，"扇叶"之间规划为永久性绿地，并沿主要河道向城区内深入楔形绿地，使城市环境与自然环境有机结合，这种设计也有利于局地风的形成。因此掌握城市的主导风向和风频，既可以加快扩散城市产生的气体，减轻工业对居住区的危害，也可以为城市设计方案提供科学依据。

从上述的描述不难发现，不同地形的几何特性，包括山地、高原、平原等对城市的局部气候有一定的影响，同时，建筑分布也对城市的局部气候产生一定影响，它们影响的差异中也存在一定共性，由此可知，城市的选址和低影响开发需要在前期对当地地形地貌进行大量分析。城市的规划设计一定要尊重当地的地形地貌和气候因子之间的相互作用。

五、低影响开发与下沉式绿地

向立云，作为我国水利方面的专家，曾经提出：假如绿地比路面能够20~30cm，就可以吸收200~300mL的降雨。下沉式绿地，最早是由我国的张铁锁和刘九两位学者提出的，他们认为：下沉式绿地就是绿地系统的修建低于道路路面，这样就可以最大限度地利用雨水和再生水，减少灌溉的次数，也使水资源获得节约。

下沉式绿地可分狭义和广义两大类别，狭义下沉式绿地指的是绿地高程低于周边硬化地面高程约5~25cm之间，溢流口位于绿地中间或硬化地面的交界处，雨水高程则低于硬化地面且高于绿地，而广义的下沉绿地外延明显扩展，除了狭义的下沉式绿地之外，还包括雨水花园、雨水湿地、生态草沟和雨水塘等雨水调节设施。

下沉式绿地可有效减少地面径流量，减少绿地的用水量，转化和蓄存植被所需氮、磷等营养元素，是实现海绵城市功能的重要技术手段之一。

第二节 水敏感城市设计理论

水敏感城市设计，是一种关于雨水管理的模式和方法，主要针对城市排水系统所存在的问题。澳大利亚的Whelan等人最早在1994年提出。此设计获得发展是在20世纪90年代末。其核心观点是将城市水循环[雨水、供水、污水(中水)的管理]看作一个整体，它们之间是相互联系、相互影响的，应当统筹考虑（图3-1）。此设计与BMPs、LID相比，除了核心的雨水管理，它设计的内容更为广泛和全面，其中包括减少给水、供应、废水排放之间的水的传输，收集利用城市区域雨水等。

水敏感城市设计主张将水文循环与城市规划、设计、建设过程相融合，也就是将基础设施、建筑形式与区域自然特征相统一，借助合理的设计和良好水文功能的景观性设施实现城市环境的可持续性，降低结构性措施需求，增加城市对自然年水循环的正面影响，让敏感的城市水系统获得健康发展，同时，让城市在环境、休闲等方面的价值获得提升。

水敏感城市设计的六大关键性原则：第一，现有的自然特征和生态系统获得保护；第二，汇水区域的自然水文条件获得维持；第三，地表水和地下水的水质得到保护；第四，管网系统的需求不断下降；第五，排放到自然环境中的污水量不断减少；第六，景观与一系列雨水、污水技术有机结合。在水敏感城市设计的雨水管理体系中，具体的技术措施及体系是与 BMPs、LID、SUDS 相类似的。水敏感城市设计体系宗旨是改变传统的城市规划和设计理念，目的是实现城市雨水管理的多重目标，因此，提出了一系列将雨水管理纳入城市规划设计与景观设计的实现途径和措施。在澳大利亚全境，尤其是墨尔本流域，水敏感城市设计已经获得大范围的推行，并开发出了城市暴雨管理概念模型软件。

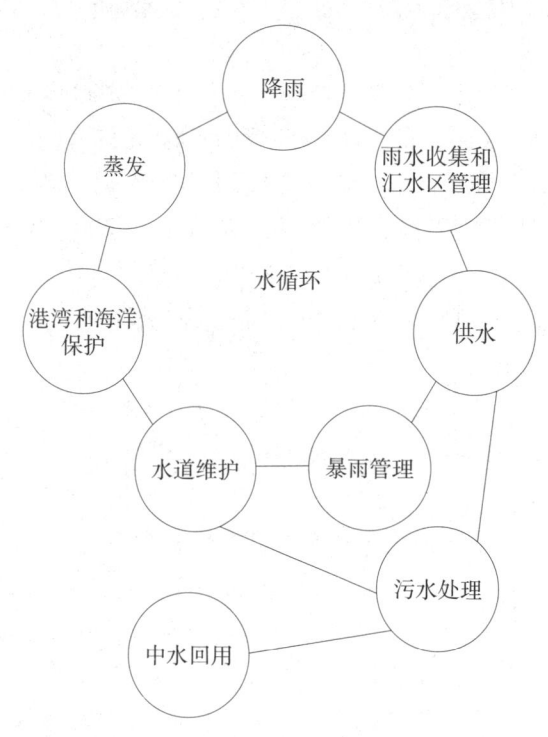

图 3-1　WSUD 中的水循环系统

一、与传统雨洪管理的区别

在传统雨水管理阶段，对雨水的处理方式是"快排"，也就是以最快的速度将水排放出去。采用较多的方式就是雨污合流排放，这样处理的后果就是导致下游水体不断被污染，同时，也会使暴雨洪峰量增加，导致城市内涝的发生。更严重的是，"雨洪"作为资源被浪费掉了。

水敏感城市设计非常注重城市水循环的连续与平衡。将雨污水进行处理之后再加以利用，减少了雨水径流量和径流污染，同时还减少了对用水的需求。水敏感城市设计与传统雨水管理模式下的城市水平衡相对比，不但能够满足城市对水的需求还能减少对水生态环境的损害。

二、与传统城市设计的区别

水敏感城市设计立足于城市水问题的解决，目的是将城市设计和水循环设施在不同规模的实践工程上进行有机结合，并最终达到优化。传统的城市设计侧重于城市设计各要素的组合，是土地使用、城市公共空间、城市交通和城市景观体系的系统综合。也有一些学者指出应当在这个系统中加入自然山体、水体等自然资源，但是，当前的城市设计并没有将其纳入重点。由此可见，水敏感城市设计为城市问题的解决和城市可持续发展带来了新的思路和途径。

传统的雨水管理方式是从摇篮到坟墓，而水敏感城市设计采取的是从摇篮到摇篮的方式，视污染和雨水等为一种资源，并将此作为原料带进另一个程序中，从而实现城市水持续和平衡的目标。尤为重要的是，水敏感城市设计将城市发展和设计与水循环设施有机结合，并最终达到优化。此设计理念讲求的是：以谦逊和综合的方式来处理地球、水和人类三者之间的关系，这也正是当下可持续城市发展的关键。

第三节　绿色基础设施理论

一、绿色基础设施基本概念

为了让大家全面、客观、深入地理解绿色基础设施，我们先来理解两个基本知识：第一个就是绿色基础设施起源于对自然、土地与人类关系的研究，从内容含义角度讲，它是一个新的专业词汇，但不是一个新的概念；第二个就是绿色基础设施不是单纯的绿色空间的相互连接，其内涵比简单的绿色连接更加丰富。

绿色基础设施由于其历史发展渊源不同以及所处的区域背景不同，导致了其概念具有多重性。

（一）绿色基础设施是国家的自然生命保障系统

1998年8月，美国保护基金会和农业部森林管理局首次提出"绿色基础设施"这个概念，"绿色基础设施是我们国家的自然生命保障系统，是一个多种元素相互连接的网络系统，构成此网络系统的元素，一是水道、湿地、森林、野生动物栖息地和其他自然区域；二是绿道、公园和其他保护区域；三是农牧场和森林；四是荒野和其他维持原生物种；五是自然生态过程、保护空气、保护水资源、提高美国社区和人民生活质量的开阔空间"。

（二）绿色的区域互联网络其中之一是绿色的基础设施，并且是相互联系的，是土地保护法的其中一种

对于绿色基础设施，美国人麦克与爱德华是这样定义的：把它当成名词的时候，绿色基础设施是指一个不仅有大家一起使用的自然区域，也有属于个人的土地，并且是相互连接的绿色的区域网络。把它当成形容词的时候，绿色基础设施这个进程所提出是为了鼓励对于自然与人类有好处的土地利用实践与规划，这个土地保护方法是战略性的、系统的，地方与区域是不同规模层次上的。

（三）通过生态化手段改造或者是代替灰色的基础设施指的是绿色基础设施

加拿大的学者赛伯斯亭在2001年写的一部著作《加拿大城市绿色基础设施导则》里说明了：关于绿色基础设施的概念是不与英美等国家相同的，它指的是基础设施城市的自然化，一般是利用自然化的方法去替换道路修改工程、能量资源、排水资源、洪涝灾害的整治和废弃物品处置系统等问题。

（四）绿色的区域网络具有多种的功能也是指的绿色的基础设施

英国人简在2005年的时候在他撰写的著作《可持续社区绿色基础设施》里面提出了：绿色的基础设施对现在和未来的可持续社区中的一些自然环境是有功劳的，它由几部分组成，这几部分分别是：城市的公共资产、城市的私人资产、乡村的公共资产、乡村的私人财产、维持可持续社区平衡的社会、重组社会的社会，所以它也被称为拥有很多种功能的绿色片区。

二、绿色基础设施的长成过程

绿色基础设施的理念不管从思想、实践还是从理论方面来说早已开展，但由于种种原因以至拖至千禧年后才被正式地指出来。绿色基础设施在相关理论与思想的不断试验下，一步一步走向完善和成熟。

（一）启蒙期是从1850年至1900年

美国的乔治在1847年的时候在他的作品《人类和自然》中提倡大家对土地的破坏性利用要投入更多的关注。同样是在1847年，戴维提出了这样一个观点"保护未被破坏的大自然的重要性"，两者达到了思想上的共鸣。美国的一名风景园林师——奥姆斯特德与前两个人的观点不同，他认为在城市中制造人造景观是对人类的发展有害的。他认为把绿地体系与公园放进城市和乡镇里面会有更好的效果。

强调空地的保护和连接的公园道路系统慢慢地在美国流行起来。欧洲在此时也意识到了绿色区域连接的必要性，他们也开始了对人类需要与生态守护的探究和摸索。这些都是在绿色基础设施这个观点提出前的启蒙的苗头。

（二）探究和摸索创新的时期是在1990年至20世纪20年代

美国的领导人罗斯福在此时是非常热爱户外空间的，美国国家公园系统由此被引领而创立了起来。这个系统主张"保护大自然的风景、动植物和历史，自己通过这种方式享受其中的乐趣，也不能剥夺后代享受此乐趣的权利"。在此期间，国家公园与日俱增。单单算罗斯福任职的时候，就已经建立起来4个国家级游玩休息保护地、150个国家森林、50个国家级公园和51个联邦鸟类保护中心等等。这些自然区域不但是在区域大规模规划层面的探索，也为国家空间的绿色系统架起了框架。

在实践中，在韦斯切斯特县和长岛美国建筑师罗伯特莫夫斯开发了将诸多公共公园拼接起来的专属公园地带。在美国新泽西州，绿化带的概念也与国家的规划相结合。这个概念已经成为绿色基础设施发展理念的重大创新。由此可以看出，人们开始关注他们生活在工业发展时代，面临的种种土地问题，从而为子孙后代保护自然领土。

（三）环境设计时期是在1930年至1950年

在20世纪初，到工业化时代，人们开始关注还没有被人类摧毁的荒野地带。谢尔福德作为生物学家提倡大家保护自然区域和缓冲区。许多科学家也纷纷意识到，建造一个大规模，并且是连续的绿地系统的重要性。因为公园面积，一年里让本地的所有物种休养生息是远远不够的。首批关注区域性规划需求的，并且是美国的规划师之一的麦凯认为人们应该通过尊重自然形式的土地来考虑对绿色区域走廊的需求。在他的许多计划项目中可以看出，他推崇线性区域、带状区域这一类的区域，他认为这样的区域不单单可以有效地保护生态环境，并且这样的区域也为城市里面的市民提供了游玩的地方。

在20世纪30年代，绿色分区规划成了一个更加普遍的规划模型。恒定的距离成了包围城市和连接邻居的绿化带的森林缓冲区，人们可以轻松触及大自然。由于一些绿带组织计划强调城市设计，包括绿地区域和控制绿地周围的土地开发。在此期间。

（四）十年生态战是在20世纪60年代

景观的策划与城市的筹备从一门新兴起的学科——生态学中学到了崭新的思维方式。美国的一位有名的景观设计师麦克哈哥提出：城市开发人员应该想到土地利用计划的环境学方法，并提供评估和应用这种方法的对策。麦克哈哥在其1969年的著作《设计结合自然》中指出，生态应该是设计的根基，其目的是将环境因素在土地使用规划和城市规划中由被动地位转变为主动地位。

刘易斯也是一名景观规划师，他提出了一个关于景观分析的新办法，他开始关注环境走廊等问题，强调不但要剖析土地潜力而且要遵从土地是至关重要的。人类开始慢慢了解土地的多样化，从而慢慢开始发展出新的对待景观的办法。与此同时，有一个代表这个领域的新的词语就是"景观生态学"。这时候，绿色的基础设施理论有了保护生物等领域的理论作为科学依据，这些科学依据也是可持续发展的动植物种群规划的原动力之一。景观的设计和城市的规划在这十年里也变成了科学并且是有科学依据的土地生态理念利用规划过程。

（五）最主要的理念提升时期是在19世纪70年代至20世纪80年代

可持续发展计划开始被全球所关注。在这期间，人类对于绿色基础设施的规划以及设计的观念问题产生了极大兴趣，并且在土地保护实践方面投入了更多精力。

在实践中，保护基金会于1987年启动了美国绿色通道计划，并在整个美国推广绿色通道建设。在技术层面上，地理信息系统已成为空间规划的重要工具。纷乱的土地使用计划需要科学合理的方法指导。在政策方面，趋于整合，强制性监管方式逐渐转变为更为灵活和柔性的模式。就像景观规划专家福尔曼在土地政策和实践中所描述的那样，绿色空间基础设施在这个时期的概念逐渐从独立研究发展成一种整体方法，超出了其环境或发展时期。孤立的绿色区域不足以保证人与自然的共同利益，它需要和自然空间的连接。

（六）重视"连接"期是在20世纪90年代至今

可持续发展这个观念变成全球的共同目标是在20世纪90年代初。景观规划专家意识到仅仅保护单独的生态空间是没有什么成效的。与此同时，越来越多的人们开始寻找其他的土地可持续利用的办法。为了保护物种的多样化和自然生态恢复的过程，我们要将区域里面的各个类型的景观联系起来。

美国的马里兰州在1990年发起了第一项大规模的绿色基础设施规划项目，这个项目是关于美国各州区域范围内的绿道规划问题。这个项目具有划时代的意义，它将绿色的基本设施从台后搬到台前。佛罗里达州在此之后也效仿马里兰州启动相关项目。此外，美国的许多地区和社区还启动了绿色基础设施规划、设计和建设计划。

这些所有的行动都强调在景观价值的基础上，土地使用计划是很关键的。

第四节　可持续性城市排水系统

一、排水系统的可持续性概念

传统的雨水排放体系扮演着极其关键的角色。它首先是从各大建筑物的雨水斗中或者是天沟中集取屋面雨水（山区采用截洪沟中集取雨水），收集好后流进居民区、工厂区或者是街道下面埋设的管渠系统，最终是从出水口或者是泵站提升后流进自然水域中或者是海洋中。

可持续性的排水系统是把自然工程的原则当作基础，其目的是为了保留天然存储水的模式仿造自然中的水循环，它利用自然调蓄能力，重点关注地表排水系统和生态结合的排水系统。所以，对设计理念来说，可持续性排水体系不同于传统的雨水排放体系。这种做法解决了城市内涝问题，让城市自然水系得到保证，使雨水资源有效利用了起来。

表 3-1　传统排水系统理念与可持续排水系统理念对比

	传统雨水排放系统	可持续排水系统
排水系统的关注点	最短时间内将雨水排除	雨水排放量、对水质的影响、防洪要求、处理设施与景观结合、建造适宜的生态环境。
对雨水价值的认识	雨水是废弃物	雨水是可利用的资源
雨水排放效果	快排快泻；尽快汇集、排放径流	雨水调蓄或缓慢的经相应设施排放到绿地或下渗地下。
雨水排放体制	雨水与污水合流排放	雨污分流（雨水排放为非管道式排放）
雨水排放措施及手段	硬质地面及地下排水管网	应用过滤式洼沟、排水沟、透水地面使雨水经保持、滞留、渗透、过滤、收集，之后利用。

二、可持续性的排水体系的纲领

（一）恪守起源控制

依靠本地化和治理降雨排放和污染物的来源。基于本地情况制定针对水污染和资源利用的最好的可持续排水建设计划。

（二）遵守开发守则

保护自然水文环境可以缓解不透水面积的不利影响。由于城市建设使渗透的土地数量增加，集水区面积不断增加，改变了城市的自然水文条件。城市化带来的影响可以通过合理的自然河流沟通和保护等手段来实现最小化。

（三）遵守开发原则

城市用水和环境效益有关。可持续排水体系注重水安全、水环境和水资源。基于城市雨水洪涝安全，它不仅可以守护自然环境，也可以提高整个城市的环境质量。

三、可持续排水系统的特质

（1）可持续排水体系从雨水监测和利用的源头开始，重视雨水的利用和积累，增加社区雨水排放和绿色绿化，缓解城市缺少水资源的情况和减少下游供水体系发生洪水的频率。例如，在社区适宜的位置中，通过安装雨水池来渗透或使用地下水。

（2）可持续排水系统可保证城市水系自然的水解循环，保持动植物生活条件，创造多样的生态水文环境，这充分反映了水系统及其可持续理念。城市可持续排水系统的使用将有助于发扬城市发展中的可持续发展理念。

（3）可持续排水系统的应用受到许多因素的制约。很多国家和地区都制定了一套适用于雨水利用的法律法规。一些发达国家规定在建设新社区之前在工业、商业或住宅社区准备雨水利用设施。如果没有雨水使用措施，政府就要收取降雨排放设施费用和降雨流量费用。我国没有关于雨情收集的强制性法律规定，尽管北京在2003年发布了相关规定，但按规定执行的却是少数。

第二部分　规划篇

第四章　海绵城市的规划

第一节　基本要求

在城市中，政府应当将国土、道路、排水、园林等职能部门统筹协调并规划好，并且要在相关的各项规划编制中实施影响小的雨水开发体系，这是作为责任主体的义务。本书第二部分第二小节，针对海绵城市建设中的绿地系统专项规划的优化路径做了初步探讨。

城市总体规划：应当开办专题研究，把城市里自然环境保护、水系、土地绿色利用、政府规划的基础设施结合起来，清理城市供水系统，排水系统，绿地系统和本地部署的道路，制定实施战略和原则，以确定城市年度排放管理水平及其设计。本书第二部分的第三部分，对构建蓝绿共生的海绵体做了简要陈述。

细致的计划就是应该结合城市总体规划和专业规划确定发展方向。涉及雨水渗漏、停滞、储存、净化、使用和排水的低影响开发设施用地应结合当地情况实施。

海绵城市——影响较小的开发雨水系统构建技术框架，如图4-1所示。

第四章 海绵城市的规划

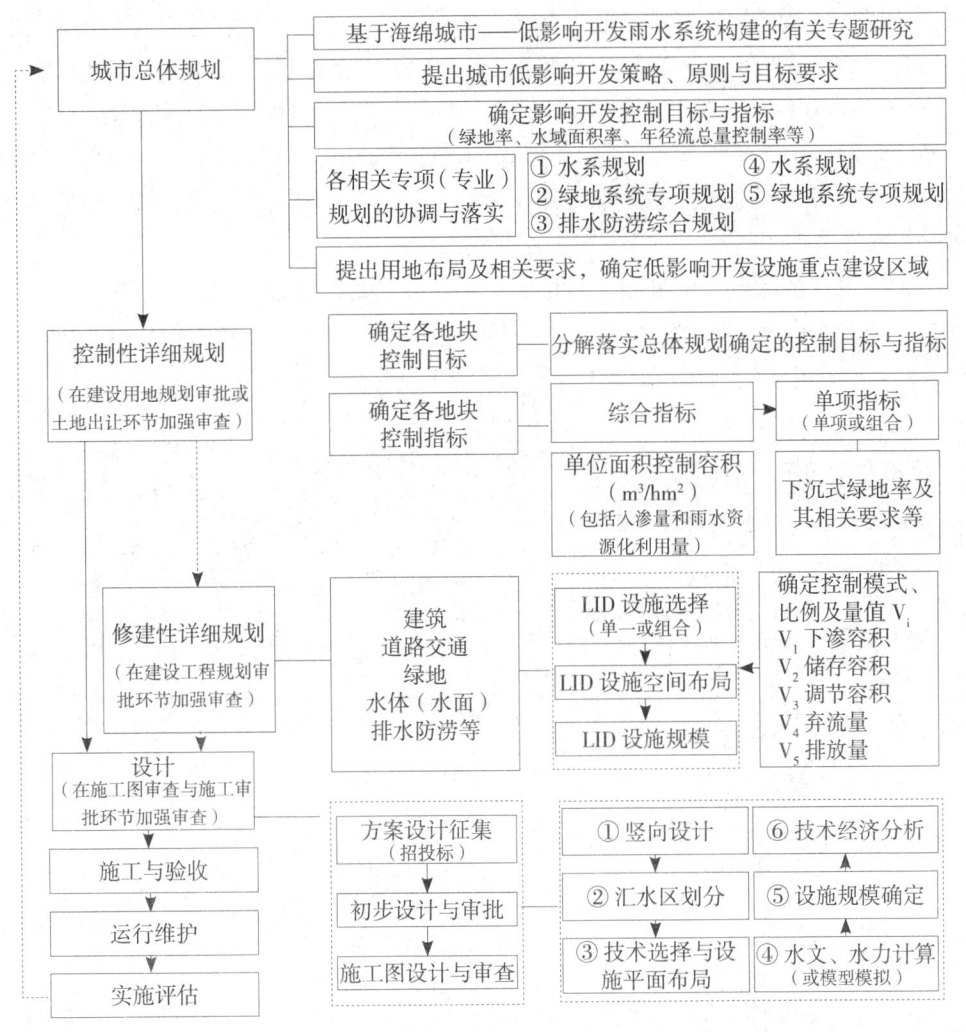

图 4-1 海绵城市——影响较小的开发雨水系统构建技术框架

第二节 规划目标

《指南》中指出，计划控制目标包括雨水利用、径峰值、径流量，各个地区应该根据自身的情况选择一项或者是几项作为目标来完成。各个地区影响较小的开发雨水系统构建可以选择径流总量作为第一位规划控制目标。《指南》中详细介绍了实现控制净流总量目的的办法。

· 049 ·

我国各个地区的气候特性、土壤种类等自然情况和经济情况相差比较大,主要原因是我国的地域非常辽阔,因此各个地区的净流总量的控制目标也是有所差异的,《指南》未对年径流总量的控制率提出统一的要求,而是将大陆地区粗略地分成五个区域,并给每个区域年径流的控制率制定出最低和最高限值。在全国各地计划发展的过程中,年径流总量控制率指标可以分解为单位面积控制量,可以作为综合控制指标实施总量控制目标。

各地应结合当地水文特点及建设水平和既有规划控制指标包括建筑密度、绿地率、水域面积比例。根据这些指标和土地利用、水环境条件,可以确定开发控制指标。低影响开发控制指标及分解方法如表4-1所示。

表4-1 低影响开发控制指标及分解方法

规划层级	控制目标与指标	赋值方法
城市总体规划、专项（专业）规划	控制目标： 年径流总量控制率及其对应的设计降雨量	年径流总量控制率目标选择详见《指南》第三章第二节,可通过统计分析计算（或查《指南》附录2）得到年径流控制率及其对应的设计降雨量。
详细规划	综合指标： 单位面积控制容积	根据总体规划阶段提出的年径流总量控制率目标,结合各地块绿地率等控制指标,参照式（$V=10H\phi F$）计算各地块的综合指标——单位面积控制容积。
	单项指标： 1. 下沉式绿地率及其下沉深度 2. 透水铺装率 3. 绿色屋顶率 4. 其他	根据各地块的具体条件,通过技术经济分析,合理选择单项或组合控制指标,并对指标进行合理分配。 指标分解方法： 方法1：根据控制目标和综合指标进行试算分解； 方法2：模型模拟。

注：1.下沉式绿地率＝广义的下沉式绿地面积/绿地总面积。广义的下沉式绿地泛指具有一定调蓄容积（在以径流总量控制为目标进行目标分解或设计计算时,不包括调节容积）的可用于调蓄径流雨水的绿地,包括生物滞留设施、渗透塘、湿塘、雨水湿地等；下沉深度指下沉式绿地低于周边铺砌地面或道路的平均深度,下沉深度小于100mm的下沉式绿地面积不参与计算（受当地土壤渗透性能等条件制约,下沉深度有限的渗透设施除外）,对于湿塘、雨水湿地等水面设施系指调蓄深度；2.透水铺装率＝透水铺装面积/硬化地面总面积；3.绿色屋顶率＝绿色屋顶面积/建筑屋顶总面积；4. $V=10H\phi F$,式中：V——设计调蓄容积,m^3；H——设计降雨量,mm,参照《指南》附录2；ϕ——综合雨量径流系数,可参照《指南》表4-3进行加权平均计算；F——汇水面积,hm^2。

海绵城市建设必须得到人民群众的赞同，实现"不积水，不内涝，无黑体水，无热岛"的成果。还要探索有关"海绵"型城市建设的投融资金的模式，积极稳妥地推进海绵城市建设，预计在2020年，超过20%的城市建成区达到目标要求；到2030年，超过80%的城市建成区将达到目标要求。

对于水生态，要划定蓝线（河道保护线）、绿线（生态控制线），加强山、水、林、田、湖等生态空间的有效庇护。而且要平稳地拉高城建区的绿化覆盖面积；要从根本上治理和利用径流努力吸收和利用当地70%以上的降雨量，这被认为是"准则"的适度减少。

为保障水安全，要完善排洪防汛体系，消灭城区里面的积水问题；建成城市的雨水排放等基础设施，整体提高城市排水水平和内部洪涝预防能力。

加大对黑臭水的水体治理力度。在城市排水系统成熟后，要控制径流污染和溢流玷污，从而使城市水环境变得更好。

保护水的源头，降低管网渗漏率，推动节水城市建设和严苛的水资源管理就是有效利用水资源。

在具体目标和指标制订时，应注意落实以下工作原则：①综合统筹。海绵城市建设的意图是水文净化，在水文恢复过程中，要实现水资源安全，改善，控制和夏季修复。②适合当地条件的措施。海绵城市总年度径流的控制率的中心指标是降雨量，土壤地质等，所以说，各城市要分析当地的降水量，水文特性还有经济情况制定相应的指标。③科学可行。确保各类建设项目达到相应的海绵城市建设目标，合理限制工程建设，实现海绵设施的合理规划，制订指标要注意可执行性，经验丰富而且有条件的地方要建立水文分析模型，科学合理地调整和制订控制指标。

第三节　规划原则

海绵城市建设虽然以城市用水问题为目标，创造了具有吸水、储水、净水、放水功能的"海绵"，但由于需要恢复，所以不能"就水论水"。一定要通过城市的整体计划协调，明确控制目标，实施控制条例，并结合与之有关的专项计划作为指导。计划的协调领导作用可以通过以下几个方面表现。

一、实施计划蓝图

海绵城市建设涉及园林、水利、交通、金融、土地和环境保护等等。目前城市管理体制的分散性非常突出，每个部门都有自己的政治和行政事务，导致"蓝图"规划和建设不一致。因此，各部门能够依靠的"计划蓝图"对于海绵城市建设相关工作的全面部署和总体部署十分必要。

二、协调"两种纵向和横向计划"

海绵城市建设是整体活动。它包括如城市整体计划，控制性详细计划，建设性详细规划以及水系统规划（包括城市供水、节水、污水处理和回收、排水预防等），水系等子项目，绿地系统规划，综合道路交通规划，土地利用规划，自然计划等。因此，海绵城市规划要全面协调其他类似的计划，在不影响别的计划主题功能的前提下，加强综合功能，实现相互协调，发挥整体的效益。

三、融合"各种系统的技术"

海绵城市建设不仅仅包括雨水排放体系和过度的雨水径流排放系统，而且涉及特定的技术和设施，如渗漏、停滞、储存、净化、使用和排水。这些影响各不相同，而且很复杂。海绵城市的规划构建了各层次的目标和指标，进行数量连锁和分解，从而以技术系统的方式，对应和它有关的系统和技术，协调目标和手段。

四、通过"系统的法律规定计划"

近来各个地区制定的"海绵城市建设整体计划"或者是专题研究计划，大多缺乏现有城市规划体系的法律效力，不能构成实施体系。借助法定的城市规划体系，海绵城的各项规划成果都可以分层次，一步一步地转化为各类法定计划的有机组成部分，从而让海绵城市的概念、原则、建设办法和技术措施可以系统化，全面体现城市规划实施体系。

建设海绵城市的规划原则有以下几方面。

（一）保护优先

在城市建设期间，应该保护河流、湖泊、湿地、池塘、沟渠等自然水脆弱区域，充分利用湿地、水等自然物质净化水的质量，致力于实现城市天然的水循环。

（二）安全第一

为保障百姓的生命资金安全和社会经济安全，应该采取综合性的非工程的措施，提升开发设施的施工质量和管理水平，并且要清除安全隐患，提高防灾减灾能力，确保城市用水安全。

（三）问题导向

在实施海绵城市建设前应先对城市的山、水、林、田、湖等自然本底条件进行全面摸底，并通过实地调研和分析找出城市在水生态、水环境、水资源和水安全方面存在的城市洪涝、水土冲蚀、径流污染、水资源短缺等问题，以主要问题为导向开展有针对性的海绵城市建设，而不是为"海绵"而"海绵"。

（四）系统控制

从提高城市的生态环境质量方面实施"海绵"城市建设要求的城市规划，从水生态、水环境、水资源和水安全等方面提出系统控制目标。兼顾源头径流控制系统、城市雨水管渠系统、排涝除险系统及防洪体系。连接河流和湖泊系统、污水、绿地、道路还有其他生态基础设施，建成相辅相成的城市水体系。

（五）因地制宜

根据不同地区的水文气象条件、地理原因、社会经济条件、文化习俗等，或者是城划区域里面不同地区的特点，制定海绵城市计划目标，选择技术路线和设施以便于计划方案的有效实施。

（六）统筹协调

海绵城市建设要纳入细致计划、水系计划、绿地体系、排水体系、防涝计划、交通计划等工程。海绵城市的建筑内容应该相互协调与衔接。

（七）科学合理

规划要遵循科学原理，关键问题、重要指标以及相关技术都需要多种经验数据支持和验证，强调水文、降雨和地质等基础数据的累积，并且鼓励使用先进的计划辅助手段。

第四节 规划指标体系

一、总体规划层次海绵指标

按海绵城市指标制定的综合统筹、因地制宜、科学可行原则，各地总体规划层次的海绵指标体系的构建可考虑下面指出的这些通用指标和特色指标。

（一）通用指标

《海绵城市建设绩效考核评估办法（试行）》里的指标体系确定了海绵城市规划的整体指标，其中包含十八个指标（表4-2）。

表4-2 总体规划层面共性指标

类别	项	指标	要求	方法	性质
一、水生态	1	年径流总量控制率	当地降雨形成的径流总量，达到《指南》规定的年径流总量控制要求。在低于年径流总量控制率所对应的降雨量时，海绵城市建设区域不得出现雨水外排现象	根据实际情况，在地块雨水排放口、关键管网节点安装观测计量装置及雨量监测装置，连续（不少于一年、监测频率不低于15min/次）进行监测；结合气象部门提供的降雨数据相关设计图纸、现场勘测情况、设施规模及衔接关系等进行分析，必要时通过模型模拟分析计算	定量（约束性）
	2	生态岸线恢复	在不影响防洪安全的前提下，对城市河湖水系岸线、加装盖板的天然河渠等进行生态修复，达到蓝线控制要求，恢复其生态功能	查看相关设计图纸、规划，现场检查等	定量（约束性）
	3	地下水位	年均地下水潜水位保持稳定，或下降趋势得到明显遏制，平均降幅低于历史同期；年均降雨量超过1000mm的地区不评价此项指标	查看地下水潜水水位监测数据	定量（约束性，分类指导）
	4	城市热岛效应	热岛强度得到缓解。海绵城市建设区域夏季（按6—9月）日平均气温不高于同期其他区域的日均气温，或与同区域历史同期（扣除自然气温变化影响）相比呈现下降趋势	查阅气象资料，可通过红外遥感监测评价	定量（鼓励性）
二、水环境	5	水环境质量	不得出现黑臭现象。海绵城市建设区域内的河湖水系水质不低于《地表水环境质量标准》Ⅳ类标准，且优于海绵城市建设前的水质。当城市内河水系存在上游来水时，下游断面主要指标不得低于来水指标	委托具有计量认证资质的检测机构开展水质检测	定量（约束性）
			地下水监测点位水质不低于《地下水质量标准》Ⅲ类标准，或不劣于海绵城市建设前	委托具有计量认证资质的检测机构开展水质检测	定量（鼓励性）

续 表

类别	项	指标	要 求	方 法	性 质
二、水环境	6	城市面源污染控制	雨水径流污染、合流制管渠溢流污染得到有效控制。（1）雨水管网不得有污水直接排入水体；（2）非降雨时段，合流制管渠不得有污水直排水体；（3）雨水直排或合流制管渠溢流进入城市内河水系的，应采取生态治理后入河，确保海绵城市建设区域内的河湖水系水质不低于地表Ⅳ类	查看管网排放口，辅助以必要的流量监测手段，并委托具有计量认证资质的检测机构开展水质检测	定量（约束性）
三、水资源	7	污水再生利用率	人均水资源量低于500m³和城区内水体水环境质量低于Ⅳ类标准的城市，污水再生利用率不低于20%。再生水包括污水经处理后，通过管道及输配设施、水车等输送用于市政杂用、工业农业、园林绿地灌溉等用水以及经过人工湿地、生态处理等方式，主要指标达到或优于地表Ⅳ类要求的污水厂尾水	统计污水处理厂（再生水厂、中水站等）的污水再生利用量污水处理量	定量（约束性，分类指导）
	8	雨水资源利用率	雨水收集并用于道路浇洒、园林绿地灌溉、市政杂用、工农业生产、冷却等的雨水总量（按年计算，不包括汇入景观水体的雨水量和自然渗透的雨水量），与年均降雨量（折算成毫米数）的比值，或雨水利用量替代的自来水比例等。达到各地根据实际确定的目标	查看相应计量装置、计量统计数据和计算报告等	定量（约束性，分类指导）
	9	管网漏损控制	供水管网漏损率不高于12%	查看相关统计数据	定量（鼓励性）

续 表

类别	项	指标	要　求	方　法	性　质
四、水安全	10	城市暴雨内涝灾害防治	历史积水点彻底消除或明显减少，或者在同等降雨条件下积水程度显著减轻。城市内涝得到有效防范，达到《室外排水设计规范（2014年版）》GB50014-2006规定的标准	查看降雨记录、监测记录等，必要时通过模型辅助判断	定量（约束性）
	11	饮用水安全	饮用水水源地水质达到国家标准要求：以地表水为水源的，一级保护区水质达到《地表水环境质量标准》GB3838-2002 Ⅱ类标准和饮用水源补充、特定项目的要求，二级保护区水质达到《地表水环境质量标准》GB3838-2002 Ⅲ类标准和饮用水源补充、特定项目的要求。以地下水为水源的，水质达到《地下水质量标准》GB3838-2002 Ⅲ类标准的要求。自来水厂出厂水、管网水和龙头水达到《生活饮用水卫生标准》GB5749-2006的要求	查看水源地水质检测报告和自来水厂出厂水、管网水、龙头水水质检测报告。检测报告须由有资质的检测单位出具	定量（鼓励性）
五、制度建设及执行情况	12	规划建设管控制度	建立海绵城市建设的规划（土地出让、两证一书）、建设（施工图审查、竣工验收等）方面的管理制度和机制	查看出台的城市控详规、相关法规、政策文件等	定性（约束性）
	13	蓝线、绿线划定与保护	在城市规划中划定蓝线、绿线并制定相应管理规定	查看当地相关城市规划及出台的法规、政策文件	定性（约束性）

续表

类别	项	指标	要求	方法	性质
五、制度建设及执行情况	14	技术规范与标准建设	制定较为健全、规范的技术文件，能够保障当地海绵城市建设的顺利实施	查看地方出台的海绵城市工程技术、设计施工相关标准、技术规范、图集、导则、指南等	定性（约束性）
	15	投融资机制建设	制定海绵城市建设投融资、PPP管理方面的制度机制	查看出台的政策文件等	定性（约束性）
	16	绩效考核与奖励机制	（1）对于吸引社会资本参与的海绵城市建设项目，须建立按效果付费的绩效考评机制，与海绵城市建设成效相关的奖励机制等；（2）对于政府投资建设、运行、维护的海绵城市建设项目，须建立与海绵城市建设成效相关的责任落实与考核机制等	查看出台的政策文件等	定性（约束性）
	17	产业化	制定促进相关企业发展的优惠政策等	查看出台的政策文件、研发与产业基地建设等情况	定性（鼓励性）
六、显示度	18	连片示范效应	60%以上的海绵城市建设区域达到海绵城市建设要求，形成整体效应	查看规划设计文件、相关工程的竣工验收资料，现场查看	定性（约束性）

注：此表来自《海绵城市建设绩效评价与考核办法》。

（二）特色指标

各个地区根据自己的情况问题，在表4-3里面选择本地化的指标合成全面的指标系统。

表 4-3 总体规划层面地方特色指标表

城市特点	类别	指标名称	指标解释及标准	指标类型
生态较好的区域	自然生态空间管控	绿化覆盖率	绿化覆盖率=(城市建成区内绿化覆盖面积/建设用地总面积)×100% 城市建成区内绿化覆盖面积应包括各类绿地(公园绿地、生产绿地、防护绿地以及附属绿地)的实际绿化种植覆盖面积(含被绿化种植包围的水面)、屋顶绿化覆盖面积以及零散树木的覆盖面积,乔木树冠下的灌木和地被草地不重复计算	●
		生态控制线	为保障城市基本生态安全,维护生态系统的科学性、完整性和连续性,防止城市建设无序蔓延,在尊重城市自然生态系统和合理环境承载力的前提下,根据有关法律、法规,结合城市实际情况划定的生态保护范围界线	○
		森林覆盖率	郁闭度0.2以上的乔木林、竹林、国家特别规定的灌木林地面积以及农田林网和村旁、宅旁、水旁、路旁林木的覆盖面积的总和占土地面积的百分比	○
		水源保护区水质达标率	一、二级水源保护区内水质达标的比值	○
坡度较大的区域	水生态	水土流失面积	由于人为(开发建设项目、裸露山体缺口、弃土弃渣场地、陡坡种果等)和自然(水库消落区及其他)因素造成的水土流失面积总和	○
河网密度较大的城市	水生态	水域面积率	指城市总体规划控制区内的河湖、湿地、塘洼等面积与规划区总面积的比值	●
		天然水面保持率	一定区域范围内天然承载水域功能的区域面积在不同年份的变化值	○
自然湿地较多的区域	水生态	天然湿地保持率	一定区域范围内天然湿地面积在不同年份的变化值。湿地是指天然的或人工的、长久的或暂时的沼泽地、泥炭地和水域地带,带有静止或流动的淡水、半咸水或咸水水体,包括低潮时水深不超过6m的海域	○

续 表

城市特点	类别	指标名称	指标解释及标准	指标类型
城市建设开发强度大的区域	水生态	不透水地表面积比例	城市不透水地表面积占城市建设用地面积的比例 不透水地表是指水不能通过其下渗到地表以下的人工地貌物质，如屋顶、沥青或水泥道路以及停车场等均为具有不透水性的地表。一般而言，不透水地表的土壤渗透系数小于 10^{-4} m/s	○
	水生态	地下空间开发限度	在分析城市地质、特点的情况下，明确地块地下空间占地块面积的最高比例	○
黑臭水体治理任务重的城市	水环境	黑臭水体	黑臭水体指城市建成区内呈现令人不悦的颜色和（或）散发令人不适气味的水体的统称。2017年底前：地级及以上城市建成区应实现河面无大面积漂浮物，河岸无垃圾，无违法排污口；直辖市、省会城市、计划单列市建成区基本消除黑臭水体。2020年底前：地级及以上城市建成区黑臭水体均控制在10%以内。2030年：城市建成区黑臭水体总体得到消除	●
合流制为主的区域	水环境	合流制溢流频率	暴雨条件下，截流式合流制管渠系统雨水混合污水年平均溢流排入受纳水体的次数	○
外江、海区域	水安全	城市防洪（潮）标准	采取防洪工程措施和非工程措施后所具有防御洪（潮）水的能力	○
地下水位较高或者土壤渗透性不好，但是对于水质改善又确有需求的地区	水环境	面源污染控制率	径流污染控制是海绵城市建设的重要目标之一，既要控制分流制径流污染物总量，也要控制合流制溢流的频次或污染物总量 面源污染控制率主要指雨水携带的污染物的削减率，一般可采用SS作为径流污染物控制指标。根据美国实践，源头径流控制设施的年SS总量削减率一般可达到40%~60%	○

注意：约束指示符●；指导指示符○。

二、细致计划层次海绵指标

在详细规划层面，将通过空间控制、市政设施布局、城市设计、地块指标落实上层次规划确定的控制目标与指标（表4-4、表4-5）。

表 4-4　海绵城市规划指标关系

类　别	总规指标和要求	控规指标和要求	控规主要落实方式	
			落实到地块指标	落实到空间、城市、设计、市政等内容
水生态	1. 年径流量总量控制率 2. 城市不透水地表面积比例 3. 地下水位 4. 城市内河生态岸线比例 5. 天然水面保持率	地块年径流量总量控制率	●	—
		地块不透水面积比例	●	—
		下沉式绿地率（生物滞留设施率）	○	—
		绿色屋顶率	○	—
		单位硬化面积雨水控制容积	○	—
		地块生态岸线要求	●	●
		规划区天然水面保持率	○	●
水环境	1. 城市水环境质量 2. 雨污合流比例 3. 合流制溢流频率	区域和地块水环境质量	●	●
		雨污分流设施	—	○
		合流制截留设施和溢流污染控制设施	—	○
		地块初期雨水控制容积	○	—
水资源	1. 城市污水再生利用率 2. 城市雨水收集回用率 3. 城市公共供水管网漏损率	地块污水再生水利用量和污水再生利用设施	●	●
		地块雨水收集回用率	○	—
		老旧公共供水管网改造完成率	—	○
水安全	1. 城市排水防涝标准 2. 城市内涝防治标准 2. 城市防洪标准	排水管渠标准和设施	—	●
		内涝防治标准和设施	—	●
		规划区防洪标准和设施	—	●

注：约束性指标●；指导性指标○。

表 4-5 详细规划层面指标一览表

类别	控制性详细规划指标及设施	指标解释与标准	指标或设施类型
水生态	地块年径流总量控制率	通过自然和人工强化的渗透、集蓄利用等方式，场地内累计全年得到控制的雨量占总降雨量的比例	●
	地块不透水面积比例	地块内不透水地表面积占地块总面积的比例	○
	下沉式绿地率	规划范围内的下沉式绿地面积占绿地总面积的比例。下沉式绿地率＝下沉绿地面积/绿地总面积。下沉式绿地泛指具有一定调蓄容积（在以径流总量控制为目标进行目标分解或设计计算时，不包括调节容积），可用于滞留渗透径流雨水的绿地，包括生物滞留设施、渗透塘、湿塘、雨水湿地等。下沉深度指下沉式绿地低于周边铺砌地面或道路的平均深度，狭义下沉式绿地的下沉深度一般为 100 mm ~ 200 mm，下沉深度小于 100 mm 的绿地面积不参与计算。对于湿塘、雨水湿地等水面设施系指调蓄深度。目前，某些试点城市探索将下沉式绿地率优化为生物滞留设施比例等指标	○
	绿色屋顶率	具有雨水滞蓄功能的绿化屋顶面积占建筑屋顶总面积的比例。绿色屋顶率＝绿色屋顶面积/建筑屋顶总面积	○
	单位面积控制容积	是指以径流总量控制为目标时，单位汇水面积上所需雨水设施的有效调蓄容积	○
	地块生态岸线要求	地块范围内上层次规划蓝线或相关规划确定生态岸线的分布情况	○
	规划区天然水面保持率	地块范围内天然承载水域功能的区域面积在不同年份的变化值	○

续表

类别	控制性详细规划指标及设施	指标解释与标准	指标或设施类型
水环境	地块水环境质量	指地块内的河流、水景、湿地、湖泊等水域的水质标准，明确提出水体不黑臭的要求	●
	雨污分流设施	将雨水和污水分开，各用一条管道输送，进行排放或后续处理所采用的工程设施	○
	径流污染控制设施	为降低雨水径流污染，根据不同的地区和不同的城区功能布局，应依据各自的实际特点采取不同的防治措施。径流污染控制设施主要包括绿色屋顶、雨水桶/罐、透水铺装、植草沟、渗渠、生物滞留设施、雨水湿地、调蓄池、滨水缓冲区，以及雨污合流体系中污水处理厂的就地调蓄和雨季专用系统等。为达到径流污染控制的整体目标和效果，受到用地类型、开发强度、人口密度、管网设施建设情况、占地面积、景观和谐程度等因素影响，各种径流污染控制措施通常需要组合使用。不同措施之间可以有多种方式的组合，在空间上也有多种布局的可能性，因此相应的污染控制效果和成本会有所不同	○
	合流制截污设施和溢流污染控制设施	合流制截污设施是指截流合流制管渠将雨污混合水输送至污水处理厂所采取的工程设施；溢流污染控制设施是指削减截流式合流制管渠系统溢流进入受纳水体的污染物总量所采取的工程设施	○
水资源	地块污水再生水利用量和设施	地块内的污水再生利用需求总量，以及为其供水的处理设施、管道及输配设施等设施的规划建设要求	●
	地块雨水资源利用率	地块范围内利用一定的集雨面收集降水作为水源，经过适宜处理达到一定的水质标准后，通过管道输送或现场使用方式予以利用的水量占降雨总量的比例	○

续 表

类 别	控制性详细规划指标及设施	指标解释与标准	指标或设施类型
水资源	老旧公共供水管网改造完成率	规划年限内，按照《城镇供水管网运行、维护及安全技术规程》CJJ207-2013规定，规划区计划改造的老旧公共供水管网长度占老旧公共供水管网总长度的比例	○
水安全	城市排水管渠标准和设施	满足相应城市排水管渠设计暴雨重现期标准的雨水管渠、泵站、调蓄池、生态沟渠、多功能调蓄设施及其附属设施	●
水安全	内涝防治标准和设施	用于防止和应对城镇内涝防治设计重现期降雨产生城镇内涝的工程性设施和非工程性措施	●
水安全	防洪标准和设施	满足相应城市防洪设防标准采取的防洪工程措施和非工程措施	●

注：约束性指标●；指导性指标○。

第五章 海绵城市规划理论方法

第一节 海绵城市规划主要技术方法

一、基础分析方法

现场调查工作主要针对海洋城市建设对当地自然气候条件（如降雨量的情况）、水文及水资源条件、地形地貌条件、排水分区的条件、对河湖水系及湿地的使用情况、当地对水资源的供需情况、水环境污染造成的影响等展开。以分析城市竖向、低洼地、市政管网、园林绿地等海绵城市建设影响因素及存在的主要问题。（图5-1）。

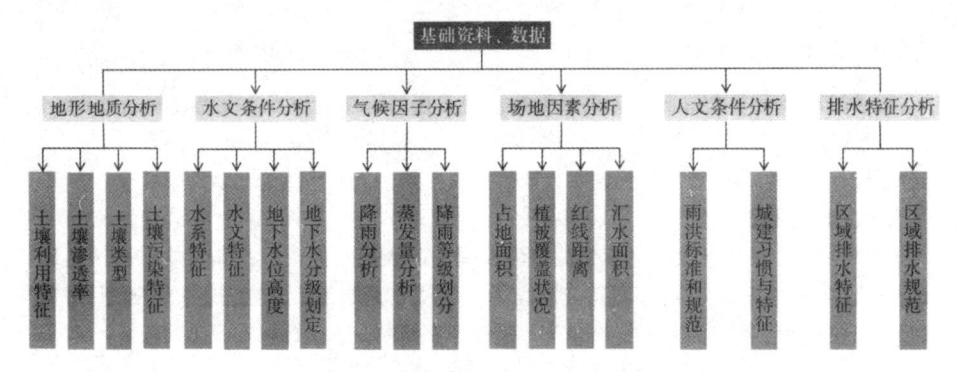

图 5-1 海绵城市关注的影响因子

收集的资料分为重要资料和辅助性资料。为了建设海绵城市，重要资料是必有的，辅助性资料也是必不可少的。因为重要资料是使海绵城市专项规划得以进行的必备资料，辅助性资料也可以在一定程度上用来丰富海绵城市建设的规划内容和成果表达。资料收集工作如表5-1所示，相关规划在收集时要明确该规划编制年限、规划范围、规划阶段（初稿、终稿或者待审批）以及需要的文件格式（WORD、PDF

第五章 海绵城市规划理论方法

或者 CAD 图等）以方便后期分析。

通过对核心资料进行基础分析与研究，达到以下要求和深度，夯实海绵城市建设基础研究的深度。

1. 明确城市现状硬化覆盖程度、生态保育水平、不良地质的分布、当地传统特色的做法；
2. 明确土壤的渗透性能、地下水位；
3. 明确设计雨型、暴雨强度公式、典型场降雨；
4. 明晰基础设施水平，明确了解现状区域存在的问题以及成因；
5. 整理法定规划中有关海绵的内容；
6. 明确各个地方的经济承受能力和它们未来的发展规划或发展方向等；
7. 精确提炼出海绵相关专项规划中关于对土地的竖向、利用、绿地等相关安排；
8. 明确目前产流特征与对径流控制的水平。

表 5-1 海绵城市调研资料收集对照表

序 号	分类	名 录	资料要点	调研部门
1◎	地质地形	地形图	比例尺视规划范围而定	国土资源部门
2◎		城市下垫面资料图	国土二调 ArcGIS 更新图、最新现状用地图	
3◎		土壤类型分布情况	如果为回填土，说明回填类型、分布范围、回填深度	农业局
4◎		土壤密度、土壤地勘资料	土壤孔隙率、渗透系数	
5◎		规划区地勘资料	主要收集土壤和地下水位信息	国土资源部门、地震部门
6◎		地下水分布图		
7◎		漏斗区、沉降区分布图		
8		工程地质分布图及说明	规划区相关资料	
9		地质灾害分区图		
10		地质灾害防治规划		
11		地质灾害评价报告		
12		矿产资源分布及压矿范围线		

续 表

序号	分类	名录	资料要点	调研部门
13	地质地形	基本农田分布情况		国土资源部门、地震部门
14◎		现状及规划用地特征分类	主要分5类：已建保留、已批在建、已批未建、已建拟更新、未批未建。现状场地及已批在建、待建场地详细方案设计图	
15◎	水文情况	现状水系分布、水环境情况、环境质量报告书		水利部门
16◎		城市内涝情况统计	内涝次数、日期、当日降雨量、淹水位置、深度、时间、范围、现场图片、灾害损失情况、原因分析	
17		暴雨内涝监测预警体系及应急机制		
18◎	供水排水特征	城市排水体制分区图、合流制溢流口分布图	最好有管线普查数据及报告	水务部门
19		供排水现状设施资料	水厂、污水厂、再生水厂、泵站、管网等	
20		城市水源资料	水源保护区比例、城市水源的供水保障率、水质达标率	
21		城市供水管网	分布情况、建设年限、供水漏损严重地区、管网年久失修地区	
22		园林绿地灌溉和市政用水定额		
23◎	环境生态	环境保护污染物总量控制实施方案		环保部门
24◎		污染源普查报告及相关资料		环保部门
25◎		城市污染治理行动规划或计划		环保部门
26◎		城市蓝线划定与保护制度		规划部门

第五章 海绵城市规划理论方法

续表

序号	分类	名录	资料要点	调研部门
27◎	环境生态	重要生态要素分布图	包括自然保护区、森林公园、湿地等	林业、园林部门
28◎		植被类型及分布、水生生物资源资料		林业、园林部门
29◎		规划区现状及规划城市公园资料	名录、等级、概况、范围图（CAD或ArcGIS）	林业、园林部门
30◎	气候条件	降雨数据	近30年日降雨数据；需进行模型评估时，需收集多年分钟级（每分钟或者每5min）降雨数据	气象部门
31		初期雨水污染特征		气象部门
32		气候状况公报	近5年，气候资源的基本情况（降雨、风、日照等）	气象部门
33		不同重现期（1~50年）下设计降雨过程线及数据表		气象部门
34◎	相关总规、控规、专项规划	规划区已有总体规划、控制性规划		规划部门
35◎		城市水系规划		
36◎		城市供水规划		
37◎		城市节水规划		
38◎		城市排水防涝规划		
39◎		城市防洪规划		
40◎		城市竖向规划		
41◎		城市绿地系统专项规划		
42◎		城市道路交通专项规划		
43◎		"十二五""十三五"地方经济发展规划、城建计划		

· 067 ·

续 表

序 号	分 类	名 录	资料要点	调研部门
44 ◎	相关总规、控规、专项规划	规划区改造规划或计划	三旧改造、棚户区改造	规划部门
45		水土保持规划、水土流失治理专项规划		
46	相关总规、控规、专项规划	城市水资源综合规划	水资源和用水需求分析	规划部门
47		再生水相关规划		
48		环境保护专项规划、生态建设规划、生态市建设规划		
49		规划区已有海绵城市相关项目	项目资料、报告、现状照片	
50		现有海绵城市建设相关投资渠道		
51	社会经济文化	统计年鉴	近3年	统计部门
52		旅游资源普查报告、规划	生态、文化古迹项目等资料	旅游部门

注：◎为重要/核心资料，其他为辅助资料。

二、排水分区划分方法

排水分区划分工作主要是考虑城市的地形、水系、水文和行政区划等因素，把一个地区划分成若干个不同排水分区。考虑到水文、地形特点，排水分区一般按"自大到小，逐步递进"的原则可分为干流流域、支流流域、城市管网排水分区和雨水管段排水分区。

各分水区都是以分水线为界限划分，不同分水区对应着不同内涝防治系统设计标准。根据城市地形地貌和河流水系，流域排水区被称为第一级排水分区，流域排水区的雨水经常被排到区域河流或海洋，根据这一点就就能反映出雨水的总体流向，以便为其设定一套适合它的内涝防治系统。

根据流域排水分区和流域支流，支流排水分区被称为第二级排水分区，在支流排水区中雨水通常排入流域干流，还有就是根据城市规模，某些城市在对排水分区进行划分时，直接将其划分为城市排水分区。

重点关注的海绵城市建设的排水分区是城市排水分区,它被称为第三级排水分区,它不仅以自己的雨水排水口或泵站为终点提取雨水管网系统,还会结合地形坡度进行划分,对应着不同雨水管渠设计标准。各排水分区内排水系统都是各自的整体,不会互相重叠,其面积通常不超过 2km²。需要注意的是,当降雨径流超过管网排水能力形成地表漫流时,原有的排水分区将会发生变化,雨水径流将从一个排水分区流至另外一个排水分区。所以,城市管网排水分区可以根据地形适度合并多个排水分区,但面积不宜过大。

数字高程地形图(DEM)主要采用 ArcGIS 水文分析工具,凭借其能够提取分水线和汇水路径,实现自然地形的自动分割的方法将流域排水分区和支流排水分区划分出来。城市排水分区主要以雨水管网系统和地形坡度为基础,地势平坦的地区要按就近排放原则,采用等分角线法或梯形法进行划分,地形坡度较大的地区则要按地面雨水径流水流方向进行划分。雨水管段排水分区主要采用泰森多边形工具自动划分管段或检查井的服务范围,再对地形坡度较大的位置进行人工修正。在不采用计算机模型的情况下,亦可以用等分角线法或梯形法进行划分。

三、易涝风险评估方法

易涝风险区评估是海绵城市规划的重要内容,有助于识别城市内涝风险等级,合理布局相应的工程技术措施,避免内涝灾害发生,保障城市水安全。易涝风险评估应在明确内涝灾害标准、内涝风险等级划分方法的基础上,采用计算机模型技术进行评估。

(一)内涝灾害标准

从目前大部分城市排水防涝标准制定的情况来看,内涝灾害标准主要从积水时间、积水深度和积水范围三方面综合考虑。以深圳市为例,内涝灾害划分标准为:① 积水时间超 30min,积水深度超 0.15m,积水范围超过 1000m²;② 下凹桥区,积水时间同样超 30min,积水深度超过 0.27m。以上各条件同时满足时才被称为内涝灾害,否则被称为可接受的积水,不会构成灾害。

(二)对于内涝风险等级的判定方法

内涝风险等级的划分应综合考虑不同设计重现期暴雨及其发生的内涝灾害后果进行综合确定分析,因此内涝风险是由内涝事故后果(Z)与事故频率(P)的函数。

以深圳市为例,内涝风险等级的划分计算方法详见式(5-1)。内涝风险等级的判断要根据不同设计中重现期的公式来计算,第一步要先选取最大值,第二步要根据最大值所在区间来确定内涝风险等级,详情见表 5-2。

$$R = \max(P \times Z_i) \tag{5-1}$$

式中：R——内涝风险等级；

P——设计重现期；

Z_i——不同重现期事故后果等级。

表 5-2　内涝风险等级划分

$R=\max(P \times Z_i)$	后果等级（Z_i）	小	中 等	严 重	重 大
事故频率（P）	—	10	50	70	100
100 年	1	10	50	70	100
50 年	2	20	100	140	200
20 年	3	30	150	210	300
10 年	4	40	200	280	400
5 年	5	50	250	350	500

对于内涝事故后果进行等级判断，要对积水深度、内涝区域重要性及敏感性等因素进行综合考虑，根据不同的权重，加权得到内涝事故后果，采用式（5-2）进行计算。

$$Z = A \cdot W_A + B \cdot W_B \tag{5-2}$$

式中：Z_i——事故后果等级；

A——区间值（表 5-3）；

W——权重（表 5-4）。

表 5-3　区间值取值表

分　值	100%	75%	50%	25%
积水深度（A）	≥ 50 cm	40 cm ~ 50 cm	27 cm ~ 40 cm	15 cm ~ 27 cm
区域敏感度（B）	下立交桥、低洼区、地铁口、地下广场展馆、学校、民政	生态/城建交界区政府、交通干道、城市商业区、重要民生市政设施	一般地区	生态较多地区

表 5-4　权重取值表

内　容	权重（W）
积水深度（A）	50
区域重要性（B）	50
合计	100

根据式 5-2 的计算结果和表 5-5，我们得到了新的不同设计重现期下的事故后果等级分布。

表 5-5　事故后果分级

后果等级	小	中　等	严　重	重　大
Z	≤ 10	10～50	50～70	70～100

（三）计算机模型模拟评估

基于计算机模型平台，城市排水管网模型、城市河道水动力模型和城市二维地表模型输入不同设计重现期降雨，模拟评估对应降雨的内涝积水分布。根据模型模拟输出结果，分析不同设计重现期出现的符合内涝灾害标准的内涝区域范围，输入 ArcGIS 中。在 ArcGIS 界面，对不同设计重现期降雨积水范围图进行叠加计算，从而实现内涝灾害风险区划。

四、海绵城市建设分区方法

海绵城市建设分区的技术思路见图 5-2。

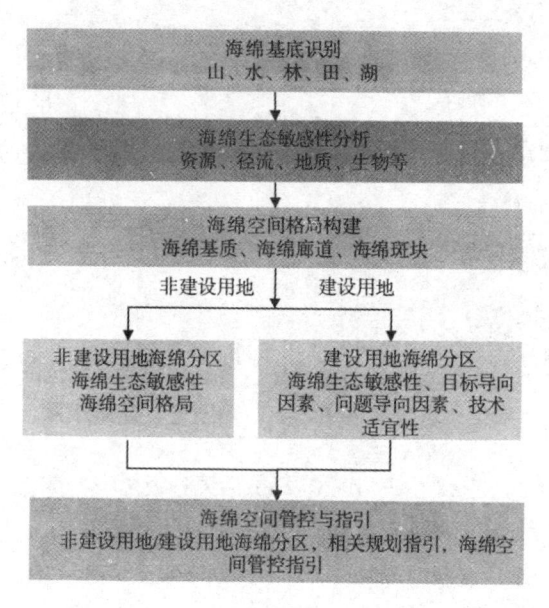

海绵城市——景观设计中的南方小城市内涝管理

图 5-2 对于建设海绵城市分区指引步骤的说明

（一）对海绵基底进行识别

不但要识别城市山、水、林、田、湖等生态本底条件，而且对于建设海绵城市还要研究核心生态资源的生态价值、空间分布和保护需求。

（二）对海绵生态敏感性进行定向分析

海绵生态敏感性是区域生态中与水紧密相关的生态要素的综合作用下的结果，涉及对现有资源（如河流湖泊、森林绿地等）的保护、风险（如洪涝和地质灾害）的预防、对洪涝潜在径流路径和蓄水地区管控、生物栖息及环境服务等功能的修复。具体的因子包括湿地、河流、易涝区、水源地、排水分区、径流路径、坡度、高程和各类地质灾害、植被、动物栖息地的分布、土地利用类型及迁徙廊道等。

采用层次分析法和专家打分法对海绵生态系统进行敏感性分析，在给其赋权重时，要通过 ArcGIS 平台进行空间叠加，以便得到海绵生态敏感性综合评价结果，然后将其划分为高、较高、一般敏、较低和低敏感区五个区域。

（三）海绵空间格局构建

海绵空间格局的构建不但运用城市海绵生态安全格局、水系格局和绿地格局，而且运用"基质—斑块—廊道"的景观结构分析法，最终建成"海绵基质—海绵斑块—海绵廊道"的海绵空间结构。海绵基质是山水基质，山水基质是以区域大面积自然绿地为核心，它不但承担着城市生态系统中生态涵养功能，而且是整个城市和区域的海绵主体和城市的生态底线。海绵斑块是城市内部雨洪滞蓄和生物栖息的主要载体，它由城市公园绿地和小型湿地两部分组成，虽然它只有小小的两部分却对内部微气候改善有明显效果。海绵廊道是雨水的廊道，是雨水行泄通道，包括水系廊道和绿色生态廊道。海绵廊道不仅能起到减少水土流失、净化水质、消除噪声等环境服务功能，还提供了游憩休闲场所。

（四）对海绵城市建设技术用地的评价

考虑到土壤渗透性、地质风险、地下水位等因素，本着技术、经济可行的原则，评价适用于城市海绵的技术措施库。可将其规划区分为适宜建设区、有条件建设区和限制建设区，其中采用所有海绵城市建设技术的是适应建设区，有条件建设区对有部分技术不适用，限制建设区只需要考虑特定的少数或一种技术。

（五）海绵建设分区与指引

海绵建设要基于建设用地和非建设用地，将其划分为建设用地分区和非建设用地分区两类进行细分与指引制定。

1. 非建设用地的海绵分区

综合考虑城市海绵生态敏感性和空间格局，采用预先占有土地的方法，并将其在空间上进行叠加，根据海绵生态敏感性的高低、基质—斑块—廊道的重要性逐步叠入非建设用地，一直到显示所有非建设用地海绵生态的价值为止。

2. 建设用地的海绵分区

考虑城市海绵生态敏感性、目标导向因素（新建/更新地区、重点地区等）、问题导向因素（黑臭水体涉及流域、内涝风险区、地下水漏斗区等）和海绵技术适宜性，采用层叠法将其在空间上进行逐步叠加，一直到综合现实所有海绵建设的可行性、紧迫性等建设价值。

制订各种海绵分区的管控指引根据非建设用地海绵地区、建设用地海绵分区的特点及相关规划、相关空间管制线的管控要求等，制订各海绵分区的管控指引。

五、年径流总量控制率统计方法

统计方法一般采用年径流总量控制。年径流总量控制率与设计降雨量的关系为一一对应关系。理想状态下的统计方法应该是以开发建设后径流排放量接近开发建设前自然地貌时的径流排放量为标准。这一目标主要通过控制频率较高的中、小降雨事件来实现。据《指南》，通过统计分析方法能够获得年径流总量控制率和设计降雨量之间的关系，具体过程为：

1. 针对本地一个或多个气象站点，最少要选取近20~30年（能够反映出长期的降雨规律和近年气候的变化情况）的日降雨（不含降雪）资料；

2. 因为≤2毫米不产生径流降雨，所以要扣除≤2毫米的降雨事件的降雨量，将日降雨量由小到大进行排序；

3. 统计小于某一降雨量的降雨总量（小于该降雨量的按照真实雨量计算出降雨总量，大于该降雨量的按该降雨量计算出降雨总量，两者累计总和）在总降雨量中的比率，此比率是年径流总量控制率。

计算原理如图5-3所示。

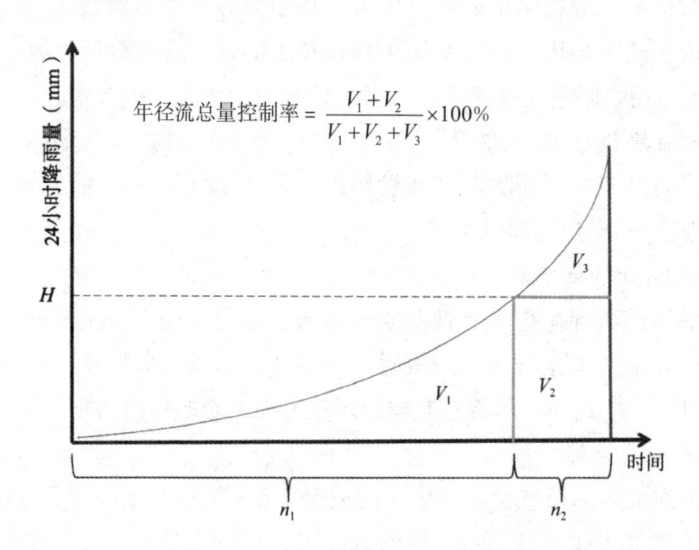

$$年径流总量控制率 = \frac{V_1 + V_2}{V_1 + V_2 + V_3} \times 100\%$$

图5-3　年径流总量控制率计算原理图

年径流总量控制率简单来讲就是对体积进行控制的表征指标，其对应的设计降雨量是基于统计法得到的，所以在实际使用时，要强调以下的认识：

1. 曲线是降雨量统计情况的反映，并没有考虑产汇流因素，因此只因降雨基础资料的变化而变化；

2. 应用于面积较大区域，降雨雨情差异较大时，宜分区制作曲线；

3. 年径流总量控制率不等于场径流总量控制率，不可直接套用在场降雨控制中；

4. 反映了地方日降雨量的统计规律，与用场次等降雨数据的结果存在差异。有条件的地方可以利用此原理统计"场次控制率—设计降雨量"曲线进行综合对比分析，再加以考虑。

六、径流控制目标分解方法

海绵城市建设的主要规划目标是径流总量控制和污染物控制,要落实到具体的地块和工程项目来承担。因此,为了便于实施与管理,需要对它们进行分解。加权平均试算分解法和模型分解法是目前国内海绵城市建设中常用的指标分解方法。

(一)加权平均试算分解法

1. 年径流总量控制率分解方法

加权平均试算分解法一般采用《指南》中推荐的容积法进行计算,基本原理是根据各类设施的规模计算单位面积的控制容积,通过加权平均的方法得出地块的单位面积内控制容积及对应的设计降雨量,进而得出对应的年径流总量控制率。依据此方法分别进行各地块、各片区及整个城市控制目标的核算。

依据《指南》,其步骤如下:

(1)明确城市总体规划阶段提出的年径流总量控制率目标;

(2)根据城市控制性详细规划阶段提出的各地块绿地率、建筑密度等规划控制指标,初步提出各地块的海绵相关控制指标,可采用下沉式绿地率及其下沉深度、透水铺装率、绿色屋顶率、其他调蓄容积等单项或组合控制指标;

(3)根据容积法计算原理,分别得到各地块海绵设施的总调蓄容积;

(4)各地块的综合雨量径流系数通过加权获得,并结合上述步骤(3)得到总调蓄容积:

$$V=10H\varphi F \quad (5-3)$$

式中:V——设计调蓄容积(m²);

H——设计降雨量(mm);

φ——综合雨量径流系数;

F——汇水面积(hm²)。

(5)根据年径流总量控制率与设计降雨量的关系,确定各地块的年径流总量控制率;

(6)各地块年径流总量控制量控制率通过汇水面积加权平均,得到城市规划范围的年径流总量控制率。

(7)重复步骤(2)至(6),直至达到由城市总体规划阶段提出的年径流总量控制率为止。最终目的是,不但要得到各地块的海绵设施的总调蓄容积,还要得到相对应的下沉式绿地率及其下沉深度、透水铺装率、绿色屋顶率、其他调蓄容积等单项或组合控制指标,并进一步将各地块中海绵设施的总调蓄容积换算为"单位面积控制容积"作为综合控制指标。

(8)统筹径流总量大、红线内绿地及其他调蓄空间不足的周边用地内的调蓄空间,并将相关用地作为一个整体共同承担其径流总量控制目标(如城市绿地用于消纳周边道路和地块内径流雨水),并参考上述方法计算相关用地整体的年径流总量控制率后,参与后续计算。

2. 污染物控制目标分解

污染物的控制目标一般通过径流总量的控制来实现,但其具体转化与控制路径一般比较复杂,应尽量使用模型模拟进行指标分解,如果无此条件,也可参照《指南》进行指标计算分解。

比如,当以 SS 为污染物控制目标时,年 SS 总量去除率可用以下公式进行计算:

年 SS 总量去除率 = 年径流总量控制率 × 海绵设施对 SS 的平均去除率 (5-4)

通过不同区域、地块的年 SS 总量去除率经年径流总量加权平均计算可得出城市或开发区域 SS 总量去除率。(径流总量 = 年均降雨量 × 综合雨量径流系数 × 汇水面积)

(二)模型模拟分解法

根据规划区的下垫面信息构建规划区水文模型,输入符合本地特征的模型参数和降雨,将初设的海绵城市建设指标赋值到模型进行模拟分析,根据得到的模拟结果对指标进行调整,经过反复试算分析,最终得到一套较为合理的规划目标和指标。

(三)模型模拟与加权平均试算结合法

研究区域面积过大导致工作量过大或当资料不足等原因导致使用模型模拟分解法比较困难时,可以考虑采用模拟模型与加权平均试算法相结合的方法。

具体做法为使用模型对当地降雨、土壤、坡度、下垫面类型等因素进行分析,分别得到不同地块、不同建设类型的控制目标。然后根据统计所得的规划区不同建设区域、不同建设类型下垫面信息,参考模拟所得到的各种用地分类所对应的年径流总量控制目标分别加权核算片区、流域和城市年径流总量控制目标。具体步骤:

(1)根据河流的位置、流向,结合地形分区、竖向规划、规划排水管网等对规划区进行流域、分区的划分;

(2)统计各类建设面积,根据规划图及现状建设图统计建筑与小区类用地、道路类用地、公园绿地类用地、生态用地等各流域/管控片区规划用地面积;

(3)根据不同降雨、土壤、下垫面类型等构件不同用地分类模型,在初设海绵相关指标条件下将各自年径流总量控制率及对应的控制降雨量进行模拟分析以及试算优化;

（4）根据用地类型统计结果及步骤（3）模拟结果，反复核算各个分区的单位面积控制降雨量和对应的年径流总量控制率，进一步核算得到单位面积控制降雨量，查年径流总量控制率，以便设计出降雨量曲线，并得到规划区的年径流总量控制率，从而优化核算分区及整个规划区域的年径流总量控制率。

七、低影响开发技术、设施及其组合系统适用性评价方法

通过低影响开发技术的调节、转输、储存、渗透、截污净化等功能的组合应用，可以实现径流总量控制、峰值控制、污染控制、雨水资源化利用等目标。实践中，按照因地制宜和经济高效的原则，并结合不同区域水文地质、水资源等特点及技术经济分析，选择低影响开发技术。低影响开发设施组合系统中设施的总投资成本宜最低，而且能满足控制目标。可借助模型模拟多种设施的组合方案，并绘制各方案的成本——效益曲线，进而得出低影响开发设施布局及规模的最优方案。

（一）低影响开发设施的种类

绿色屋顶、透水铺装、生物滞留设施、下沉式绿地、入渗设施、植草沟等设施都是低影响开发设施，详见表5-6。

表5-6　低影响开发设施一览表

低影响开发技术	设施类型	注　释
透水铺装	透水砖	
	透水混凝土	
	透水沥青	
	植草砖	
	网格砖	
生物滞留设施	入渗型雨水花园	底层土壤渗透，无敷设穿孔盲管
	过滤型雨水花园	底层土壤不渗或渗透系数 $< 10^{-4}$ m/s，敷设穿孔盲管
	生态树池	
下沉式绿地	下沉式绿地	表层下沉，不换种植土

续表

低影响开发技术	设施类型	注 释
绿色屋顶	简单式绿色屋顶	对结构要求不高,基质深度不超过 150 mm,主要种植草皮
	花园式绿色屋顶	对结构要求高,基质深度超过 150 mm,主要种植灌木,甚至乔木
植草沟	排水型植草沟	草沟底部不换种植土,具备排水功能,入渗、净化雨水能力较低
	入渗型植草沟	草沟底部设置蓄水层、种植土壤层,具备排水功能,入渗、净化雨水效果较好
入渗设施	渗透井	雨水井壁和井底都具备入渗功能
	渗透管	带穿孔的排水管,敷设过程由砾石包裹,具备排水和入渗功能
	渗透渠	渠壁和渠底具备入渗功能,渠底上方覆盖砾石层
	入渗塘	具备入渗功能的人工或天然的洼地
滞留(流)设施	调节池	以削减雨水峰值流量为主
	雨水塘(干、湿)	具备雨水调蓄和净化功能的水体(景观水体)
雨水湿地	雨水表面流湿地	
	雨水潜流湿地	
植被缓冲带	植被缓冲带	建于水体周边的植被带,经植物拦截和土壤入渗减缓地表径流流速
雨水收集设施	蓄水池	人工建造的收集雨水的池
	蓄水模块	具备容纳雨水功能的 PP 骨架结构,通过拼装组合蓄存雨水
	雨水桶	
其他设施	初期雨水弃流设施	弃除污染物浓度高的初期雨水的设施
	初期雨水处理设施	净化污染物浓度高的初期雨水的设施
	环保/除污雨水口	具备净化雨水的雨水口
	其他专利产品	

（二）低影响开发设施功能

低影响开发设施往往具有补充地下水、集蓄利用雨水、削减峰值流量及净化雨水等多个功能，可实现径流总量、径流峰值和径流污染等多个控制目标。因此，应根据规划控制目标，结合汇水区特征和设施的主要功能、经济性、适用性、景观效果等因素，灵活选用低影响开发设施及其组合系统（表5-7）。

表5-7 低影响开发设施功能适宜性分析

技术类型（主要功能）	单项设施	集蓄利用雨水	补充地下水	削减峰值流量	净化雨水
渗透技术（渗）	透水砖	○	◎	◎	◎
	透水水泥混凝土	○	○	◎	◎
	透水沥青混凝土	○	○	◎	◎
	下沉式绿地	○	●	◎	◎
	渗透塘	○	●	◎	◎
	渗井	○	●	○	○
储存技术（蓄、用）	湿塘	●	○	●	◎
	雨水湿地	●	○	●	●
	蓄水池	●	○	◎	◎
	雨水桶	●	○	◎	◎
调节技术（滞）	调节塘	○	○	●	◎
	调节池	○	○	●	○
	简易型生物滞留设施	○	●	◎	◎
	复杂型生物滞留设施	○	●	◎	●
转输技术（排）	转输型植草沟	◎	◎	◎	◎
	干式植草沟	○	●	○	◎
	湿式植草沟	○	○	○	●
	渗管/渠	○	◎	○	○

续表

技术类型 （主要功能）	单项设施	功能			
		集蓄利用雨水	补充地下水	削减峰值流量	净化雨水
转输技术（排）	传统雨水管渠	○	○	○	○
截污净化技术 （净）	绿色屋顶	○	○	◎	◎
	植被缓冲带	○	○	○	●
	初期雨水弃流设施	◎	○	○	●
	人工土壤渗滤	●	○	○	●

注：●——强；◎——较强；○——弱或很弱。

（三）低影响开发设施组合

低影响开发设施中功能和目标应相对应。在缺水地区，可选用雨水集蓄的雨水储存设施；在内涝风险严重的地区，可选用峰值削减效果较优的雨水储存和调节等技术，要以径流峰值控制为目标；在水资源较丰富的地区，可选用雨水净化和峰值削减功能较优的雨水截污净化、渗透和调节等技术，要以径流污染、峰值的控制为主要目标。

低影响开发设施组合系统中各设施的总投资成本宜最低，还要做到综合考虑设施的环境效益和社会效益，能满足控制目标。

（四）低影响开发设施适用性分析

低影响开发要结合场地土壤渗透性、地下水位、地形等进行分析（表5-8、表5-9），并综合考虑社会、经济、景观等要素。

表5-8　低影响开发设施工程地质适宜性分析

设施种类	类型	集水区面积	占地面积	土壤渗透系数（m/s）	地下水或不透水层埋深	地形坡度
收集回用	收集回用	集水区面积和需水量确定收集规模	收集规模确定占地面积	—	地下水埋深浅影响地下蓄水设施布置	—

续 表

设施种类	类型	集水区面积	占地面积	土壤渗透系数（m/s）	地下水或不透水层埋深	地形坡度
雨水花园	入渗型	< 0.5 ha	小	$4 \times 10^{-6} \sim 10^{-3}$	> 1.20 m	—
	过滤型	< 0.5 ha	小	配置土壤	> 0.60 m	—
	植生滞留槽	< 0.5 ha	小	配置土壤	—	—
透水路面	透水砖	—	—	$4 \times 10^{-6} \sim 10^{-3}$	> 1.20 m	< 2%
	透水混凝土、沥青	—	—	—	> 1.20 m	< 2%
绿色屋顶	绿色屋顶	—	—	配置土壤	—	2% ~ 15%
植草沟	排水型	< 2 ha	中	—	> 0.60 m	1% ~ 5%
	入渗型	< 2 ha	中	$4 \times 10^{-6} \sim 10^{-4}$	> 1.20 m	< 2%
入渗设施	渗透井管	< 2 ha	埋地	$4 \times 10^{-6} \sim 10^{-3}$	> 1.2 m	< 15%
	渗透洼地	< 2 ha	小/中	$4 \times 10^{-6} \sim 10^{-4}$	> 1.2 m	< 15%
	渗透沟	< 2 ha	中	$4 \times 10^{-6} \sim 10^{-4}$	> 1.2 m	< 15%
过滤设施	过滤池	< 2 ha	中	—	> 0.60 m	< 5%
	过滤槽	< 2 ha	小	—	> 0.60 m	< 5%
滞留（流）设施	滞留（流）塘	> 10 ha	大	A，B类土壤需要防渗	地下水位高时有助于保持水量平衡	—
	调蓄池	> 10 ha	埋地	—	—	—
雨水湿地	表面流	> 15 ha	大	A，B类土壤需要防渗	地下水位高时有助于保持水量平衡	—
	小型潜流	保证30天不降雨时不会干涸	小	A，B类土壤需要防渗		<2%

续 表

设施种类	类 型	集水区面积	占地面积	土壤渗透系数(m/s)	地下水或不透水层埋深	地形坡度
附属设备	设备	设备生产厂家要求	设备生产厂家要求	—	—	—

注:"—"为无要求。

表5-9 低影响开发设施社会和经济适宜性分析

设施种类	类 型	建设成本	维护要求	景观效果	公众安全及环境影响	其他
收集回用	收集回用	☆☆☆	☆☆	地下没有影响,地上影响很小	无	
雨水花园	入渗型	☆	☆	☆☆☆	无	减少绿化浇洒
	过滤型	☆	☆	☆☆☆	无	减少绿化浇洒
	植生滞留槽	☆	☆	☆☆☆	无	减少绿化浇洒
透水路面	透水砖	☆	☆	☆☆	无	缓解热岛效应
	透水混凝土、沥青	☆☆☆	☆☆	☆☆☆ 没有雨水口	无	缓解热岛效应 降低胎噪 道路不会积水
绿色屋顶	绿色屋顶	☆☆☆		☆☆	无	缓解热岛效应 降低室内温度
植草沟	排水型	☆	☆	☆☆	无	作为排水设施
	入渗型	☆☆	☆☆	☆☆	无	
入渗设施	渗透井管	☆☆	☆☆	无	无	
	渗透注地	☆	☆	☆☆	无	
	渗透沟	☆	☆	☆☆	无	

续 表

设施种类	类 型	建设成本	维护要求	景观效果	公众安全及环境影响	其他
过滤设施	过滤池	☆☆	☆☆	☆	无	
	过滤槽	☆☆	☆☆	☆☆	无	
滞留（流）设施	滞留（流）塘	☆☆☆	☆☆	☆☆☆	有安全影响	
	调蓄池	☆☆☆	☆☆	☆	无	
雨水湿地	表面流	☆☆	☆☆	☆☆☆	有安全影响	
雨水湿地	小型潜流	☆☆		☆☆☆	无	
附属设备	设备	☆☆☆	☆☆	多为埋地式	无	

注：☆——一般；☆☆——较高或较好；☆☆☆——高或好。

八、海绵措施布局规划方法

海绵城市措施规划要按照水生态、水安全、水资源、水环境等进行细化，并以目标为导向，再汇总优化，各地在措施规划时应结合本地特点有所侧重。

（一）对水资源利用系统进行规划

保护水资源，制定再生水、综合利用雨水资源的技术方案，可以提高本地水资源的利用、开发水平和供水安全保障度。而且要以城市水资源的分布、供水工程为目标。

对水资源综合利用重大设施进行考察，明确其布局、用地、功能、规模，复核水资源利用目标的可行性。

（二）水环境综合整治规划

根据《国务院水污染防治行动计划》中的要求，对城市水环境进行综合分析，结合《黑臭水体整治工作指南》，明确治理时序。要控制成本、因地制宜、治标治本地提出对黑臭水体的整治措施。

结合城市水环境的现状、容量与功能分区，才能对源头、中间、末端的污染进行控制，要根据城市水环境总量控制目标，明确各类技术设施实施路径，制定提升水自净能力的技术方案。

在充分分析论证的基础上，对城市排水体制进行梳理，识别出具备雨污分流改造条件的和不具备污水分流改造条件的。前者具备改造条件，可以对其进行改造，对于后者，要做好截污。综合控制合流制年均溢流污染次数和溢流污水总量，要结合海绵城市、调蓄设施建设，辅以管网修复等措施。对于近期不具备改造条件的，要做好截污，并结合海绵城市建设和调蓄设施建设，辅以管网修复等措施，综合控制合流制年均溢流污染次数和溢流污水总量。

采用数学模型、监测、信息化等手段对有条件的城市和水环境问题较为突出的城市提高规划的科学性，加强实施管理。

（三）对水生态修复规划

结合汇流特征和水系现状、城市水生态目标、达标路径、水文化、重要水系岸线的功能、形态和总控制要求进行方案的制定。

《国务院办公厅关于推进海绵城市建设的指导意见》（国办发〔2015〕75号）中要求，对城市水体自然形态（如坑塘、河湖、湿地）加强保护和恢复，对过去遭到破坏的水生态环境进行识别和分析。如果具备改造条件，提出生态修复的技术措施和进度安排。可以通过改造河道、重造河岸线、恢复自然深潭浅滩和泛洪漫滩，恢复水动力和生物多样性，发挥河流的自然净化功能和修复功能。

（四）水安全保障规划

对城市排水能力和内涝风险进行分析，对现状的分析。

结合城市产汇流特征和水系现状，围绕城市水生态目标，明确达标路径，制定年径流总量控制率的管控分解方案、生态岸线恢复和保护的布局方案，并兼顾水文化的需求。明确重要水系岸线的功能、形态和总体控制要求。

结合城市易涝区治理、排水防涝工程现状及规划，围绕城市水安全目标，制定综合考虑渗、滞、蓄、净、用、排等多种措施组合的城市排水防涝系统技术方案，明确源头径流控制系统、管渠系统、内涝防治系统各自承担的径流控制目标、实施路径、标准、建设要求。

明确调蓄池、滞洪区、泵站、超标径流通道等可能独立占地的市政重大设施布局、用地、功能、规模。明确对竖向、易涝区用地性质等的管控要求，并复核水安全目标的可达性。

第二节 雨洪管理景观安全格局

一、雨洪管理景观安全格局理论

景观格局与生态过程之间的关系是其核心研究内容。景观格局和生态格局含义不同,前者包含景观组成单元的类型、数目以及空间分布与配置,生态过程强调事件或现象的发生、发展的动态特征,是生态系统内部和不同生态系统(物质、能量、信息流动和迁移转化)的总称。因为景观格局的变化会引起相关生态的改变,生态的改变也会使景观格局产生系列响应,所以二者之间相互作用和影响。

景观中存在着一个由关键性的景观元素、位置、空间组成的潜在战略格局。这个战略格局也就是景观安全格局。景观过程的完整、健康、安全都受景观安全格局影响,要想判别景观安全格局,就要用最少的土地、最低限度的生态结构对生态系统进行控制。

区域核心 BMPs-ESI 的规划得到了景观安全格局理论和空间分析法的支持。大型终端控制、集中式的核心 BMPs-ESI 的保护与规划是区域尺度和城市总体规划层面上的。为了判别核心 BMPs-ESI 的空间位置、组分、关系,构建区域雨洪管理景观安全格局,维护和加强城市自然水文过程的完整和健康,就要对区域水文生态过程进行空间分析和模拟。区域水文生态过程包括径流产流与汇流、洪水、暴雨淹没、径流污染物负荷、迁移等过程、雨水资源化利用等,进而能够实现对城市雨洪的有效管理,基础设施总体规划的规划成果是雨洪的有效管理,所以雨洪管理很有必要。

二、雨洪管理景观安全格局途径

对洪水、径流及其污染、水循环等过程进行限制和管理,才能构建雨洪景观生态安全格局。我们要实现雨水资源化,改善城市生态环境,就要通过研究生态系统功能和结构,保护并构建其完整、稳定、多样性。

在台州,研究人员探索了关于城市生态进行基础设施的问题。建设区域洪水安全格局是解决问题的关键。洪水调节涵蓄系统包含沿河的支流水系、湿地湖泊、水库以及一些低洼地。安全格局就是从整个流域出发,为了满足雨洪调蓄所需空间要留出湿地(可供调、滞、蓄洪)和河道缓冲区,其中湿地的容量和河道缓冲区宽度是两个重要的变量。建立两者动态消涨相互补充的关系是洪水安全局格的关键。要判断不同防洪安全水平下的景观安全格局就要利用 GIS 技术中径流和洪水过程模拟。

（一）洪涝安全格局利用

人工硬化的不透水下垫层取代了地表下垫层的变化，水文条件（滞水性、蓄水性、透水性）改变了自然的透水性下垫层，这是城镇化带来的影响。洪涝安全格局组成了一个调蓄雨洪系统（包括湿地、湿地拓展区、湖泊、洼地、水库）。要从整个流域角度作为起始点，留出满足洪水排放时所必需的空间。要计算可蓄洪水量，就要预留出一部分湿地，明确水系现状和存在的问题，再对关键区域和空间进行控制。雨洪灾害的影响范围和危害程度的判断就要采用 GIS 技术，GIS 技术具有潜在调洪功能的区域空间范围，可用来保障城市和区域安全的洪涝安全格局。

（二）径流污染控制安全格局

径流系数增大、径流峰流量和总量增加的原因是城市下垫面硬质化。雨水径流污染控制安全格局的出发点是通过在区域景观规划初期把"雨洪因素"纳入考虑之中，通过调整土地利用方式和布局，通过找出并占领那些对径流污染物扩散、迁移过程中有重要意义的关键性元素、战略位置及空间联系，阻止和切断径流污染物的传输，处理净化设施，来构建出有利于控制雨水径流污染的景观格局。

（三）雨水资源化安全格局

制约我国城市发展的瓶颈之一是水资源匮乏。雨水作为水资源之一，应该被妥善、合理利用。构建雨水资源化安全格局是这一目标成功实现的保障。构建雨水资源化安全格局可分以下几方面：

第一步，对土壤状况和地下水位进行分析。通过对规划区域土壤分布调查，找出下渗功能良好、适合蓄渗雨水的土壤，让此类土壤成为区域的雨水主要汇集下渗区；通过地下水位调查，找出因地下水位过高而下渗过低或不适合雨水下渗或急需补充雨水的地方，将其作为建设雨水滞留或下渗设施的参考。

第二步，对区域的高程进行分析，找到作为汇集和蓄存雨水的低洼地带。

第三步，构建下渗系统和蓄存系统。

通过对土壤状况、地下水位、区域高程等三方面分析，可将雨水下渗的最佳地点规划设计成多功能的开放空间、景观水体、湿地或雨水塘等。

第三节　生态雨水基础设施规划

一、生态雨水基础设施理论

（一）生态基础设施的概念

生态基础设施概念最早出现于1984年，联合国教科文组织的"人与生物圈计划"（MAB）中。MAB在针对气球14个城市的城市生态系统研究中，提出了五项原则，包括生态保护战略、生态基础设施、居民生活标准、文化历史的保护及将自然引入城市等生态城市规划，生态基础设施体现自然景观和腹地对城市的持久支持能力。

从生物保护的角度来看，生态基础设施可以理解为提供生物栖息地的生态网络，它也是由于传统人工基础设施对自然系统的造成破坏，所以要对生态化进行设计和改造，以便促进生态功能的恢复。现今，人们不但认可生态基础设施，还对其进行了应用。实施生态基础设施计划已由中国发展到了北美及欧洲。例如，纽约生态基础设施研究涉及气候、能量、水文、健康以及政策和成本效益等。

（二）生态基础设施的生态系统服务价值

生态基础设施的服务价值包含了自然、社会、经济、城市生态环境的保护与培育、城市可持续发展等方面。生态基础设施的服务价值也包含为动物提供丰富多样的栖息地、对乡土生物多样性进行保护、对生态环境进行美化等。

在概念上，生态基础设施与传统的自然保护地大相径庭，前者强调发挥生态基础设施的服务价值，强调建设和保护要协调和互利，主动去建设、管理、维护乃至重建生态网络，而不是像原来一样一成不变地保留。生态基础设施需要的是体系的多尺度的规划，前瞻性的建设维护，这才是生态基础设施应该具备的。

（三）生态基础设施与绿色基础设施

19世纪，由弗雷德里克·劳·奥姆斯特德的设计才出现了绿色基础设施的概念。1999年，美国保护基金会和农业部森林管理局对绿色基础设施下了定义：绿色基础设施是国家的自然生命保障系统，它是一个由自然区域和开敞空间两大类要素所组成的绿色空间网络，这些要素共同组成了一个有机统一的系统。城市中具有自然生态系统功能的、能够为人类和野生动物提供多种利益的自然区域和其他绿色开放空间的集合体，这是城市的自然生命支持系统。

生态基础设施和绿色基础设施的内涵相似。从概念上讲，二者都是相对于传统的灰色基础设施提出来的；从范围上讲，都是自然区域；从体系上讲，都强调有机空间网络的建立；从功能上来讲，都有维护和促进生态功能恢复的生态系统服务功能。因此，从本质上说，生态基础设施与绿色基础设施的概念相似。在美国绿色基础设施涵盖多、应用广，但是欧洲都应用生态基础设施。

（四）生态雨水基础设施理论

为发挥有关雨洪调蓄、径流削减、水质保护、清洁水源等基础设施的作用，就要形成生态雨水基础设施理论。

生态雨水基础设施可以自然地管理暴雨，可以处理自然水域与人工设施的协调与互动。它将传统的模式进行了转变，它用工程管网设施取代了生态雨水基础设施。但生态雨水基础设施和工程管网设施可以共同承担区域的雨洪管理功能，可以通过避免灰色雨水基础设施的各种弊端，解决雨洪生态环境危机。（图5-4）

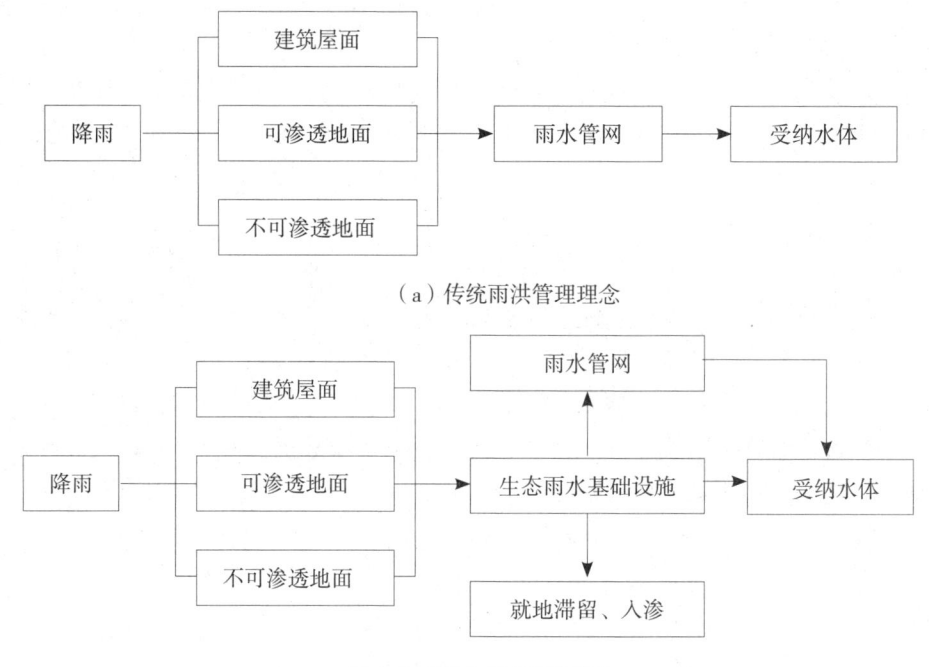

（a）传统雨洪管理理念

（b）生态雨水基础设施理念

图5-4 传统雨洪管理理念与生态雨水基础设施理念的比较

二、生态雨水基础设施的种类

（一）根据应用尺度划分

从微观到宏观，生态雨水基础设施可分为场地、土地利用功能单元、区域或流域等三种应用层次，见表5-10。

表5-10　三种应用尺度的生态雨水基础设施的典型技术措施类型

应用尺度	典型技术措施
场地	绿色屋顶
	透水路面
	植被浅沟/渗透沟渠
	雨水收集回收利用系统（雨桶）
	生物滞留渗透系统（雨水花园）
土地利用功能单元	低势绿地（下沉式绿地）
	生态景观水体/小型雨水湿地
区域或流域	绿色廊道（绿色道路/河岸植被带）
	雨水塘/渗透塘/大中型雨水湿地

（二）根据径流汇流过程划分

根据径流汇流过程和多元化逐级治理"源头—过程—终端"原理，可以将生态雨水基础设施划分为源头、过程和终端三种。

从源头上对雨水进行控制，利用源头生态雨水设施，如绿色屋顶、可渗透道路/铺装、高位花坛等。

具有传输功能或对雨水可以进行预处理/小规模处理的过程与传输型生态雨水基础设施，如传输型生态雨水基础设施（渗透沟渠、植被浅沟等）、下沉式绿地（低势绿地）、生物滞留渗透系统（雨水花园）等。

对雨水进行大规模或终端处理的终端生态雨水基础设施，如河岸植被带、大型雨水塘、渗透塘、雨水湿地、生态浮床等。

三、生态雨水基础设施的比较优势

美国邻里技术中心和美国河流协会对绿色屋顶、雨水收集回收利用系统、植被系统、生物滞留渗透系统、可渗透铺装这五种生态雨水基础设施类型的综合效益的总结,具体见表5-11。总而言之,生态雨水基础设施具有生态、社会、经济等方面的优势,而传统基础设施没有。

表5-11 五种生态雨水基础设施类型的综合效益分析

效 益		绿色屋顶	植被系统	生物滞留渗透系统	可渗透铺装	雨水收集回收利用系统
暴雨径流控制	减少水处理需求	●	●	●	●	●
	改善水质	●	●	●	●	●
暴雨径流控制	减少灰色基础设施建设	●	●	●	●	●
	降低洪涝灾害	●	●	●	●	●
增加水资源供给		○	○	—	○	●
促进地下水交换		○	—	—	—	—
减少盐的使用		○	○	○	●	○
降低能源消耗		●	●	○	—	—
改善空气质量		●	●	●	●	—
降低碳排放		●	●	●	—	—
缓解城市"热岛效应"		●	●	●	●	○
增强社区活力	提升美学价值	●	●	●	○	○
	增加娱乐场所		●	●	○	○
	降低噪声污染	●	●	—	●	○

续　表

效　益		绿色屋顶	植被系统	生物滞留渗透系统	可渗透铺装	雨水收集回收利用系统
增强社区活力	增强社区凝聚力	—	●	—	●	○
	都市农业功能	—	—	○	○	○
改善栖息地		●	●	●	○	○
增加公众教育机会		●	●	●	●	●

注：●表示确定；－表示不确定；○表示无此功能。

（一）降低城市洪涝灾害风险

仅依靠灰色雨水基础设施，可能会造成暴雨径流短时高峰无法及时排放，这就造成城市洪涝灾害频繁发生。生态雨水基础设施可降低城市径流系数、暴雨径流量和峰值，防止水土流失，调蓄雨洪，从而降低洪涝灾害发生频略。

（二）确保城市水环境健康

灰色雨水基础设施未对降雨径流污染进行处理，而是雨水直接被排放至受纳水体，给受纳水体带来了极大的生态环境压力。而生态雨水基础设施相对于灰色雨水基础设施具有良好的去除净化效果，为城市水体减负。

（三）提高雨水资源化利用率

直接将城市宝贵的雨水资源排放，会对雨水造成极大的浪费，所以灰色雨水基础设施不适用。而生态雨水基础设施能够增强地下水交换，为雨水入渗、补给地下水和雨水回收利用提供了有效的途径。

（四）建设、维护成本低

生态雨水基础设施具有投资、运行、维护的成本优势，能够减少灰色雨水基础设施的建设比例，降低能源消耗和城市建设成本。

（五）提供绿色开敞空间

生态雨水基础设施可以提高城市绿化率，改善城市生态环境，促进区域水循环，为城市公众提供低碳休闲游憩、科普教育、人性体验的绿色空间与场所。

（六）提升土地开发价值

生态雨水基础设施有利于实现城市"精明保护"与"精明增长"，能够有效利用城市土地资源，使人们生活品质提高。

四、生态雨水基础设施规划与其他专项规划的关系

生态雨水基础设施规划作为城市专项规划,它与排水专项规划、防洪专项规划、雨水资源化利用专项规划、道路规划、绿地系统规划等其他专项规划是相辅相成、相互结合的关系。

(一)与排水规划、防洪规划的关系

现行城市规划体系中涉及城市雨洪管理的专项规划是排水和防洪规划。在行政体制上,二者相互独立、分别编制、各有侧重,属于不同行业部门,城市防洪属于水务部门,城市排水属于市政部门。在设计标准上,它们二者也不同。在城市规划编制过程中,二者也不能同步进行。因而两者之间很难相互协调与衔接,甚至二者之间有冲突。

排水、防洪规划的理念通过生态雨水基础设施进行了更新,将传统的模式转换为"近自然生态软排水"模式,首先将雨水引入生态雨水基础设施,经过处理、滞留和就地入渗后,再进入新的设施排放到受纳水体。生态雨水基础设施可以(部分)代替工程管网"灰色"雨水基础设施,"大频率小洪水"基本可以由生态雨水基础设施调控,"小频率大洪水"则需要生态雨水基础设施和工程管网设施共同调控。

另外,生态雨水基础设施规划具有多目标性以及多领域性,可以将排水规划和防洪规划统筹到生态雨水基础设施规划的范畴中,将生态雨水基础设施和工程管网设施结合起来,共同实现区域的雨洪管理,从而解决排水规划和防洪规划难以协调与衔接,甚至相互冲突的问题。

(二)与道路规划的关系

城市道路规划在生态雨水基础设施规划中具有重要作用,市政工程管网系统规划以及道路规划是汇水区划分的重要依据。生态雨水基础设施规划的雨洪管理重点区域是作为径流产流和径流污染物重要来源的道路。

(三)与绿地规划的关系

生态雨水基础设施规划要结合城市绿地规划进行。因为生态雨水基础设施的重要潜在类型是绿地,生态雨水基础设施规划要注重发挥绿地的雨洪管理功能。

五、生态雨水基础设施总体规划流程

生态雨水基础设施总体规划流程见图5-5。在城市总体规划的规划愿景下,在GIS技术环境下,针对区域雨洪水文生态过程进行分析模拟,得出生态雨水基础设施总体规划的重点区域。结合BMPS-ESI适宜性评价,判别出重点生态雨洪管理区域

第五章 海绵城市规划理论方法

内 BMPs-ESI 的空间位置、组分及其关系，强调最低限度的生态结构对于整体生态系统服务的贡献，构建雨洪管理景观安全格局，并指导城市总体规划的优化调整以及城市开发建设。

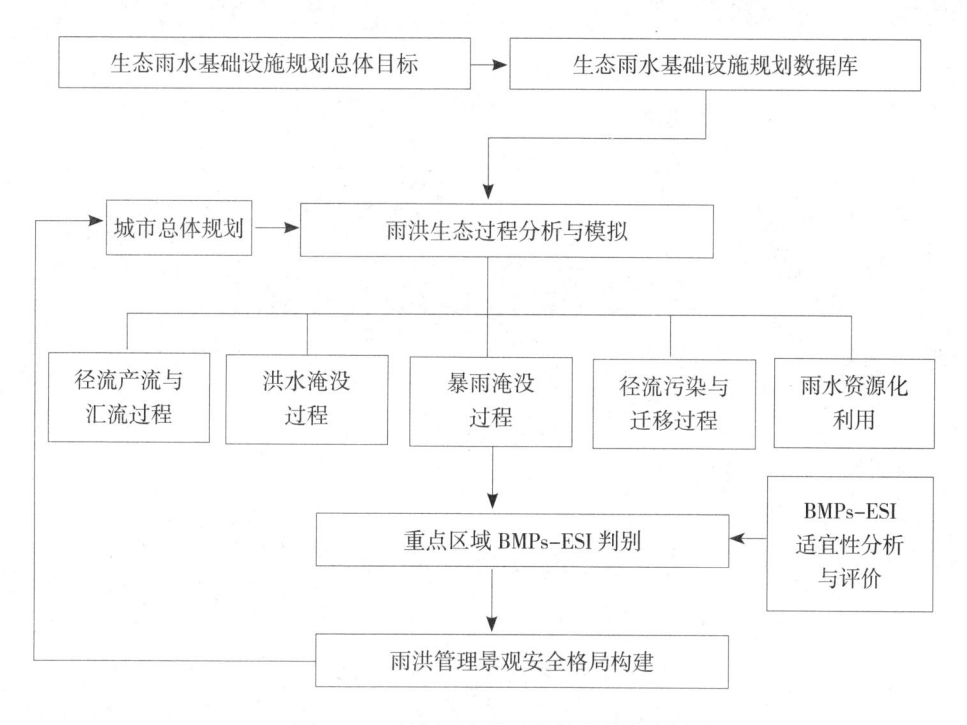

图 5-5 生态雨水基础设施总体规划流程

第六章　海绵城市设计概论

第一节　海绵城市设计要则

海绵城市在设计时，将创造宜人景观、满足多功能需求、构建弹性海绵系统作为设计的重要原则。此外，综合多系统、多专业复合、联动，也是海绵城市设计的重要原则之一。（见表6-1）

表6-1　海绵城市规划设计要则细化

序　号	要　则	细化内容
1	创造宜人景观	注重对于雨水循环过程的景观化展示，注重雨水流动性特点的展示，以提高公众对于水资源、水环境的认识度
		强调环境融入，针对场地功能定位、环境特点采用不同的处理方式
2	满足多功能需求	初始的、基本的雨洪管理功能需要实现，且功效要明显
		了解场地存在的其他问题，尽可能通过雨水管理措施的设计兼顾解决，例如雨洪管理与生境营造的兼顾，与土壤改良的兼顾以及与休闲游憩的兼顾等
3	构建弹性海绵系统	分散式低影响开发措施的广泛运用，使城市水循环过程更趋近于自然过程
		应对超过管渠系统设计标准强降雨的大排水系统，实现海绵的"弹性"管控
		将"源头削减""过程传输"以及"末端调蓄"城市水循环过程的三个阶段全部纳入设计与建设的范畴中

续 表

序 号	要 则	细化内容
4	综合多专业、多系统复合、联动	多学科领域人员的密切合作，多专业领域技术手段的综合运用
		城市多个管理部门的协调合作

一、创造宜人景观

可以把"海绵"看作可以随时储存雨水，也可以随时取出雨水的容器。这是雨洪管理观念的转变，它强调了雨水的资源性，为海绵城市的建设提供了一定依据。这种雨水资源本意是利用"水"本身的使用价值，引申意思是改善环境、创造美丽景观。

传统排水方式让人们忽略了雨水，直至出现了城市看"海"的现象，这种现象采用消极的方式引起人们的关注。海绵城市通过低影响开发措施，以"源头处理、就地处理"为根本思路，使得雨洪管理的空间从下向上转移。雨水的循环正变得日益"土地化"和"可视化"，因此技术科学的应用属于海绵城市的一方面，"设计"是它的另一方面。雨水会成为城市环境中一个可见的自然要素。雨水的流动性、自然性会被利用，以便能够提升城市空间品质、改善城市环境质量，并使市民从中获得乐趣和享受。雨水循环过程的地上"展示"亦有助于提高市民对于雨水循环过程的认识，加强公民对水环境的关注度和对环境的保护意识，是海绵城市设计不可缺少的内容。

雨洪管理系统规划强调雨水资源化的创造性、灵活性和环境融入度。该系统要与周围环境呼应，才能充分发挥预期功能。

二、满足多功能需求

首先要对场地进行充分分析才能满足初始的雨洪管理意图与要求。为了提高规划设计方案与当地条件的匹配度、保障水环境获得可改善的潜质，就要对海绵系统进行充分设计和规划。

设计人员为了满足场地需求和特性，就要对雨洪管理系统进行调整、创新，创造出使海绵系统得到改善的多种途径。这些措施满足城市对水量的控制、水质改善的规定，还能像德国的类似系统一样提供休闲娱乐、改善场地微气候等功能。以下是德国的具体做法。在 Prisma 商住混用社区，由于地下空间被车库占据，此地渗透系数为 0，德国环保部门联合 Atelier Dreiseitl 和 Joachim Elbe 建筑设计事务所，通过储存箱的两个循环线路创造了一个融雨水收集利用、景观营造和室内微气候改善功能于一体的雨洪管理系统。它用泵提水，给建筑外立面上种植的植物浇水作为线路一；用人工水景观来调节建筑主体外附属阳光房的室内微气候为线路二。在建筑附属阳光房南侧外墙设置五个由玻璃外壳和中心心墙组成的跌水景观墙。水流汇集的下凹地能调节室内气候，丰富景观效果。其南北两面均与外壳间留空隙，心墙有彩色马赛克饰面，外壳南北两面的底部分别有进水口和出水口。水流从南面进水口泵入，沿空隙上升至心墙顶部后转而下泄，经室内出水口流出汇至阳光房内下凹绿地景观中。这一系统在夏季能够使温度大大降低，如果水墙的实际运行效果与设计前期水墙空气调节能力的模拟结果相符，可以使夏季降温效果达 3 摄氏度。

海绵城市的规划设计应充分激活雨洪管理系统的不同功能特点，促进多重功能的联合和延展，帮助城市复兴发展。

三、构建弹性海绵系统

海绵系统与其他传统模式并不相同，在构建成分上有所区别。传统模式比较单一，而海绵系统它首先要了解本地场区对于雨水的管控情况，并且要充分利用现有机会和条件，促使城市雨水的循环过程更接近向自然水循环模式方向的转变，最终形成雨洪管理模式。其模式以雨水大量蒸发、下渗，少量地表产流为特点。其次，海绵系统可以通过自然或人工途径，综合选择自然、多功能调蓄水体，防止出现强降雨超过雨水管渠道系统设计标准的情况。海绵系统使用的自然或人工途径的侧重点也不同，前者强调自然的力量，后者则强调人类对于水文过程的分析与规划。

海绵城市建设对减少地表产流或者减缓径流汇集速度的情形均适用，但是为了保障海绵系统的效能，源头管理、低环境干扰的思想必须贯彻规划设计直至建设完成的全过程。

四、综合多专业、多系统的复合、联动

以健康、自然的雨水循环系统的修复、构建为核心，将城市完整水文循环作为海绵城市的关注重点。"弹性"的核心特点是把"源头削减""过程传输"以及"末端调蓄"城市水循环过程的三个阶段全都纳入海绵城市设计与建设的范畴中，许多基础设施都涉及生态化、绿色的低影响开发措施，涵盖管网、大排水系统等。因此，对海绵城市的规划与设计不可避免地与水利工程、环境工程、市政工程、城市规划、城市设计以及景观规划设计等各个领域的知识有密切的关联。像 SWMM（Storm

Water Management Model）模型，它是水文学研究中经常使用的模型，它主要适用于中小尺度场。SWMM是19世纪70年代由美国环境保护局主持开发的模拟程序，主要是用于模拟城市区域动态降雨——径流，以便得到径流水量和水质的短期结果及连续性结果。最近几年，研究人员、规划人员依据SWMM模型获得不同降雨条件下场地的积水点位置、深度、城市市政排水系统的盲点等信息，由此指导海绵城市设计方案的形成。SWMM模型内载有各种LID模块，包含生态滞蓄池、植草沟、渗透沟、渗透铺装、集水箱等。

海绵系统构建前后对于场地产流量、峰值流量变化率、错后时间等多项指标都是利用SWMM模型得到的。这些指标均可作为系统是否有效的考核因素。对系统建成后的效果进行预测可以根据水文计算模型快速获得，最大限度地避免了规划设计的盲目性。

此外，研究人员、设计师以及城市建设管理者之间的合作可以保障"安全为重、规划引领、因地制宜、统筹建设、生态优先"这五项原则贯彻在海绵建设的各个阶段，以保障方案的高效落实。

第二节 海绵城市设计内容

海绵城市的设计与传统城市规划设计类似，包括逐层递进、细化的三个部分：总体规划、控制性详细规划和城市设计。按照规划对象尺度的不同，海绵城市规划设计自顶向下可细化为六部分，相应的规划设计内容如表6-2所示。

表6-2 不同尺度下海绵城市的规划设计内容

规划设计阶段	规划设计内容
流域规划	明确流域范围内的各种挑战，拟定合理的流域水资源开发管理策略、原则，如雨洪管理总体策略、应对气候变化策略等； 结合流域自然特点和建设发展目标制定流域总体水资源控制目标，如径流总量控制目标、径流峰值控制目标、径流污染控制目标等
总体规划	以明晰城区现状湿地、河流、湖泊、坑塘、沟渠等水生态敏感区位置、规模及作用关系为前提，分解落实流域规划确定的控制目标和指标，提出土地管控方案，包括水生态敏感区的划定（如禁建区、限建区）、城市空间增长边界和规模的确定，地上地下水资源分配指标，进而进行以雨洪管理为目标的城市水系统、绿地系统、排水防涝等专项规划

续 表

规划设计阶段	规划设计内容
控制性规划	结合城市道路系统规划、开放空间规划、市政排水系统规划以及水系统、绿地系统规划，制订城市雨洪管理系统框架、流程和管理模式； 明确城区内各子区域雨洪管理控制指标（包括透水率、绿地率等），提出用地布局，竖向规划，合理组织地表径流
修建性详细规划	结合水文、水力计算或模型模拟，明确系统中的雨洪管理措施类型、位置、规模、功能定位等信息，为下阶段更为具体的规划设计提供指导
概念设计	尊重控制性规划中对措施的功能定位和规模建议； 对雨洪管理系统框架中的雨洪管理措施进行概念设计，尽可能与场地中的道路、停车场、停留空间、铺装、绿地设计进行功能融合，实现多目标设计，产生景观效益
详细设计	雨洪管理措施的详细设计，包括形式设计、种植设计、材料设计、竖向设计等

第三节 海绵城市设计步骤

海绵城市规划设计以水文、植物、土壤、城市空间格局、功能需求、形态肌理、景观氛围、文化多要素复合性为特点。其中，水文条件不仅对海绵城市中雨洪管理系统及系统中各措施的功能定位、效能发挥起着决定性作用，而且随着水文环境的改善调节也会对环境中的植物群落、陆生水生动植物的栖息环境、土壤养分以及人类活动需求、审美需求等产生积极影响。因此，海绵城市建设的基本出发点是通过调节场地地表径流量、汇集速度以及水质促使场地水文环境保持或恢复到开发建设前的水文循环过程，是在充分了解水环境与场地自然、人文要素间内在联系的基础上，通过合理巧妙地规划设计，在实现雨洪管理的同时，达到动植物生境改善、城市景观环境提升等多重目标。

海绵城市规划设计的特性决定了其需要一种多内容融合的规划设计方法，以确保雨洪管理、环境、社会以及教育等多目标的兼顾。规划设计步骤和关键技术环节如下。

一、现状调研分析

对于区域或场地背景环境的充分理解可为海绵城市的规划设计提供线索和灵感，

并直接决定着规划设计方案的目标能效能否正常发挥。区域或场地的地理与地形特性、生态特性、开放空间以及土壤和水文情况是海绵城市规划设计现状调研阶段需重点了解分析的几个典型要素，它们为后续目标的制订、设计方案的形成提供方向与线索。

（一）地理与地形特性

不同类型的地形地貌或地表以下的地质情况均直接影响着雨洪管理措施对于项目场地的适用性。对于大尺度场地而言，这种影响则更为密切。例如，加拿大多伦多地区的易洛魁湖区和橡树岭地区，土壤透水性良好，因此在进行雨洪管理规划设计时可主要考虑渗透性措施的运用；相反，对于位于黏土层上的皮尔地区而言，则需要规划设计者对滞留、促进蒸发以及回收再利用等多种措施进行组合运用，以达到雨洪管理的目标。

因地形原因，影响场地产汇流的过程包括了子流域划分模式、径流汇集速度以及地表地下水交换率。由于尽可能少地改变场地原有汇水分区的规模和布局，尽可能少地影响产汇流过程，是海绵城市规划设计的重要目标之一，因此，地形是海绵系统构建的关键要素。对地形的充分了解和认知，是开展海绵城市规划设计的第一步。

（二）生态特征

海绵城市雨洪管理系统涵盖了自产流源头、传输过程到终端收集全过程中多种多样的绿色措施，强调利用绿地、水系、湖泊、湿地等自然要素实现雨洪管理目标。因此，一方面，海绵系统的构建需要在充分了解场地现状生态要素的基础上，予以巧妙利用，实现功能的多样化；另一方面，将由线性植草沟、过滤带、集中的生物滞留池、湿地等构成的雨洪管理系统与项目场地的自然生态元素相连，不仅将场地现状完善，还扩大了规模，创建了生态缓冲区。因此，我们可以重新认识生态环境现状，并且为雨洪管理系统功能的复合性和高效性的提高提供了条件，为城市生态环境的改善和提升创造了难得的机遇。需要注意的是，当雨洪管理措施用于污染物处理时，则不能作为生物栖息地进行规划设计。

（三）开放空间

项目场地中已有的开放空间为雨洪管理措施与景观塑造相结合创造了可能，从而达到提升环境品质、满足人们使用及审美需求的目标。充分了解、分析场地现状，掌握开放空间的优势资源和存在的问题，可为雨洪管理系统、措施的规划设计提供启发和线索，促成创新设计的形成。

雨洪管理系统或措施通过对雨水资源的调节利用，可改善绿地、公园等开放空间植物的生长情况，促进物种多样性发展，吸引居民游人到访，赋予场地多重功能。同时，与公园、绿地融合的雨洪管理系统措施规划设计，不仅可在一定程度上减少排水工程建设量和投资，还有助于促进雨洪管理措施的推广，提高社会的认可度和接受度。

（四）土壤

土壤的渗透性与构建雨洪管理系统、选择适宜措施密切相关。渗透性较好的场地进行雨洪管理时，应多鼓励径流的下渗，以渗透性措施如生物渗透池、渗透沟、透水铺装等为宜；相反，对于土壤渗透性较差的场地而言，渗透性措施的应用效果受到限制，但为同样达到较好的雨洪调蓄目标，应尝试不同类型措施的组合运用，包括低影响开发措施中的滞留措施、雨水收集再利用措施、地下集水池等，也可利用市政管网的配合辅助。不同类型土壤的持水能力不仅决定着径流的下渗量，而且对适宜生长的植物种类、绿化密度有明显影响。因此对于以水质净化为目标的雨洪管理措施而言，明确了解场地土壤的特性尤显重要。

开展海绵城市规划设计之前，应对项目场地及周边一定范围内的地下水位、不透水层深度、年均地表地下的交换率及位置、浅层地下水层的特性等信息进行了解掌握。地下水位较高的场地不利于渗透性雨洪管理措施功能的发挥。除此之外，场地现状汇水分区情况也是非常关键的水文特性。因为汇水分区情况不仅决定了场地内不同区块的产流量、径流的汇集方式，而且因不同汇水分区承担的城市功能角色、被使用方式不同，也对各区雨水径流的水质情况产生直接影响。换句话讲，不同径流从不同汇水分区产生，所以其水质情况存在明显差异。例如，与建筑屋面产生的雨水径流相比，道路汇水区产生的径流受污染程度高，存在重金属污染等突出问题，城市主干道、高速公路的径流污染程度也明显高于步行道路、商业中心等。由于目前许多城区仍以地下水作为饮用水源，因此为避免受污染径流对地下水的影响，各汇水分区的雨洪管理模式能否以回补地下水的方式进行处理，能否进行雨水收集再利用的规划设计，是否需要强化雨水管理系统的净化能力，受汇水分区承担的城市功能、人为影响决定。另外，需要特别注意的是，雨洪管理规划设计针对污染程度不同的径流，应分区治理的，切忌将污染重的径流与干净的径流进行混流处理。表6-3以径流受污染程度为依据，对汇水分区进行分类，分别介绍不同类型分区适宜采用的雨洪管理措施类型、组合方式以及基本设计要点。

表 6-3　不同类型汇水分区的径流水质特点及其管理方式与原则

汇水分区类型	径流水质特点	管理方式	原则
屋顶径流	相对清洁：污染物主要有屋面材料分解所产生的沥青颗粒、少量碳氢化合物以及从空气中落到屋面的动物排泄物、自然有机物和固体颗粒	鼓励下渗：收集净化后作为非饮用水源（例如灌溉、冲厕等）；存入水池或湿地等中	入渗前，可进行预沉淀和过滤处理；屋顶径流建议尽可能在源头进行管理，尽量避免此类径流流入市政管网等末端排水环节
次级道路、停车场、步行道、广场、小径	中度污染：污染物主要有少量固体颗粒物、除雪剂留下的盐分、碳氢化合物、金属离子以及自然有机物	净化后鼓励下渗：收集净化后作为非饮用水源清洗、消防备用水等）；存入水池或湿地等中	入渗前，建议进行预沉淀和过滤处理；进入再利用系统前，需对水质进行监测检验
主干道和大型停车场	重度污染：污染物有固体颗粒物、除雪剂留下的盐分、碳氢化合物、金属离子	经过预处理后存入水池或湿地等中；一般情况下，不建议下渗。仅在地下水匮乏的区域，考虑经过初期净化后，回补地下水	若需回补地下水，则需进行预沉淀、过滤以及植物净化后才可入渗
污染点，例如加油站、工业区、垃圾堆等	重度污染：污染物有固体颗粒物、除雪剂留下的盐分、碳氢化合物、金属离子以及其他有毒物质	不建议进行下渗和回收再利用；需经过更有针对性的净化后，存入指定湿地等中	

二、雨洪管理控制目标和指标的制订

根据场地的环境条件、经济发展水平以及雨洪调节的功能需求，制订雨洪管理相关目标，包括适用场地的径流总量、径流峰值和径流污染控制目标及相关技术指标。

据《指南》，低影响开发与水系统建筑的密度、绿地率、水域面积率、土地利用布局、当地水文、水环境等都会影响相关指标的选择，这些因素最终都会落实到用地条件或建设项目设计要点中。表 6-4 给出了海绵城市雨洪管理控制指标及分解方法。规划设计团队也可通过对项目场地水文、水力计算与模型模拟等方法对年径流总量控制率目标进行逐层分解。

表6-4 低影响开发控制指标及分解方法

规划层级	控制目标与指标	赋值方法
城市总体规划、专项（专业）规划	控制目标：年径流总量控制率及其对应的设计降雨量	年径流量总量控制率目标选择可通过统计分析计算
详细规划	综合指标：单位面积控制容积	根据总体规划阶段提出的年径流总量控制率目标，结合各地地块绿地率等控制指标，参照公式计算各地块的综合指标——单位面积控制容积
	单项指标： （1）下沉式绿地率及其下沉深度；（2）透水铺装率；（3）绿色屋顶率；（4）其他	根据各地块的具体条件，通过技术经济分析，合理选择单项或组合控制指标，并对指标进行合理分配，指标分解方法如下：（1）根据控制目标和综合指标进行试算分解；（2）模型模拟

三、雨洪管理技术措施及其组合系统的确定与选择

雨洪管理技术措施及其组合系统的确定要与注重资源节约、保护生态环境、因地制宜、经济适用等措施密切配合。

通过对场地现状情况分析和控制目标的制订，规划设计团队可以清晰准确地了解项目场地的特点和规划设计目标，从而以目标为导向或以问题为导向，选取适合当地条件、满足目标需求的技术措施（包括植草沟、下沉绿地、渗透塘、湿地等低影响开发设施，也涉及市政管网等灰色基础设施），并进行巧妙组合，构成海绵城市雨洪管理技术系统。典型的技术系统有雨洪调蓄系统、渗透系统、径流污染控制系统、综合目标控制系统等。在地下水超采区，如地质和土壤条件允许，应首先考虑雨水径流的下渗回补；在低洼易涝区，以雨洪调蓄系统为首选；对于使用功能密集复合的旧城区而言，径流污染控制系统可有效避免地表径流对地下水造成的污染。雨水的资源化利用适用于缺水地区，而一般地区则要将重点放在与景观规划设计的融合上，实现雨洪管理的源头化，保持或恢复场地开发前的水文状况。各系统示意图见图6-1至图6-4。

第六章　海绵城市设计概论

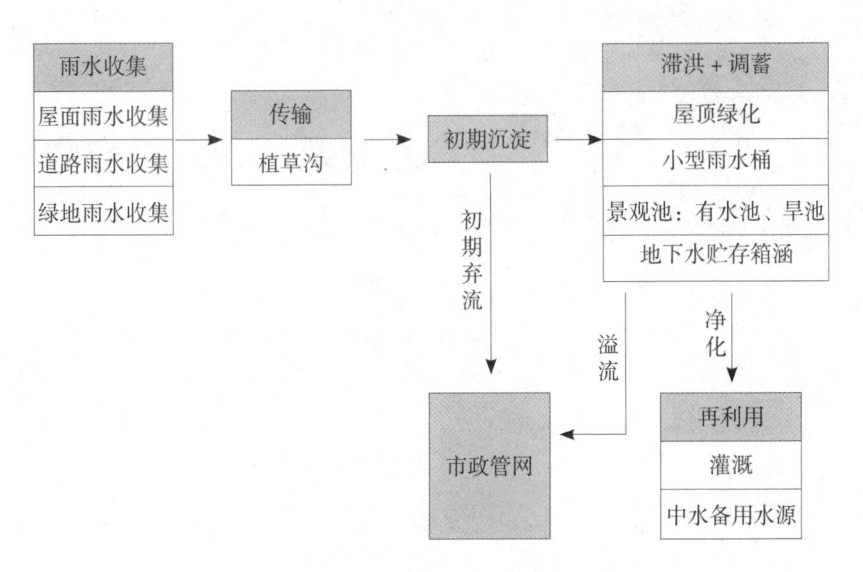

图 6-1　雨洪调蓄流程

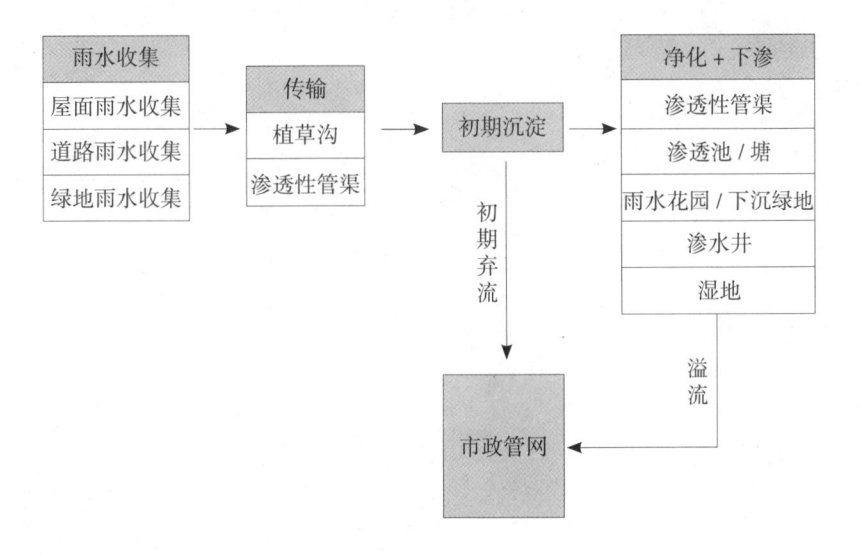

图 6-2　渗透系统

· 103 ·

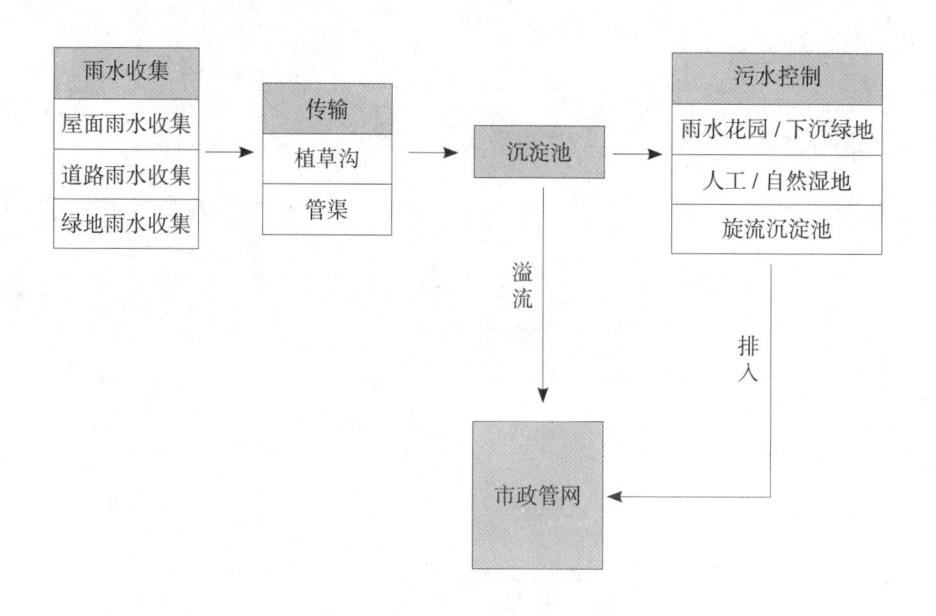

图 6-3　径流污染控制系统

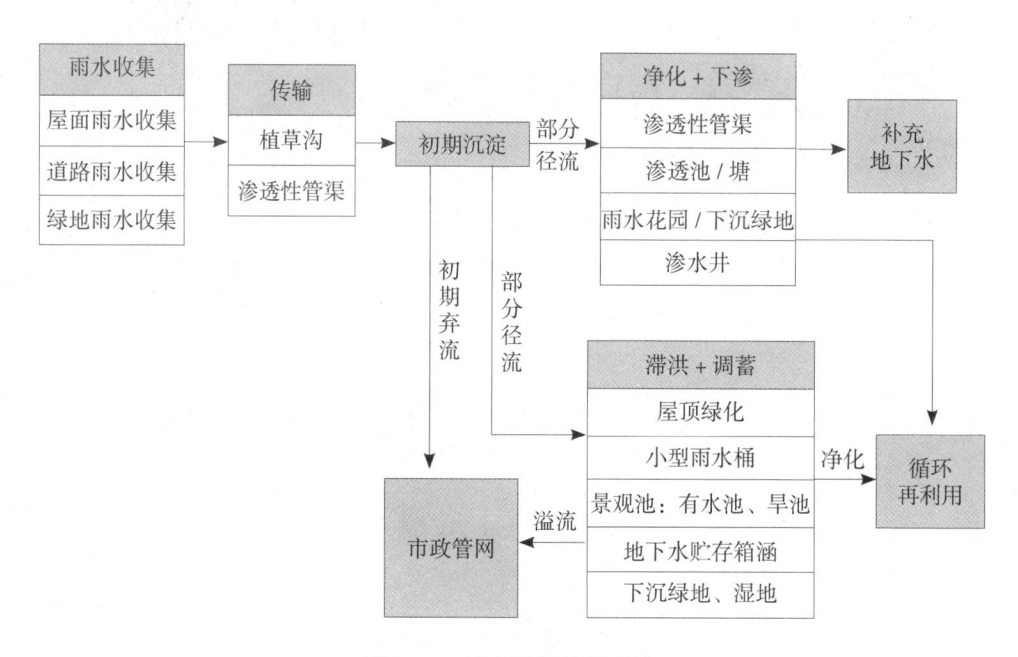

图 6-4　综合目标控制系统

雨洪管理技术系统的选择和确立是该步骤中的第一步。第二步则需要根据系统要求，细化、明确系统中具体的措施和形式。属于同一雨洪管理功能类型中的措施选择还需要充分结合项目场地空间结构、使用功能、景观形式或氛围等要素，在雨洪管理功能满足的基础上选择形式适宜的技术措施。

例如，旧城区建设密度高，情况复杂，在选择满足收集调蓄功能类型的技术措施时，以地下集水箱更为适宜。虽常作为雨洪管理系统终端的湿地、水池的景观形式更优，但其所需的用地规模较难在旧城区中实现。在对径流污染控制系统中的措施进行选择时，集水区的使用功能、人类活动直接影响地表径流中的污染物类型，并进一步对选择的具体净化措施产生影响。由此可见，雨洪管理技术措施及其组合系统的制定和选择，应鼓励不同学科，包括城市规划、景观设计、水文水力学、环境工程学等从业人员共同参与，以强化雨洪管理系统多功能兼顾的特点，并有利于创新性规划设计方案的形成。

四、雨洪管理措施设计

结合场地具体情况，包括用地性质、空间结构、功能定位等综合确定雨洪管理措施的平面布局。公共开放空间、绿地、水域的功能融合，高效利用现有设施和场地也是需要特别注意的。此外还要尝试将雨洪管理与景观营造的多方式结合。措施规模的确定则受场地水文和水力学计算结果以及场地空间的双重约束，在设计时必须考虑全面。

第四节　低影响开发雨水系统的构建

与城市景观相结合，适用于不同尺度下的景观环境项目是低影响开发雨水系统的主要特点。景观规划层面，聚焦低影响开发系统措施与城市绿地系统、水系统、公共开放空间系统、道路系统等宏观系统的统筹组织，协调可能相互矛盾的土地利用需求（例如道路通行空间与绿地空间占地量的矛盾、滨河缓冲带与土地开发红线的矛盾等），识别对城市雨洪管理具有战略意义的景观元素和空间位置关系。景观设计层面，则聚焦中、微观场地，充分将低影响开发技术措施与城市道路、广场、商业区、居住区、公园等的景观设计相结合，使之不仅具有生态功能，形式上也更丰富多样。低影响开发雨水系统的具体内容见图6-5。

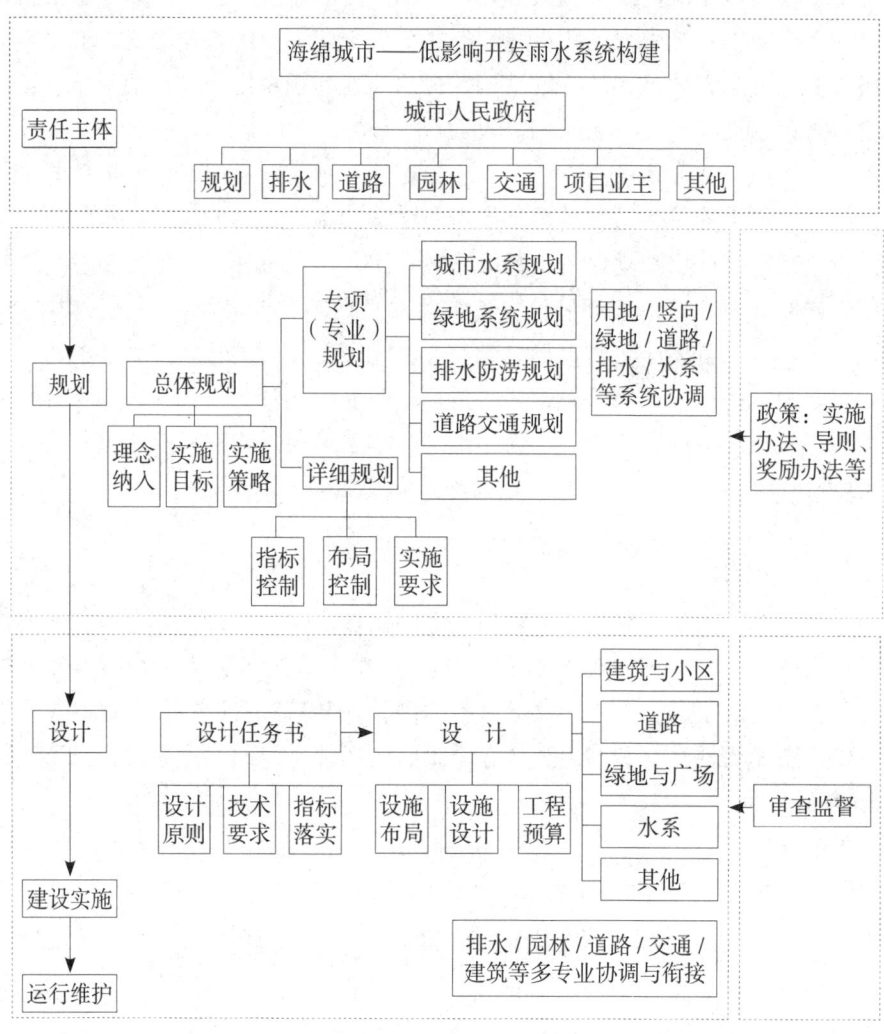

图 6-5　海绵城市系统构建途径

一、低影响开发雨水系统在景观规划层面的建设

本着对场地的物理、生态、社会以及景观基本情况的深入了解和分析，景观规划层面低影响开发雨水系统构建的第一步是保护场地中的生态要素，包括河流、湖泊、湿地、坑塘、沟渠、林地、公共绿地以及一些现有的绿色基础设施。对这些生态敏感区的保护与修复，不仅可以实现低影响开发雨水系统的生态价值，还能够起到促进雨水蒸发、调节下渗的作用。

对新城区的开发建设，要尽可能早地开展雨水管理、道路交通、绿地、河湖水系统的协调统筹规划，实现生态可持续的目标。在进行各专项规划时，应充分考虑雨水管理控制目标的实现手段和途径。例如，新城区主干道应尽可能沿着场地内排水分区分界线规划；各排水分区内次级道路的走向以垂直于径流汇集方向为宜。新城较大规模的公共开放绿地、休憩空间（如运动场、广场等）应尽可能置于新城区整体水文环境的中下游，以充分发挥其雨洪调蓄功能。

景观规划层面低影响开发雨水系统构建的步骤如下：

（1）尽可能掌握场地信息，包括场地及周边一定环境范围的上位规划，以及上位规划对项目场地提出的雨洪管理控制指标；场地自身的水文、土壤、陆生水生生境情况、开放空间分布以及排水分区的划分、规模等。

（2）制订针对场地问题、适宜于场地现状条件的雨洪管理目标和管理系统。

（3）明确适宜进行低影响开发雨水措施建设的位置和规模。

（4）针对低影响开发雨水措施建设地块的使用功能、景观需求等，提出各措施的景观规划方案。

（5）对规划的各低影响开发措施的功能定位、规模设计以及景观设计进行审核，比照总体目标，进行调整完善。

综上所述，可以概括出景观规划层面下低影响开发雨水系统构建途径的几个特点：

（1）景观规划过程中非常关注场地的水文特点，包括排水分区、产汇流特点、地表与地下水的沟通方式和位置等。

（2）道路系统走向、生态廊道走向、地块布局、公共开放空间选址等受场地排水分区模式的影响显著。

（3）场地的土壤特性、地理特性、水文特性与项目场地不同区块的功能定位产生更为直接、密切的联系。

（4）景观规划更多考虑生态功能的融入。

二、景观设计层面低影响开发雨水系统的构建

（一）低影响开发雨水系统的设计流程

将小区、道路、绿地、广场、水系等低影响开发雨水系统建设项目与城市建筑相结合，落实低影响开发雨水系统的设计时，相关职能主管部门和企事业单位是其责任主体。对于施工图设计审查、建设项目施工、监理、竣工、验收备案，城市规划等环节，相关部门必须要重点审查。

对于新建、改建、扩建项目，应在园林、道路、排水、建筑等设计方案中体现因地制宜的特征，以便能够能准确落实低影响开发的控制目标。

低影响开发雨水系统的一般设计流程如图6-6。

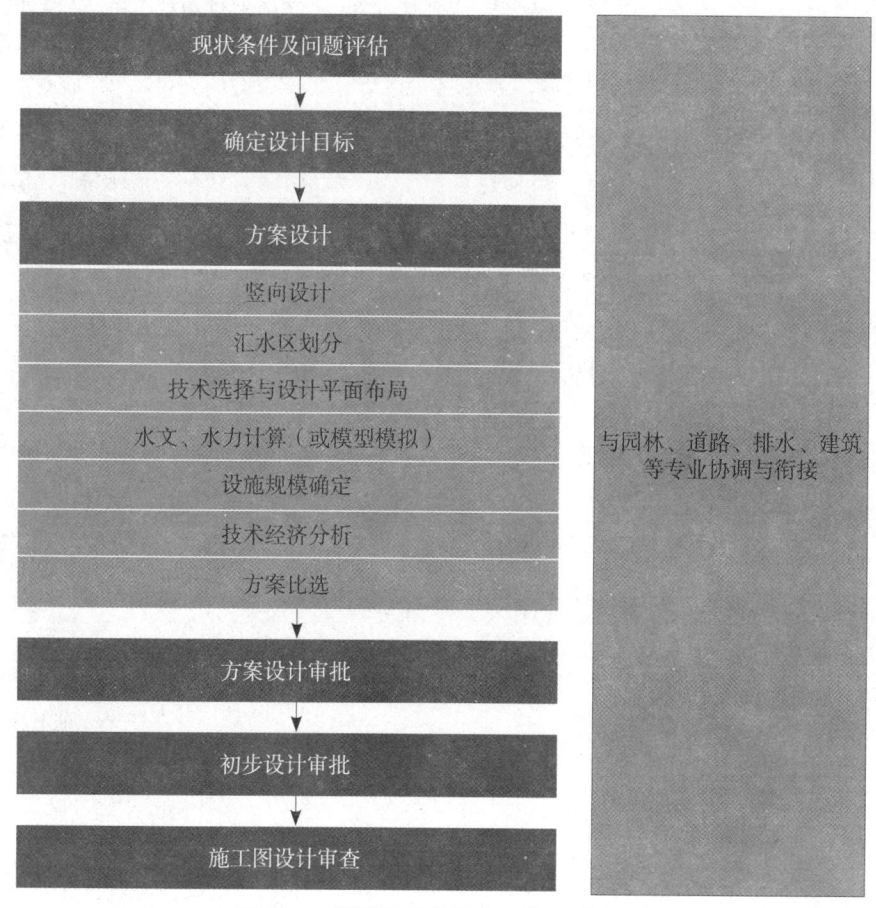

```
现状条件及问题评估
       ↓
   确定设计目标
       ↓
     方案设计
      竖向设计
      汇水区划分
   技术选择与设计平面布局      与园林、道路、排水、建筑
  水文、水力计算（或模型模拟）      等专业协调与衔接
     设施规模确定
     技术经济分析
      方案比选
       ↓
    方案设计审批
       ↓
    初步设计审批
       ↓
   施工图设计审查
```

图6-6　低影响开发雨水系统设计流程

（二）低影响开发雨水系统的设计要求

满足城市总体与专项规划提出的低影响开发控制目标与指标要求，并结合土壤、气候、土地利用，准确选择以雨水渗透、存储、调节为功能的单项或组合的技术及设施是低影响开发雨水系统的设计要求。

根据设计目标，由水文、水力计算出低影响开发设施的规模。还可以通过模型模拟方法进行评估，并结合技术经济分析确定最优方案。模型模拟的方法主要适用于有条件的城市。

低影响开发设施的平面布局、竖向、构造、城市雨水管渠系统和超标雨水径流排放系统的衔接关系等内容在低影响开发雨水系统设计的各阶段都有所体现。

绿林绿化、道路交通、排水、建筑等专业都被应用于低影响开发雨水系统的设计与审查，包括规划总图审查、方案及施工图审查。

1. 建筑与小区

具有雨水渗透、储存、调节等功能的低影响开发设施可以收集建筑、小区的路面径流，但是这些径流必须通过有组织的汇流与转输、截污等预处理。如果有些建筑小区不满足条件，还可通过城市雨水管渠系统将径流雨水引入城市绿地与广场内的低影响开发设施（图6-7）。

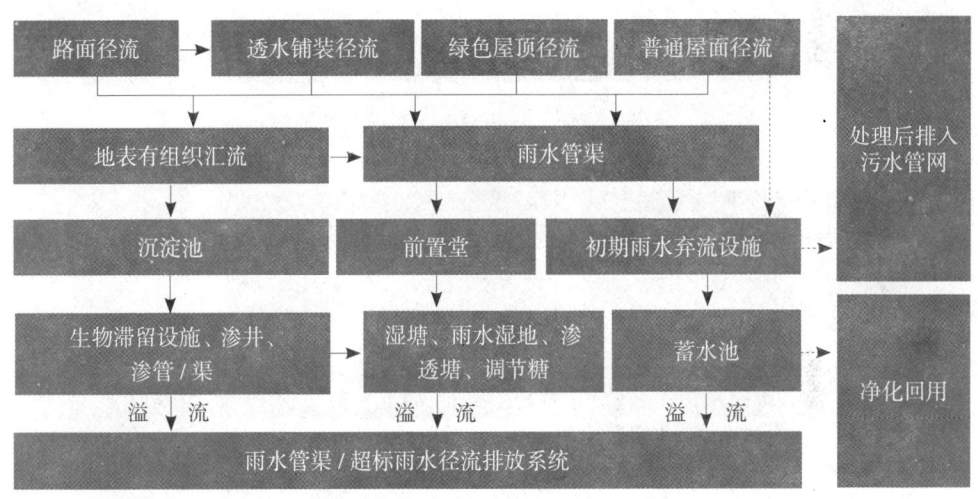

图 6-7 建筑与小区低影响开发雨水系统典型流程示例

2. 城市道路

通过有组织的汇流与转输，经截污等预处理后，城市道路径流雨水可以被引入道路红线内、外绿地内，并通过设置在绿地内的以雨水渗透、储存、调节等为主要功能的低影响开发设施进行处理，如结合道路绿化带和道路红线外绿地优先设计下沉式绿地、生物滞留带、雨水湿地等（图6-8）。

3. 城市绿地与广场

通过有组织的汇流与转输，经截污预处理后，城市绿地与广场的径流雨水可以被引入城市绿地内以雨水渗透、储存、调节为主要功能、消纳自身及周边区域径流雨水，并衔接区域内的雨水管渠系统和超标雨水径流排放系统的低影响开发设施，提高区域内涝防治能力（图6-9）。

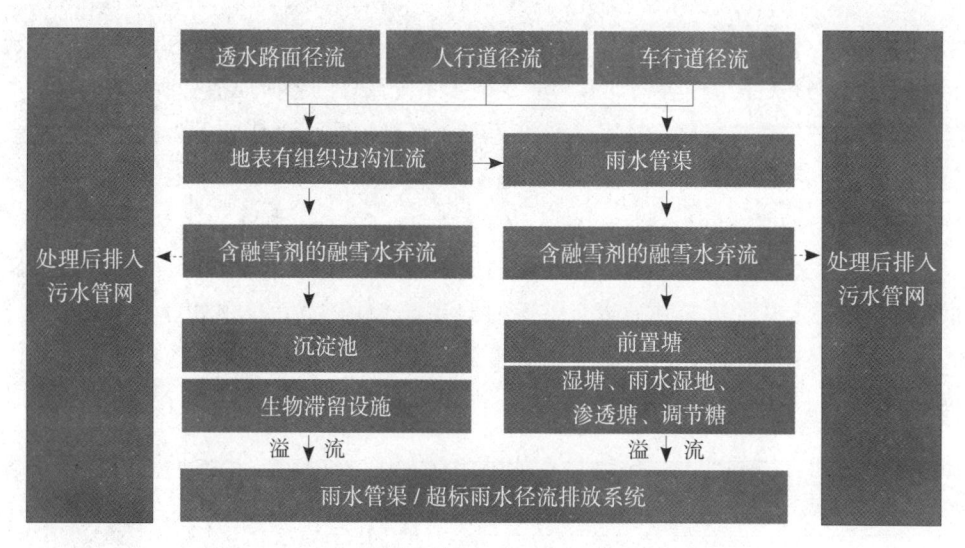

图 6-8　城市道路低影响开发雨水系统典型流程示例

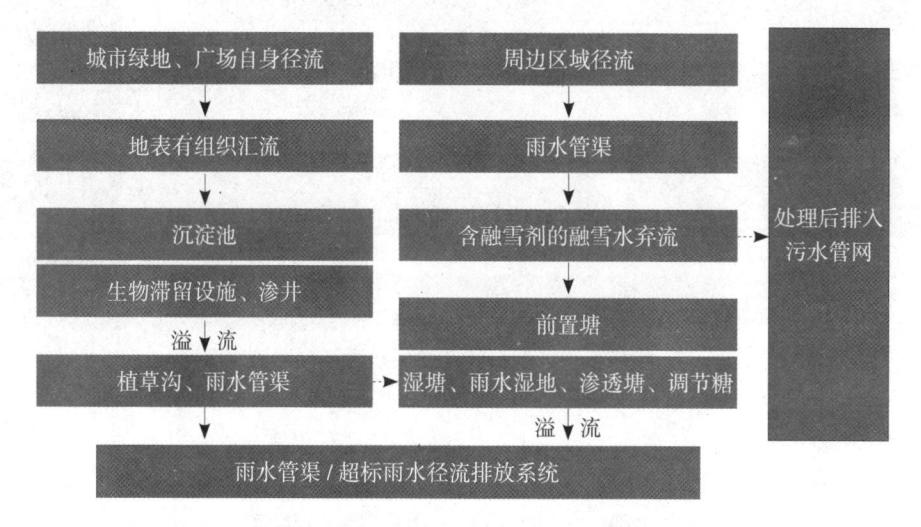

图 6-9　城市绿地与广场低影响开发雨水系统典型流程示例

4. 城市水系

在分析功能定位、水体现状、岸线利用现状、滨水区现状的基础上对城市水系进行合理保护、利用和改造。为了满足雨洪行泄等功能，就要将城市雨水管渠系统和超标雨水径流排放系统相结合，进而制定相关规划（图6-10）。

第六章 海绵城市设计概论

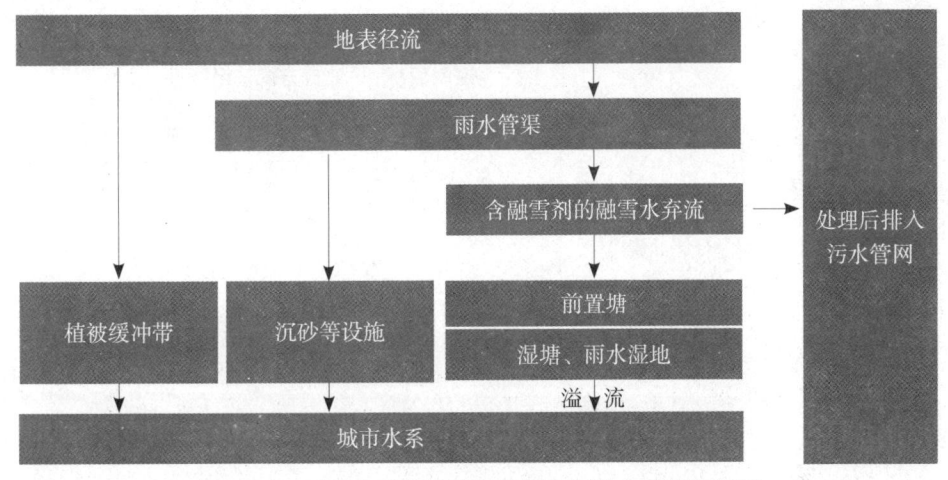

```
地表径流 ──┬──────────────┬──────────────┐
           ↓              ↓              ↓
        雨水管渠 ─────────┬──────────┐
                          ↓          ↓
                   含融雪剂的融雪水弃流 → 处理后排入污水管网
           ↓              ↓          ↓
        植被缓冲带    沉砂等设施    前置塘
                                   湿塘、雨水湿地
                                    溢↓流
           └──────────────┴──────────────┘
                          ↓
                       城市水系
```

图 6-10　城市水系低影响开发雨水系统典型流程示例

（三）对低影响开发雨水系统设施的选用

低影响开发设施有很多功能，如补充地下水、集蓄利用雨水、削减峰值流量及净化雨水等，还可实现径流总量、径流峰值和径流污染等多个控制目标，因此应根据城市总体、专项规划及详规明确控制目标，结合汇水区特征，综合考虑功能、经济性、实用性、景观效果等因素，要实现径流总量、峰值、污染等多个控制目标，就要根据削减峰值流量及净化雨水等多个功能，还要根据城市总规、专项规划及详规明确控制目标，并与汇水区特征和设施的主要功能、经济性、适用性、景观效果等相结合，灵活选用低影响开发设施及其组合系统。

表 6-5　低影响开发设施比选一览表

单项设施	功能					控制目标			处置方式		经济性		污染物去除率（以SS计，%）	景观效果
	集蓄利用雨水	补充地下水	削减峰值流量	净化雨水	转输	径流总量	径流峰值	径流污染	分散	相对集中	建造费用	维护费用		
透水砖铺装	○	●	◎	◎	○	●	◎	◎	√	—	低	低	80～90	—
透水水泥混凝土	○	○	◎	◎	○	◎	◎	◎	√	—	高	中	80～90	—
透水沥青混凝土	○	○	◎	◎	○	◎	◎	◎	√	—	高	中	80～90	—

·111·

续 表

单项设施	功能 集蓄利用雨水	功能 补充地下水	功能 削减峰值流量	功能 净化雨水	功能 转输	控制目标 径流总量	控制目标 径流峰值	控制目标 径流污染	处置方式 分散	处置方式 相对集中	经济性 建造费用	经济性 维护费用	污染物去除率（以SS计，%）	景观效果
绿色屋顶	○	○	◎	◎	○	●	◎	◎	√	—	高	中	70~80	好
下沉式绿地	○	●	◎	◎	○	●	◎	◎	√	—	低	低	—	一般
简易型生物滞留设施	○	●	◎	◎	○	●	◎	◎	√	—	低	低	—	好
复杂型生物滞留设施	○	●	●	●	○	●	◎	●	√	—	中	低	70~95	好
渗透塘	○	●	◎	◎	○	●	◎	◎	—	√	中	中	70~80	一般
渗井	○	●	○	○	○	●	○	○	√	√	低	低	—	—
湿塘	●	○	●	○	○	●	●	◎	—	√	高	中	50~80	好
雨水湿地	●	○	●	●	○	●	●	●	—	√	高	中	50~80	好
蓄水池	●	○	◎	○	○	●	◎	◎	—	√	高	中	80~90	—
雨水罐	●	○	◎	○	○	●	◎	◎	√	—	低	低	80~90	—
调节塘	○	○	●	○	○	○	●	○	—	√	高	中	—	一般
调节池	○	○	●	○	○	○	●	○	—	√	高	中	—	—
转输型植草沟	◎	○	○	◎	●	○	○	◎	√	—	低	低	35~90	一般
干式植草沟	○	●	◎	◎	●	◎	○	◎	√	—	低	低	35~90	好
湿式植草沟	○	○	○	●	●	○	○	●	√	—	中	低	—	好
渗管/渠	○	◎	○	○	●	◎	○	◎	√	—	中	中	35~70	—
植被缓冲带	○	○	○	●	—	○	○	●	√	—	低	低	50~75	一般
初期雨水弃流设施	◎	○	○	●	—	◎	○	●	√	—	低	中	40~60	—
人工土壤渗滤	●	○	○	●	—	○	○	●	—	√	高	中	75~95	好

注：1. ●强；◎较强；○弱；2.美国流域保护中心提供的去除率（SS）数据。

我们可以将表6-6作为参照表,根据不同的用地功能、构成、土地利用布局、水文地质来选择低影响开发设施。

对低影响开发设施的选用要科学合理,并根据地块现状选取设施组合(图6-11),高效地纳入周边的雨水径流,从而达到对径流总量、峰值、污染、雨水资源化利用的控制目标。

表6-6 各类用地中低影响开发设施选用一览表

技术类型 (按主要功能)	单项设施	用地类型			
		建筑与小区	城市道路	绿地与广场	城市水系
渗透技术	透水砖铺装	●	●	●	◎
	透水水泥混凝土	◎	◎	◎	◎
	透水沥青混凝土	◎	◎	◎	◎
	绿色屋顶	●	○	○	○
	下沉式绿地	●	●	●	◎
	简易型生物滞留设施	●	●	●	◎
	复杂型生物滞留设施	●	●	◎	○
	渗透塘	●	◎	●	○
	渗井	●	◎	●	○
储存技术	湿塘	●	◎	●	●
	人工湿地	●	●	●	●
	蓄水池	◎	○	○	○
	雨水桶	●	○	○	○
调节技术	调节塘	●	◎	●	○
	调节池	◎	◎	◎	○
转输技术	转输型植草沟	●	●	●	◎
	干式植草沟	●	●	●	◎
	湿式植草沟	●	●	●	◎
	渗管/渠	●	●	●	○

续 表

技术类型 （按主要功能）	单项设施	用地类型			
		建筑与小区	城市道路	绿地与广场	城市水系
截污净化技术	植被缓冲带	●	●	●	●
	初期雨水弃流设施	●	◎	◎	○
	人工土壤渗滤	◎	○	◎	◎

注：●宜选用；◎可选用；○不宜选用。

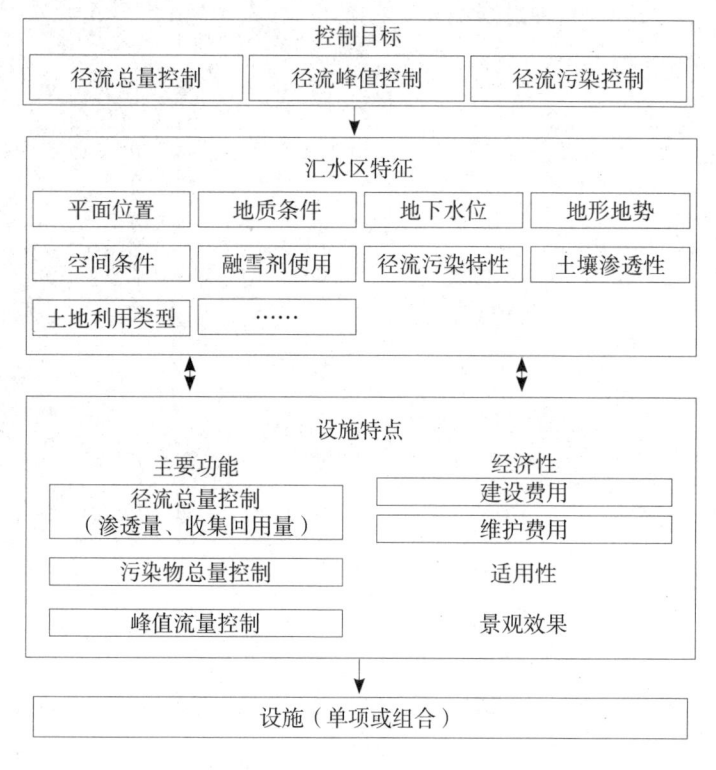

图6-11 低影响开发设施选用

（四）设施规模计算

《指南》第四章第八节中明确规定了低影响开发设施的设计规模要根据不同项目的控制目标及设施在具体应用中发挥的功能为计算原则，并根据这一原则来选择不同的计算方法。如果要对低影响开发设施进行设计就要将径流总量、峰值与其污染综合控制目标等纳入考虑范畴。另外，还要综合运用以上方法进行计算，并选择较大规模的设计。比上面的方法还要略胜一筹的是利用模型模拟方法确定低影响开发设施规模。

《指南》第四章第八节详细介绍了容积法、流量法、水量平衡法等一般计算方式，并分别给出了以渗透为主、以储存为主、以调节为主和以转输与截污净化为主要功能的设施规模计算方法。在具体实践中，园林景观规划设计师需与涉水相关专业工程师一道，根据目标和原则、场地条件和设计要求，合理布局低冲击设施，保证景观功能与绿色雨洪管理功能的和谐。

第七章 海绵城市设计技术

第一节 雨水回收利用及其他雨水管理技术

雨水回收利用的目的是实现低能耗用水，不仅具有节约用水和收集雨水的作用，还具有缓解雨水内涝问题、减缓地下水下降问题、控制污染源问题的作用，从而可以改善生态环境。

一、景观雨水收集主要途径

（一）构建下凹式绿地

下凹式绿地对雨水收集起着重要作用，可以增加雨水在绿地中的滞留时长。一方面，可以充分利用土壤对雨水的过滤和截污的作用，提高下渗雨水的质量，改善地下水环境；另一方面，使雨水在土壤中的贮存量与入渗量不断增加，节约景观用水，增加地下水资源量。下沉式绿地通过合理的地形设计，将雨水口设在绿地内（高于绿地高程而低于路面高程），使绿地蓄满后再流入雨水口，进而促使道路、建筑物和铺装区上的雨水径流能够首先流入绿地，使植物根系充分发挥对雨水径流中的杂质和悬浮物等的净化作用，有效提高下渗雨水的质量。另外，绿地具有很强的渗透能力，可以对降水与渗透的不平衡情况进行弥补，消减径流量以及洪峰流量，尤其是在暴雨的情况下，植物根系会更明显地发挥下沉式绿地的蓄渗和减洪效果。

（二）应用透水性铺装与结构

硬质铺装面积的扩大对生态环境，包括城市景观、降雨径流等产生了不良影响，而在景观设计中合理选择、广泛应用透水性铺装材料可以促进雨水的下渗，进而控制地下水位下降，以改善地下水环境，同时也能保证场地设计功能。透水性铺装材料可以收集雨水和回灌地下水。透水性铺装材料尤其有利于缺水地区，在遇到下雨的情况时，透水性材料能够使雨水迅速渗透到地下，增加地下水含量，也可以调节空气湿度，净化空气。透水性铺装材料，尤其是高强度的陶瓷透水砖，强度高、耐滑、防滑性好，具有很多优良性能。它可以应用于多种场合，比如停车场、人行道、步行街等。透水沥青路面也是一种很好的铺装材料，它的透水能力是一般亚黏土的60倍，具有极高的渗透能力，透水率可以达到1500mm/h，相较于传统沥青路面，它的各项性能都优于传统沥青路面，并且不会增加投入，使用寿命也可以延长五年以上。

（三）利用景观水体

景观水体除了可作为一种独特的景观起到美化环境的作用，还能够通过合理有效的结构设计，最大限度地收集汛期的雨水，通过适当的净化处理，在满足景观用水的同时，用于景观植被，实现景观降雨的零排放，增加可用水资源的总量，使城市水资源危机得到有效缓解，最终改善城市环境。景观区域内由大量软性和透水性下垫面组成，依靠其景观水体自身具有的天然调蓄作用，能够调蓄景观内的天然降雨。在景观设计中可以充分利用溪流、河道、喷泉和人工湖等水景，并配置合适的引水设施，达到有效储存雨水径流的效果。

二、景观雨水回收再利用系统

雨水收集、过滤和再利用的整个过程构成了一个有机高效的整体。人们可以充分利用碎石沟渠系统、植草浅沟系统、集蓄池和砂床过滤系统（如图7-1所示）的收集雨水的作用，收集屋面雨水、路面雨水、绿地雨水和场地雨水。

经过蓄积的雨水，它的水质经过沉淀、过滤、吸附和消毒等一系列流程后，大体上可以达到景观用水的标准，可用于景观湖补水、喷泉和洗车等对水质有较高要求的用水点，集蓄池的溢流可以直接排放到市政雨水管。为了便于调节和管理，景观湖和喷泉水景都要预留自来水补水口。

图7-1展示的雨水收集利用系统比较科学合理，针对屋面雨水、路面雨水、绿地雨水和场地雨水，采用最优方式进行收集，然后对它们进行再利用，对水资源进行充分利用的同时，又起到了节约的作用，对环境的可持续发展有着重大意义。

下渗碎石沟渠、植草浅沟和砂床过滤三部分构成了景观对雨水的收集过滤机制。

（一）下渗碎石沟渠

下渗碎石沟渠是附近汇水区域的低势区，以多种粒径的碎石为主要结构的线型集水槽。地表径流在汇水区进入碎石沟渠后，通过碎石层慢慢下渗，经过碎石的物理结构和生长的生物膜的过滤以及降解作用之后，使水质得到净化，最终作为景观湖的补水水源。

图 7-1 景观雨水收集利用系统

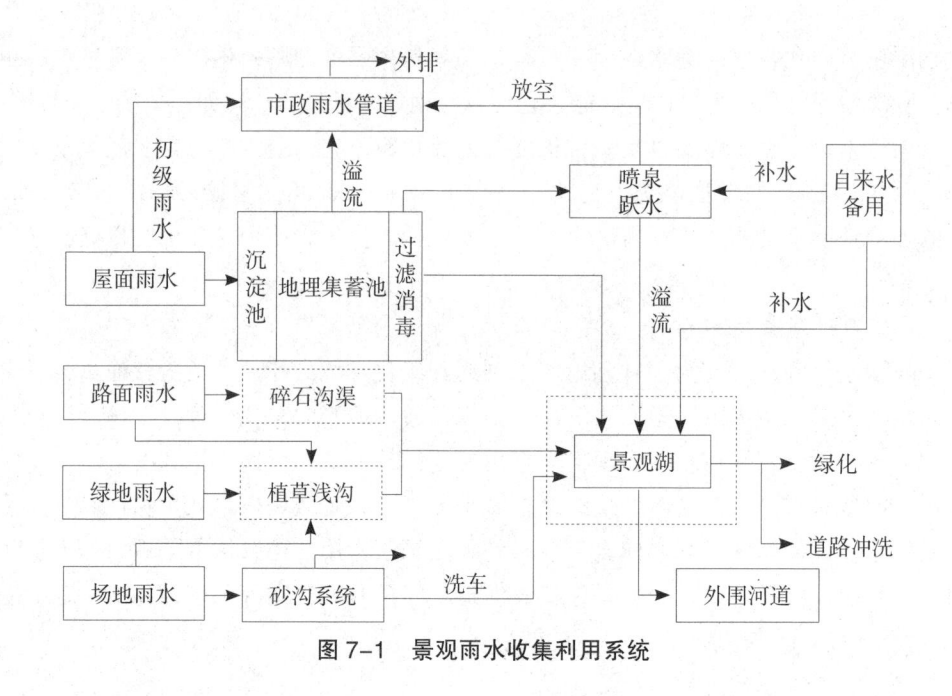

（二）植草浅沟

植草浅沟就是在地表沟渠中种植草本植物，在雨水径流流经植草浅沟时，充分利用生物降解和植物吸收等手段来降低径流中的污染物量，进而控制径流污染和收集利用雨水。于植草浅沟设计中，需要充分思考到浅沟净化水的能力，浅沟表层可以种植耐淹的植物。例如结缕草、狗牙根和其他禾本科草本，用于收集景观中大部分的非透水性道路中的径流及绿地径流，此后可直接汇入暴雨塘内暂时得到储存。

（三）砂床过滤

砂床雨水系统由前置池、过滤砂床、集水井等构成，是一种主要依靠细砂过滤的雨水收集系统。为达到降低地表径流冲刷作用和去除径流中颗粒物的目的，前置池深度至少要在 80 厘米以上。之后，地表径流再经过砂床过滤与处理以后流入集水井。该系统有利于净化雨水，并且其效果明显好于碎石浅沟和植物浅沟等雨水收集处理设施。

雨水自然渗透系统可以促进生态环境的可持续发展，不仅可以有效地补充原位地下水以优化地下土壤结构，还能减少对雨水管网系统的投资和雨水径流量。雨水通过土壤和绿地等有组织的自然渗透，可以补充原位的地下水，这令雨水渗透系统成为生态景观的主要部分，具体表现为景观水体、蓄渗等形式。雨水自然渗透系统可以利用景观道路边沟、绿化池或绿化带、透水铺装等，结合雨水管网蓄渗与排放雨水。雨水通过景观道路上的绿化带或绿化池，自然下渗，之后的雨水通过雨水口进入绿化带或者绿化池内的下凹洼地。只有当洼地内雨水蓄满后，雨水才可以通过洼地边缘的溢水口流入雨水管网系统。绿化带或者绿化池内的蓄水通过自然渗透深入土壤，能够有效地补充原位地下水。

雨水回收再利用主要指雨水再利用、缓排和蓄渗，按途径可以划分为以下两个方面：一是通过绿地与土壤等让雨水进行有组织的自然渗透，进而能够补充原位地下水；二是通过在雨水收集容器滞留雨水，经过雨水处理设备净化之后，将它们优先作为中水、道路浇洒或灌溉用水等用水水源。

三、其他雨水管理技术

（一）植被过滤带

植被过滤带上通常覆盖着植被（主要是草皮），汇流面通常呈水平布置，用于接收上游汇流面的大面积分散式片流而建造在较平坦的地方，可以用于处理街道、高速公路以及停车场等小流域的径流。植被过滤带根据设计方法与功能的差异，可分为缓冲带、草滤带、人工过滤带和滨水植被缓冲带等，还可以设计为滞留带、滞留花园、雨水花园和生态树池等多种生物滞留设施。

在植被过滤带的作用下，通过其中土壤的渗透与吸附作用和植被的过滤与拦截作用去除污染物，主要功能有：（1）形成较好的观景效果，易与其他技术措施或者不透水区域自然连接；（2）作为雨水后续处理的预处理措施，联合使用其他雨水管理技术，以减少其他技术的维护费用，延长使用寿命，提高整个系统的能力；（3）发生大暴雨时，植被可以保护土壤不被冲刷，减少水土流失；（4）有效拦截和减少有机污染物以及悬浮固体颗粒。

（二）生物滞留设施

生物滞留设施利用的是有效的雨水自然净化与处置技术，通常会建在地势较低的区域，通过更换人工土或者直接利用天然土壤以及种植植物来净化、消纳小面积汇流的初期雨水。生物滞留设施自然美观，形同景观，且运行管理简单，建造费用也比较低。生物滞留设施的主体单元主要包括植物、种植土、蓄水层、填料层、树皮覆盖层以及砾石层。如果需要排入水体或者有回用要求时，还可在砾石层中埋置集水穿孔管。为防止颗粒物堵塞穿孔收集管，可以在砾石层和填料层之间铺设一层细砾石或者砂层。生物滞留设施可以设计成滞留带、滞留花坛、雨水花园及生态树池等。

生物滞留设施适用区域广、径流控制效果好、形式多样，且容易与景观结合，建设和维护费用较低；但地下水位低、土壤渗透性能差和岩石层地形较陡的地区，必须采取防渗、换土和设置阶梯等一些必要的措施以避免发生次生灾害，因而会增加建设费用。

（三）雨水湿地

雨水湿地是一种高效的控制地表径流污染的设施。雨水湿地植物覆盖率较大，它利用的是在地下水位接近地表或有充足空间形成一个潜水层的洼地。雨水湿地可以有效控制污染物排放，削减洪峰，调蓄并减少径流体积，减轻对下游的侵蚀。雨水湿地具有缓冲容量大、投资低、处理效果好、操作管理简单、运行维护费用低及低能耗的特点，是一种优秀的水体景观，同时它还可以为大量的动植物创造良好的生境。

（四）绿色屋顶

绿色屋顶在建造时，基质深度的确定需要依照屋顶荷载和植物需求。在种植乔木时，花园式绿色屋顶的基质深度可以超过600mm；简单式绿色屋顶的则通常不超过150mm。坡度≤15度的坡屋顶建筑以及符合屋顶荷载和防水等条件的平屋顶建筑均可以建造绿色屋顶。绿色屋顶有利于促进节能减排，能够有效地减少径流污染负荷及屋面径流总量，但对屋顶荷载、坡度、防水和空间条件等的要求十分严格。

第二节 绿色设计技术

城市的发展带来一系列负面影响，例如，土壤污染、水污染、雾霾和热岛效应等，使生态环境遭到严重的破坏。在海绵城市的设计中，遵循绿色设计的理念，整体上坚持环保、可持续和资源节约等生态理念，充分利用绿地对雨水的净化、调节、存储和利用的作用，减少径流污染，并补充地下水来实现雨水的循环利用。海绵城市的绿色设计主要应用于道路、建筑、绿地和公园等方面。

一、绿色建筑雨水利用

（一）绿色建筑与海绵城市

绿色建筑是指，在建筑的整个寿命周期之内，实现与自然和谐共生，最大限度地节约资源（节水、节地、节能和节材等），将污染降到最低以保护环境，为人们提供安全健康和舒适高效的使用空间。其生态核心是通过节约能源和资源，减轻建筑对环境的负荷，使人、建筑和自然环境三者实现循环生态可持续。

在城市建设中，建筑面积占了绝大部分，因此，利用建筑雨水是城市雨水利用的重要组成部分。若建筑可以如海绵般有"弹性"，能够吸水、渗水、蓄水、净水，做到节水节能，那么就可以实现建筑的"绿色化"，体现了海绵城市建设的理念。所以，绿色建筑有利于建设海绵城市。

（二）绿色建筑雨水利用效益

1. 资源效益

建筑雨水收集利用可以补充城市水源，充分利用自然资源。它可以增加地表水水资源量，疏解城市集中用水，缓解城市供水压力，减少市政集中供水量。

2. 社会效益

雨水是城市水资源利用的重要来源，建筑是居民活动最广泛的场所，雨水和建筑与每一位居民的生活都息息相关。因此，加大绿色建筑雨水利用在社会中的推广，以及在日常生活中普及雨水收集利用知识，开展雨水利用实践活动，对提升居民的环保节水意识和循环生态可持续观念具有重要意义。

3. 经济效益

建筑雨水利用在增加可用水量的同时也容易实现就近用水，减轻城市给排水设施的负荷，降低城市供水设施的规模，也降低了污水废水处理量，从而节省城市基建投资与运行费用。利用雨水也能够间接减少因为水资源短缺或洪涝干旱灾害而造成的国家财产损失。所以，雨水资源的循环利用对社会经济具有减投增收的作用。

4. 生态效益

高效利用建筑雨水资源，有利于补充城市地表水与地下水，有利于保护周边生态环境及修护生物生境，也可以缓解地下水位不断下降和海水入侵等环境问题。建筑雨水的利用极大地降低了由雨水径流产生的面源污染，减少了城市雨水的外排量，进而改善城市水环境污染状况。

（三）绿色屋顶雨水利用技术

屋面径流是建筑雨水径流的直接来源，实现绿色建筑的关键理念是有效地科学管理降落到屋面的雨水，减少城市地表雨水径流量，从而减轻城市污水处理设施和给排水设施的负荷。按照海绵城市建设理念而提出的绿色屋顶概念，是低影响的雨水开发设施，同时，绿色屋顶也是绿色建筑中必不可少的工程设施，具有重要的生态学意义，要求通过植被种植来绿化屋顶景观，同时净化、存蓄和资源化利用雨水。具体收集处理示意见图7-2。

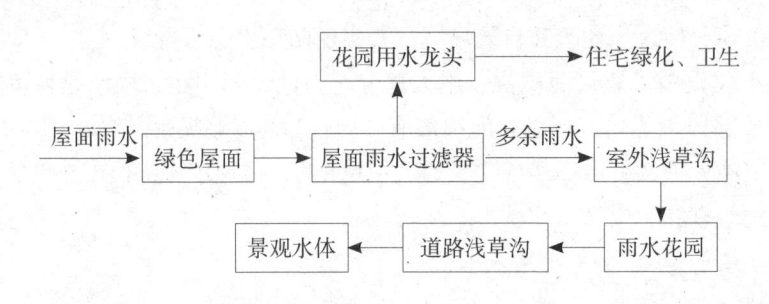

```
屋面雨水 → 绿色屋面 → 屋面雨水过滤器 → 花园用水龙头 → 住宅绿化、卫生
                                    多余雨水 → 室外浅草沟 → 雨水花园 → 道路浅草沟 → 景观水体
```

图 7-2　屋顶雨水收集处理流程图

1. 绿色屋顶的结构

绿色屋顶的种植区构造层按照由上至下的顺序分别为植被层、基质层、隔离过滤层、排（蓄）水层、隔根层和分离滑动层，隔离过滤层、隔根层、排（蓄）水层、和分离滑动层在所有结构中尤其重要（注：坡屋面种植土厚度小于150mm不宜设置排水层）。基于植物景观布置的复杂程度和种植基质的深度，绿色屋顶可以划分为复杂式和简单式。复杂式绿色屋顶不仅种植乔木、灌木和地被植物，还应该布置园林小品或园路；简单式绿色屋顶只可以种植低矮灌木和地被植物。

2. 绿色屋顶的设计

绿色屋顶对屋顶的荷载、坡度、防水、空间条件等有严格要求。复杂式绿色屋顶宜占屋顶面积60%以上，简单式绿色屋顶宜占屋顶面积的80%以上。

绿色屋顶构建最先要计算屋面荷载，已有屋顶改造必须保证荷载在屋面结构的承载力范围之内，新建的绿色屋顶在计算荷载时必须包括将种植的荷载。然后，依照计算结果选择种植方式（简单式/花园式）、屋面的构造系统（轻型/重型）以及种植土类型，其中种植土宜选用饱和水容重轻，透气性能好，不易板结，病、虫卵和杂草少，肥力相对瘠薄的园田土、改良土以及无机复合基质。确定防水保护层、植物种类与保温隔热材料。其中，防水保护层要耐根穿刺，如果一个地区常年有六级风以上，那么它的屋面不适宜种植乔木，不适宜种植速生性乔、灌木及根系刺穿性较弱的植物；除此之外，还要设计照明和排水系统等。此外，绿色屋顶还应与储水池结合应用，储存多余的雨水用于浇灌，具体设计、施工技术可参考《种植屋面工程技术规程》（JGJ155）。

二、下沉式绿地设计及公路绿化带设计

实现传统的城市雨水管理和内涝防治，往往是通过建设大规模的市政基础设施和管网来实现的，但这种传统方式所产生的弊端日渐暴露。随着城市逐渐提高对雨

水管理的要求，一种新型的管理雨水方式——下沉式绿地——逐渐赢得人们关注，该种雨水渗透方式完美结合城市景观和城市雨水防治工程，为雨水的收集过滤提供了一种全新途径。

（一）下沉式绿地的设计流程

下沉式绿地的设计主要包括以下三个流程：

（1）按照项目规划，确定下沉式绿地的服务汇水面。

（2）综合下沉式绿地服务汇水面的有效面积，设计土壤渗透系数和暴雨重现期等相关基础资料，有效利用规模设计来计算图并合理确定绿地面积和它的下沉深度。

（3）通过绿地周边条件和淹水时间对设计结果进行校准。校准通过则设计完毕，否则重新确定服务汇水面积。

（二）下沉式绿地设计要点

目前，针对下沉式绿地的基本参数我国已有一般性规定，如北京雨水控制利用规范明确指出"下沉式绿地应该低于周围道路和铺砌地面，下沉深度适宜为50mm～100mm，且不大于200mm"。但在实际的工程项目中，场地不同，其土壤渗透条件、绿地率和雨洪控制目标等方面也不同，存在一定的差异性，因此下沉式绿地的设计参数的合理确定应该基于场地条件，而不能照搬规范中的统一标准。

计算原则：雨水渗透的水量平衡原理是下沉式绿地设计遵循的基本原则，其表述如下：

$$Q = S + U \tag{1}$$

其中，各部分涉及参数如表 7-1。

表 7-1　下沉式绿地设计参数表

符号	含义	单位
Q	某一时段内下沉式绿地总入流量，即设计控制容积	m³
S	下沉式绿地雨水下渗量	m³
U	下沉式绿地的蓄水量	m³
ψ	综合径流系数	参考国家规定
h	设计降雨量	mm
F_n	服务汇水面积	m²

续 表

符 号	含 义	单 位
F_g	下沉式绿地面积	m^2
k	土壤稳定入渗速率	m/s
J	水力坡度	垂直下渗时为1
T	蓄渗计算时间	60min
H	下沉绿地高度	mm

雨水设计控制溶剂 Q，存在以下关系：

$$Q = 0.001_h (\psi F_n + F_g) \tag{2}$$

下沉式绿地雨水下渗量，存在以下关系：

$$S = 60_k JF_g T \tag{3}$$

下沉式绿地蓄水量，存在以下关系：

$$U = 0.001 HF_g \tag{4}$$

以上（1）~（4）式描述了下沉式绿地设计的各部分计算方法，可根据需要进行推导，其中，下沉式绿地高度 H 是较为敏感的数据，不但关系到绿地的蓄水功能，且与工程成本密切相关。

（三）建设下沉式绿地的注意事项

在不适宜建设地区，盲目建设下沉式绿地，尤其是改造原有绿地为下沉式绿地时，会带来如下不良后果：①破坏表土与植被；②暴雨多发时，由于雨水长时间淹没，植物可能死亡，且大规模单一的耐水植物不利于物种的多样性，并影响景观建设；③地震、战争等灾害和大雨同时发生时，下沉式绿地无法实现防灾功能。

建设下沉式绿地时，以下问题值得关注：①下沉式绿地的蓄水量应经过科学计算，并非越多越好。当城市人口集中或需要修补地下水的漏斗时，可以考虑多截留一些雨水，但应尽量减少对地域原生态水平衡的影响。②因地制宜进行建设。对于全年降水量极少的干旱城市，适合建设下沉式绿地；在暴雨多、降水量大的城市以及地下水位很高的城市需慎重建设。

（四）下沉式绿地在公路上的运用

通常情况下，传统的公路两侧绿地会高于公路表面，采用挡土墙和护坡的形式保护公路。当遇到暴雨等情况时，冲刷产生的淤泥、石子等杂物很可能导致车辆通行不畅，甚至威胁生命财产安全。在公路两侧设置下沉式绿地，能够有效拦截与缓存冲刷下来的泥土与石子，也可以促进道路排水。

（五）下沉式绿地的设计优化

下沉式绿地的设计应注意以下几方面：

（1）遵循设计原则。设计原则包括三方面：① 保证雨水径流流向下沉式绿地，在地面硬化时，将其坡度设计朝向下沉式绿地。② 路缘石高度需要与周边地表持平，促进雨水径流分散流向下沉式绿地，如果路缘石高于地表，则宜在其周边设置适当缺口。③ 溢流口应位于绿地中间或与硬化地面交界，高程应低于地面但高于下沉式绿地。

（2）景观辅助。目前，下沉式绿地的设计仍以功能为主，忽视了其作为景观和优化生态环境的作用。为了丰富下沉式绿地的设计手法，可采用与其他人造景观类似假山和座椅等结合的方式，也可以与其他雨水设施相结合，提高下沉式绿地的观赏性；在植物的选择上，为了丰富绿地景观，可选择多种耐水性植物交错种植，形成耐水植物体系。

（3）关注植物淹水时间。为了保持土壤的渗透条件，下沉式绿地项目区域应避免重型机械碾压，对已夯实的区域可利用加入多孔颗粒和有机质的方式调节土壤结构，对于渗透性较差的地块，可掺加炉渣以增强土地渗透力，缩短植物的淹水时间。若绿地淹水时间较长，可采取以下两种方式：① 综合考虑整个绿地的日常维护用水量，适当增加绿地面积并调整绿地下沉深度；② 适当减少绿地下沉深度，并配合透水路面、渗透渠及其他设施满足雨水排放的设计要求。

三、低影响开发（LID）与植物配置

所谓低影响开发（LID），即指利用水系、道路和城市绿地等调节空间吸纳、存储和净化雨水，减少地表径流。其中，微生物、植物根系和土壤的综合作用，使绿地系统能够吸收与降解雨水中的污染物；合理的植物配置也可以通过植物与微生物来吸引昆虫和鸟类栖息，进而修复自然生境、改善水气环境，并营造良好景观环境。所以，植物配置与土壤选择会起到极其关键的作用。

（一）植物配置分析

基于地区降雨的特征、滞留量、生态滞留池等级、滞留池深度与常年积水深度，通常把植物划分为三个区："区域一"应选择根系发达、净化能力强的湿生植物；"区域二"应选择耐湿、抗旱及净化力强的半湿生护坡植物；"区域三"主要是由于在生物滞留池外，生境受到生物滞留池的影响小比较，所以应遵循当地的景观植物配置原则，合理种植耐湿耐旱植物以及水陆两栖乔木、灌木和适当草本。

植物类型主要推荐挺水草本植物类型，这类植物包括茭草、香蒲、芦苇、水莎草、纸莎草、旱伞竹、皇竹草、荐草和水葱等。它们的共同特性为：① 可以在无土环境中生长；② 是本土优势品种，具有比较强的适应能力；③ 生长量大，根系发达，生殖生长和营养生长并存，对 N、P 和 K 的吸收都很丰富。

依照植物的根系分布深浅及分布范围，将推荐植物分为深根丛生型和散生型。其中，深根丛生型的植物根系分布深度通常超过 30cm，分布面积不广且较深。地上部分丛生的植株，如芦竹、旱伞竹、皇竹草、野茭草、纸莎草和薏米等。基于这类植物的根系接触面广，入土深度较大，配置栽种于"区域一"更利于发挥其净化的性能。深根散生型植物根系通常分布于 20cm 到 30cm 之间，植株比较分散，这类植物有水葱、水莎草、香蒲、菖蒲、荐草和野山姜等，该类植物的根系入土深度也比较深，所以适合配置栽种于"区域二"。

（二）植物选择原则

根据生物滞留池区域选择合适的植物要满足以下要求：

1. 选用耐涝为主兼具抗旱能力的植物

雨水花园中的水量因受降雨影响，出现满水期和枯水期交替的现象，所以需要选择既抗旱又适应水生环境的植物。

因此，适宜选择生长快速、茎叶繁茂和根系发达的植物。

2. 选择本地物种

本土植物会很好地适应当地的土壤、气候条件和周边环境，具有维护成本低、去污能力强并具有地方特色等特点。

3. 选择景观性强的植物种

雨水花园一般选择耐湿、耐水且植株造型优美的植物作为常用植物，有利于维护管理和景观塑造。

可通过芳香植物吸引蜜蜂、蝴蝶等昆虫，以创造更加良好的景观效果。

4. 选择维护成本低的植物种类

多年生观赏草和自衍能力强的观赏花卉以及水陆两生的植物比起传统园林观赏植物的优势在于生命力顽强，抗逆性强，无须精心养护，对水肥资源需求甚少，能够达到低维护的要求。

（三）土壤条件

生物滞留池土壤需满足四大需求：

（1）高渗透率。

（2）在满足高下渗的条件下拦截污染物。

(3)满足植物生长条件。

(4)适当选择肥料。

(四)植物的后期维护

传统的景观植物需要维护,同样生物滞留池植物也应持续维护,由于LID的自然功能与联通水体的特殊性,LID植物维护与传统的景观维护又有其不同,主要表现在以下四个方面:

1. 灌溉

一般的植物需2～3年长成,长成之后本地植物不需过多灌溉即能成活,但植物遇到旱季应及时灌溉,防止植物萎蔫;在雨季,灌溉频率必须控制适当,避免灌溉过量。

2. 应及时修剪清除杂草

可选择自然的方法和产品除草,不要在生物滞留池中使用除草剂和杀虫剂,因为除草剂和杀虫剂对水生动植物具有潜在的毒性。可利用自然的方法和产品抑制杂草和害虫,如夜间人工光源诱导。

3. 堆肥护根

护根用于保持生物滞留池水分,防止植物根系腐烂,抑制杂草生长。护根设施需定期维护更换。护根要选用堆肥护根,树皮护根会在暴雨时被冲走,在暴雨后应及时检查。

4. 施肥

选用最好的堆肥或黄金液体活性菌肥代替施肥,给土壤提供营养和有益菌。护根堆肥的时间应选在每年的春天,或者在每年的5月至6月之间喷施黄金液体活性菌肥。

四、城市绿地与城市公园的空间格局设计

城市绿地是由公共绿地(包含公园绿地)、生产绿地和防护绿地等组成的绿化用地,具有生态、景观和休闲游憩等作用。目前,在绿地设计时,一般会额外注重社会功能、吸尘降噪和景观精造,通常会忽略掉比如缓解雨季内涝问题和水污染防治问题等减灾功能,使城市空间形式单一,降低绿地利用率。大面积的城市绿地作为良好的"海绵体",具有雨水入渗、储存、调节、转输和截污净化等作用。近年来,我国的水污染、土壤污染和大气污染等问题突出,我国南方许多城市发生了比较严重的洪涝灾害,严重影响了人们的居住环境,降低了生活质量。因此,将城市绿地、景观工程和雨洪设施结合起来,进行空间格局打造和绿地系统规划,可以从根本上

解决城市雨水径流污染问题,从源头上解决城市内涝问题,改善城市微环境。

城市在进行绿地规划时,要打造一个完整有活力的绿色空间网络,应注意各类城市绿地的合理布局,以及它们与城市内外的有机结合和它们之间的相互紧密连通,使社会、经济、生态效益实现最大化。城市绿地的空间格局涵盖绿地的分布、数量和组成以及与周边的联系等,它是否合理,是城市绿地能否更好发挥生态服务功能的决定性因素。下面主要从不同的尺度进行城市绿色空间格局规划。

(一)城市绿地网络构建

城市绿地网络主要针对城市区域,结合城市各类绿地资源以及自然特征,以点、线和面绿色空间结构形式进行绿色生态基础设施网络的构建,协调各用地需求,充分发挥绿地雨洪管理和生态防护等功能,建设完整的城市生态防护屏障。

城市绿地网络结构主要由绿色廊道、生态节点和绿色斑块组成。廊道连接开放空间与各个点状的绿地,是绿地网络的骨架,也是一个线性场所,人们能够在此进行一些休闲运动和娱乐活动等。绿色廊道包括滨河绿带、绿道、绿篱、线性公园和公路等城市线性空间,形式多样化,具有良好的生态功能。生态节点,指的是如游憩区、居民区、街头绿地和城市公园等具有某些特征的集中点,"点"状空间是城市绿地系统的重要组成部分。绿色斑块,指的是呈较大组团状和面积较大的绿色空间,例如森林公园、大型主题公园等。

(二)基于低影响开发理念的绿地系统规划

低影响开发(LID)理念也是一种新的雨洪管理理念,主要通过源头对雨水进行收集、渗透和存储等,保护原有水文功能,有效缓解洪峰和减少地表径流造成的面源污染。技术措施主要有植草沟、雨水花园和蓄水湿地等。

基于低影响开发理念的绿地系统规划,主要目标是在规划时将雨水管理融入绿地建设当中,重视居住小区等小尺度的绿地规划建设,并将绿地、水系和城市市政管网有效地关联成一个有机整体,更好地对水资源进行疏导流通,从源头上消除城市内部洪涝灾害的隐患和控制径流污染。

第三节 生态基础设施设计技术

海绵城市通过建设绿地、湿地和可渗透路面等"海绵体"的生态基础设施,有利于解决城市径流污染控制和雨洪调蓄等问题。它的设计理念可以广泛应用于建设各类生态基础设施,确保可持续发展的多功能性。海绵城市建设理念在渗透铺装中应用极为广泛，对污水处理厂尾水处理及工程建设中水土流失防治也提供了新思路。

一、城市雨水管理系统设计

（一）城市水资源循环系统

城市水资源循环系统包括自然水资源循环系统和传统水循环系统。自然水资源循环系统是蒸发、水汽输送、凝结、降水、地表径流、下渗和地下径流的过程循环往复的自然过程，而城市传统水循环系统是指城市用水采用调水和区域打井形式，或者采用集中水厂供水（供水系统）形式，通过统一的地下管道系统，将产生的污水输送到污水处理厂，再净化后排放（污水排水系统），雨水则通过地下管道，远距离排放到地表水系（雨水排水系统）。

与自然水资源循环系统相比，城市水资源循环系统采用基础设施集中布置模式以及快产快排的雨水排水模式，导致城市宏观层面的自然水循环模式被破坏。它直接造成了大规模集中式污水处理厂的建设以及城市的内涝灾害。

（二）海绵城市雨水管理系统设计

海绵城市雨水管理系统设计针对雨水收集利用、排放、调蓄和渗透处理等问题采取一系列低影响开发措施，综合采用工程学和生态学的方法，以求实现城市防洪减灾，维护区域生态环境的目的。

1. 城市雨水管理系统设计理论依据

仔细研究阅读"低影响开发模式理论""可持续城市排水系统理论""水敏感性城市设计理论"和"城市基础设施共享理论"等基于径流源头治理的生态基础设施理论研究，可知这些理论主要强调的是雨水基础设施的资源化、减量化、源头处理、非共享、分散化和本地化等特征。

而基于上文分析的雨水基础设施规划现状问题，应结合径流源头治理的生态基础设施理论，在城市宏观层面提出"源头减排，过程转输，末端调蓄"的规划治理思路，在城市微观层面提出"集、输、渗、蓄、净"的设计治理手段。

2. 宏观层面上的城市雨水管理系统设计

按照"源头减排，过程转输，末端调蓄"的规划治理思路，结合城市绿地系统规划，将宏观层面上的城市雨水管理系统设计分为多级控制阻滞系统（居住区级雨水花园、小区级雨水花园和居住绿地级雨水花园）、滞留转输系统（下沉式道路绿地/植草沟和渗管/渠渗透）和调蓄净化系统（城市综合公园和湿地公园）。

将居住区公园、居住绿地和小区游园分级进行径流总量控制的规划，外溢的雨水径流通过线状的下沉式道路绿地（植草沟）和渗管/渠渗透，然后输送到市区级的综合公园。综合公园由雨水湿地、湿塘、调节塘和容量较大的湖泊等受纳调蓄设施以及雨水花园、下沉绿地和透水铺装等滞留渗透系统组成。城市综合公园应通过连通行泄通道、自然水体和深层隧道等超标雨水径流排放系统，将超标雨水通过该系统排到城市外部。在城市下游，结合城市污水处理厂中的水排放设置湿地公园，净化水质、削减洪峰并丰富城市景观。

3.微观层面上的城市雨水管理系统设计

依据"集、输、渗、蓄、净"的设计治理手段，结合雨水链设计理念，可以设计建造一系列雨水管理景观设施，包含"渗透技术"——透水铺装、雨水花园和渗井；"集流技术"——绿色屋顶和雨水罐，由工程化硬式转变为生态化软质；"传输技术"——渗管或渠和植草沟；"储蓄技术"——雨水湿地、湿塘和蓄水池；"净化技术"——植被缓冲带、初期雨水弃流设施、人工土壤渗滤。

在建筑与小区用地中，从"集流技术"到"净化技术"设施的空间布局应该由建筑屋顶靠近建筑，再远离建筑依次分布。

二、海绵城市渗透铺装设计

透水铺装通过与外部空气相互联通的一系列的多孔形结构来组成骨架。来自日本的混凝土铺装技术，可以满足交通使用、铺装强度和耐久性要求的地面铺装与护堤，基于适宜的铺装基层施工和强度较高的透水技术，优化透水性路面的景观与透水性能，使具有更强的耐久性和更高的强度。

（一）透水铺装于海绵城市的必要性

城市化的特征之一是城市中地表硬化占用很大一部分，主要原因是不透水铺装改变了植被、土壤和渗透层对水的天然循环属性，同时使一系列负面问题迅速产生，如热岛效应和洪涝灾害等。近几年，城市建设者已意识到由过度硬化而带来的严重危害，故而逐步倾向于全新的地面铺装——透水铺装，它具有生态保护、环境保护和水资源保护的功能。这不只是海绵城市建设的重要课题之一，也是城镇发展的必要措施，具有下列几方面的重要意义。

1.透水铺装与生态平衡

透水铺装最大限度地降低了"城市荒漠"的比例，尤其强调维持土壤湿度和地下水、水循环与土壤的生态平衡。

2.透水铺装与防洪安全

在短时间强降雨或者暴雨季节时，透水铺装通过雨水渗透可使城市排水系统的压力得到有效缓解，使径流曲线不断平缓，使峰值有所降低，同时使路面内涝和积水深度得到减缓，保证道路行人行车的安全，防止出现无雨旱灾和有雨洪灾的矛盾局面。

3.透水铺装与污染防治

雨水通过下部透水垫、透水铺装及其下部土壤的层层过滤和净化，减少了路面污染，也减少了二次污染。

4.透水铺装与雨水保持

透水铺装使雨水不再从地面直接流失，使蒸发量降低，地下水得到补充，故而能够缓解地下水位的下降，避免由于地下水的过度开采引起的地陷和房屋地基下沉等问题。

5.透水铺装与热岛改善

透水铺装有助于地表上的水分交换与空气流通，可有效调节空气湿度和温度，缓解"热岛效应"。

（二）透水铺装的技术原理

1.透水铺装的基本原理

透水铺装具有优良的透水性，孔隙率是主要的影响因素。基于透水铺装沥青混合料的孔隙率与透水性的关系研究，沥青路面透水性为急剧增长的拐点为8%的孔隙率。

透水铺装的孔隙率应高于8%，但依照应用的实际状况和总结的经验，透水铺装的孔隙率在15%～25%范围内较为合适，需要达到31～52L/（m·h），才能确保透水达到畅通的效果。基本步行道透水铺装示意图见7-3。

2.透水铺装对选址条件的要求

透水铺装包括自行车道、人行道、广场、园路和商业步行街等，在室外地面的用途非常广泛。透水铺装对选址有相当的要求，主要考察评估四个方面：人文条件、工程条件、气候条件和地质条件。

（1）人文条件

商业区、文体娱乐区、工业区和一些交通停滞区段的不同区域，交通停滞地段如交叉口、停车场和收费站等，其空气环境、路面要求、交通量、交通轴载和使用强度等有较大的差异，所以应充分考虑人文条件，将透水铺装应用于较适宜且必要的地区。其具体适应性见表7-2。

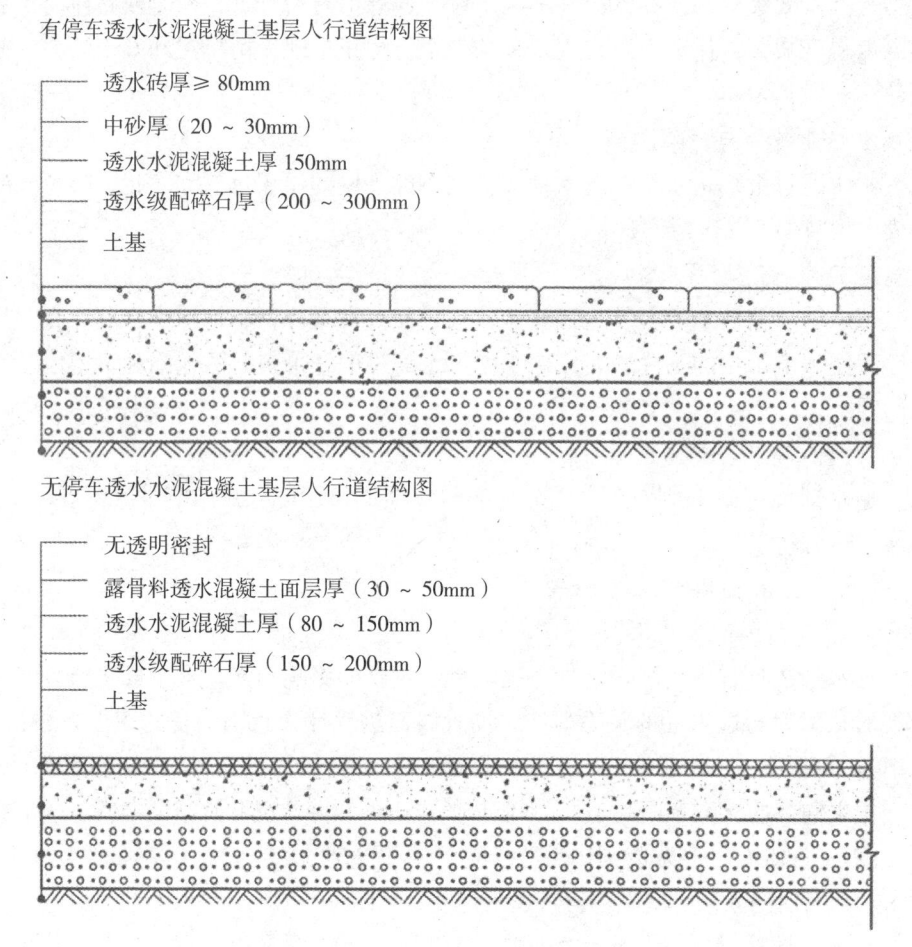

有停车透水水泥混凝土基层人行道结构图

— 透水砖厚≥80mm
— 中砂厚（20~30mm）
— 透水水泥混凝土厚150mm
— 透水级配碎石厚（200~300mm）
— 土基

无停车透水水泥混凝土基层人行道结构图

— 无透明密封
— 露骨料透水混凝土面层厚（30~50mm）
— 透水水泥混凝土厚（80~150mm）
— 透水级配碎石厚（150~200mm）
— 土基

图 7-3　基本步行道透水铺装示意图

表 7-2　不同区域人文特征及透水铺装适应性

不同区域	空气环境	交通特征	透水铺装适宜性	适用场合
重工业区	悬浮物多	交通量大，车辆轴载大	不适宜	——
轻工业区、高科技园区	悬浮物较多	交通量较大，车辆轴载较大	较适宜	人行道、非机动车道、绿地园路、设施设备区

续 表

不同区域	空气环境	交通特征	透水铺装适宜性	适用场合
商业区	悬浮物较少	交通量大，车辆轴载小	较适宜	广场、步行街、非机动车道、停车场
文体娱乐、住宅、休闲区	悬浮物少	交通量小，车辆轴载小	适宜	广场、人行道、非机动车道、绿地园路、停车场
交通停滞地段	悬浮物较多	交通量大，车辆轴载大	不适宜	—

（2）工程条件

在具体的工程条件阶段，透水的下渗方式为就地保留雨水或者当雨水下渗后排入固定区域进行保留，依照此方式来对透水铺装材料进行铺装方式的选择。

评价估测透水铺装的选址条件要全方位考虑人文与自然条件，然后进行反复的评估，细致严谨，最后做出合理可持续的决策，确保透水铺装的实用性、经济性、可行性。

（3）气候条件

参考发达国家的"设计雨型"含义，即综合考虑也许会出现的典型暴雨设计降雨量的时间分布、降雨强度和汛期降雨量，通过这个来评估使用透水铺装是否是有必要的，并确定合理的透水铺装类型。此外，也不能忽略湿度条件和温度条件，因地制宜，南北方湿度与温度条件不同，故而要采用不同的透水铺装技术。

（4）地质条件

地质条件是指原地基土所具有的性质。基于国内外的成熟经验，地下为不透水岩石屋、粉土或饱和度较高的黏性土不适合使用透水铺装，但是砂性土质的地基却适宜采用透水铺装。因此，依据基土的特质进行评价估测是否选择使用透水铺装是十分重要的。若基土不符合但又一定要使用透水铺装，则需要加固处理地基，甚至换土，同时需要注意与地面径流规划相结合，合理确定渗透率与径流量的比例，将渗透铺装载水和径流规划汇水融合。

3. 透水铺装的类型及特点

目前，透水铺装主要有三种类型：透水性沥青铺装、透水性混凝土铺装和透水性地砖铺装。

（1）透水性沥青铺装

透水性沥青的类型是半透水，只在道路表层使用，其路面结构形式和普通沥青路面类似,主要应用于广场、人行道、车行干道和园路。每隔一定距离需要在路边设置渗水井,使雨水统一储存于蓄水池以循环利用,或者通过渗水井渗透到路基之下。这种铺装需要在底面层两侧增加碎石排水暗沟,确保渗水能够通过路面底面层横向流入两侧的排水暗沟中。与此同时,在施工时,底面层需要注意控制道路的横坡坡度,确保道路耐久安全。

(2)透水性混凝土铺装

透水性混凝土的类型是全透水,通气性、保水性和透水性良好,它由特殊添加剂、水泥、水和骨料按照特殊配比混合而成,比其他地面铺装材料更生态、更优良。路面结构形式自上而下为无色透明密封,60mm~200mm 的透水混凝土、砂卵石或级配砂石及素土夯实。该铺装能够存储渗透到周围土壤中或者路基中的雨水,通常将它们应用于球场、公园和园林绿地等。除此之外,对于不同区域不同的降雨水平,能够适度增多附属排水系统、蓄水系统或联通市政管网。主要应用于道路承载较大的地段,如道路、通道、人行道、广场等。

(3)透水砖铺装

基于材质和生产工艺,可以将透水砖划分为两种类型:一种是以生活与建筑垃圾和废弃工业料等作为主要原料,通过粉碎、筛留、成形和高温烧制阶段而形成的陶瓷透水性地砖,透水性能良好;另一种是以无机的非金属材料作为主要原料,通过固化与成形而制成的非陶瓷透水性地砖,不需要进行烧制,且同样具有良好的透水性能。其中,陶瓷透水砖具有高摩擦系数和良好的透水性,可以通过实现废物的循环利用来节省资源、减轻污染,吸音效果与装饰效果也比较好,推广性很强。

此外,依照构成透水性地砖的原料,可以分为适用于广场和一般街区人行步道的普通透水性地砖,适用于高速路、广场、飞机场跑道及园林建筑的混凝土透水性地砖,适用于酒店停车场、豪华商业区、高档别墅区和大型广场的彩石复合混凝土透水性地砖,适用于市政、广场、停车场、重要工程和住宅小区人行步道的聚合物纤维混凝土透水性地砖和适用于水立方、"鸟巢"、中南海办公区、上海世博会中国馆和国庆六十周年长安街改造等国家重点地区生态砂基透水性地砖。

4.透水铺装的基本流程

透水铺装已在实践中形成高效合理的施工流程,是海绵城市生态环保可持续的铺装工程。主要有湿润浇筑、浅水维护、材料准备、材料搅拌、多次辊压、轻巧振捣。

5.透水铺装的后期养护

由于透水铺装的后期养护非常有必要,需充分对铺装的不同材质进行考虑,而不同材质具有的透水衰减率不同,因此需要采取的养护措施也不同,需要定期或不定期地使用专业设备对透水铺装进行清洗或进行高压冲水清洗，以冲走孔隙中的颗粒杂物，避免阻塞，确保透水率的可持续性，并有效延长透水铺装路面的寿命。由于摩擦系数大和存在空隙的问题，对透水铺装来说，在路面长期存在灰尘、砂土和油污等异物，渗透的雨水也会过滤道路上的杂物和空气中的灰尘，然后在透水垫层中出现吸附沉淀现象，透水孔隙易堵塞，不断降低透水率，严重的甚至丧失透水能力。对已有的一些透水铺装路面进行细致观察后发现，一般具有良好透水功能的时间只有一年，两年之后的透水性能会降低60%以上，使用4年以后已经基本上不透水。

三、分散式污水处理厂设计

污水处理厂将收集到的污水进行统一处理后，若无其他回用要求，通常将达标水质直接排放。当污水处理厂大量排放尾水至自然水体时，受纳水体的环境承载能力及水体生态环境将受到很大的挑战。因此，对污水处理厂排放的污水进行进一步处理，使之不直接进入自然水体，可以有效减少水环境压力。一种有效的解决方法就是使污水处理厂的尾水流经人工湿地系统加以过滤再排放至水体，可大幅提高水质（最高可达Ⅲ~Ⅳ类水），尤其对氮和磷的去除起到了很好的效果，使水体污染物变为植被营养物。

目前，污水处理厂主要有集中式污水处理厂和分散式污水处理厂两种。这两种处理厂有着各自的优点和缺点，并适用于不同开发建设强度的地区。相对于集中式污水处理厂，分散式污水处理厂更加灵活且针对性强，能对不同的水质进行专门处理。更重要的一点是，分散式污水处理厂占地面积小，基建和运行投资均较小。这意味着，对于分散式污水处理厂，我们只需修建小规模的绿地对尾水进行过滤消纳即可保证水质，而集中式污水处理厂则需要大面积的绿地过滤尾水，才能达到一定的水质标准排入自然水体。基于目前城市的发展状况，污水产生量巨大，土地资源紧张，建设大面积的湿地系统有一定的困难（尤其是对达成度高的城市）。因此，"化整为零"和建设分散式污水处理厂，保证水处理能力及尾水排放水质，更有利于土地资源的合理利用。

分散式污水处理厂的污水处理规模不大，但可生化性好，通常采用小型污水处理装置进行处理，其处理常用工艺包括厌氧生物处理、好氧生物处理和自然生物处理等。在海绵城市的设计中，多采用湿地系统处理尾水的再净化。

分散式污水处理厂出水后连接的湿地尾水处理系统即为"海绵体"，它承担了海绵城市的"蓄水和净水"功能。处理厂将尾水排入湿地系统后，经过植物、微生物与土壤的过滤和沉淀，水质进一步提升，达到更高的排放标准，然后排入自然水体，降低受纳水环境的消纳压力。

四、工程建设中水土流失防治

随着我国城市化的迅速发展，工程建设项目如水电、建设道路、开发房地产等不断增多，都会使水土流失出现，也会严重影响城市居民的生活环境质量。这些项目的建设破坏了原有的地形地貌，并可能会导致土壤表土的松动，进而产生大量的废渣废气，造成环境污染。海绵城市能够有效控制水土流失，主要是坚持有效结合保持水土和控制管理雨水的理念，使用低影响的开发技术，使地表径流有所减少，为城市水土保持工作提供了新思路。

（一）工程建设中水土流失的成因及其影响因素

立足于整体，水土流失的成因主要包括两大方面，即自然原因和人为原因。自然原因是在工程建设中产生水土流失的主要原因，其中自然因素有降水、土质疏松、植被稀疏、地表径流冲刷和风力侵蚀等。海绵城市建设可以从根源上对径流位置进行有效控制，增加雨水的下渗量，并减少水土流失。人为原因主要是场地平整与土方开挖回填等。人类不合理的活动加剧了水土流失的发展，加大了水土流失的强度。

简言之，在工程建设中，水土流失是自然原因和人为原因共同作用的结果。

（二）工程建设中的水土流失的防治原则

①因害设防，因地制宜。针对不同场地、环境、施工方法以及可能会发生的灾害等，采用的保护措施应有所不同，措施一定要合理且可操作，不要生搬硬套。②适宜当地环境，便于后期管理。在其工程阶段结束之后，一些临时用地如施工便道等，除另有的要求外，应恢复成原有土地利用类型。③优先生态，经济方便。选择建筑材料要选用既生态环保又经济合理的建筑材料，并遵循就地取材和重复利用的原则。

（三）工程建设中的水土流失的控制

1. 前期分析及预测

工程建设实施的前期过程中，对于由工程建设引起的水土流失，要科学分析并有效预测流失量，进而制定可以在施工现场施行的水土保持方案。在前期分析时，对于其特定的工程建设，应该充分了解其地质水文情况、项目类型和水土流失的现状、特点和成因等情况，进而选用适宜的测定方法，切实做到从实际出发，具体问题具体分析。

在评估工程建设中，预测产生的土壤侵蚀，其方法有实地测量法、经验法、数学模型法和通用土壤侵蚀方程（USLE）等。

2. 工程建设中的水土流失防治的一般性措施

水土流失采用的防治措施应遵循因地制宜的原则，并考虑实施的经济效益、景观效果和可行性，主要应使用植物护坡技术，将植物与土壤有效融合为一个渗、储、调、净等功能的海绵体。具体主要包括下列几个方面：① 建筑及周边区域。为了防止对土壤的冲刷造成的水土流失，并减轻雨水管网的压力，该地区重点通过控制源头和土地下渗的方式来控制雨水径流。具体措施有雨水花园和湿地等。② 城市道路。城市道路两边的绿地改设成下沉式，和以前相比，最大限度地净化和利用雨水，地下的雨水口和连接管也直接把雨水送去了市政管网中。其中，植物要选既抗旱又不怕湿的，净化能力较强的。③ 河流、水库以及水源地等生态敏感区。这些区域的水土保持极为重要。④ 山体。不同的地区要用不同的方法来保护生态。坡度大一点超过35度的就比较敏感，要用喷浆和石笼的方法来保护；坡度稍微小点的介于15度到35度之间的，可以植被和梯田结合起来保护；5度到15度的坡度较小的区域可增强坡度上的绿化，也可以修筑一些急流槽来减轻径流对山坡的冲击。保护坡度的植物最好是地带性的，不同的植物扎根深度不同，要乔、灌、草有机结合。

第四节　雨水花园设计技术

一、雨水花园的概念

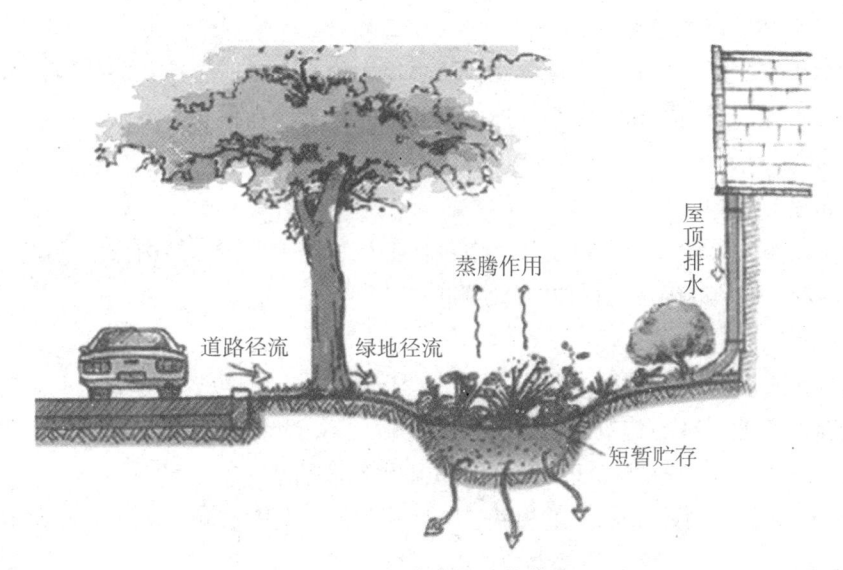

图 7-4　雨水花园工作模式

雨水花园是利用自然的或者人工的凹地，栽种一些可以保护环境，净化雨水空气的植物的专类工程设施。它具有收集雨水，保留干净雨水，减少径流量（图7-4）的作用。总而言之，雨水花园就是为了有效地净化和控制收集雨水，其性质更类似于一个偶然的雨水处理池。它的所需经费比较低，管理起来也很方便，所以可以用于城市建筑和居民区等。

二、雨水花园的设计

（一）雨水花园的设计原则

1. 因地制宜

根据绿地的地区和性质合理地在原有地形上建设。

2. 经济美观

尽可能地降低所用经费，兼顾景观的美观性和实用性，与环境相协调。

3. 生态优先

在设计建筑和材质上要最大化地做到与自然统一，进行仿生设计。

（二）雨水花园的类型

1. 以控制雨洪为目的

建筑雨水花园主要是为了储蓄和渗透雨水，设计结构较简单，多用在居民区这种没有太大污染的地域。

2. 以降低径流污染为目的

雨水花园不仅可以储蓄渗透雨水，还可以对雨水产生一个净化的作用，多用在污染较重的城市停车场和市中心等地区。但是，对土壤和植物类型以及底层结构的要求比较高。

3. 雨水花园的设计与建造

雨水花园的设计要求有很多，其中包括选址、土壤选定、结构深度的确定、表面积的确定、外形的确定、树种的选定和配置等。

（1）选址

雨水花园的地理位置选择有几点原则：① 雨水花园的边界和建筑之间之间有3米的空隙，和地下室的建筑之间有9米的空隙，不然就会有雨水浸泡地基的危险；② 雨水花园有植物，所以光线要充足；③ 雨水花园的地势要求平缓一些，坡度最大不超过12%；④ 为了保护树木的根基，最好不要建设在树木下；⑤ 雨水花园也有观赏价值，所以可以建设在方便观赏的地方。

（2）土壤选定

沙土和壤土的渗透率较高，所以可以用来建设雨水花园。土壤配比最好是50%

的沙土、20%的表土和30%的复合土壤。客土要把地表上03~0.6米的土壤去除。

（3）结构及深度

雨水花园的结构相对简单，所以建造时要设计好深度，保证雨水能够及时排走。经典的雨水花园包括五部分，即砾石层、砂层、种植土壤层、覆盖层和蓄水层。各个填层之间可以设计一层纱布同时设有管道来收集超出预算的雨水和积水。在整个过程中，要根据雨水花园所处的地理环境选择防渗或不防渗。

（4）面积

雨水花园的面积取决于很多方面，如设计深度和当地的土壤性质，一般汇水面积越大，花园的面积就越大。由于黏土的渗透率较低，渗透较慢，所以其雨水花园的面积占排水区域的60%；沙土就比较快了，所以占20%就好；壤土比黏土快，比沙土慢，所以面积比例介于20%~60%。雨水花园的面积大小取决于经费和功能，一般最合理的是9~27平方米，如果超过这个范围，就要分成两个或多个面积小且分散的雨水花园。

（5）外形

一般雨水花园设计成曲线的，肾形或者马蹄形和不规则形最好，切忌设计成直线。雨水花园长的一边要和坡度与排水方向垂直，这样才能更多地收集雨水。

（6）植物种类选择与配置

a. 植物的选择原则

最好选用本土植物，切忌引入外来物种；植物要选择抗旱耐湿的，抗逆性强的；雨水花园也是花园，所以植物要有较高的观赏价值；选择生长能力旺盛，根系发达的物种。具体见表7-3。

表7-3　我国雨水花园植物

乔木类	红枫、枫香、麻栎、白桦、山杨、小叶杨、钻天杨、枫杨、柽柳、柳、楝树、白蜡、乌桕、小叶榕、椰榆、柘树、构树、水杉、落羽杉、夹竹桃等
灌木类	冬青、山麻杆、杜鹃、棣棠、山茱萸属、接骨木、木芙蓉、胡颓子、海州常山、紫穗槐、杞柳、粗榧、矮紫杉、水子、沙地柏等
宿根地被类	鸢尾、马、紫鸭跖草、金光菊、落新妇属、蛇鞭菊、毛茛、萱草类、景天类、芦苇、芒草、狐尾草、莎草、菖蒲、水葱、蒲苇、千屈菜、再力花、花叶芦竹、柳枝稷、玉带草、藿香蓟、扫帚草、半枝莲、灯芯草、荷花、荇菜、菱等

b. 植物配置方法

通俗说，雨水花园相当于小生态系统，应该尽可能地模拟自然的生态群落。

首先，科学配置。考虑好植物的性质，合理选择植物的种类，构成稳定的生态群落。其次，要保证植物种类的多样性，构成一个种类丰富的景观。再次，艺术配置。

c. 后期养护

第一，护土。在土壤表面铺设一层覆盖物，否则会有杂草，土壤也会因结块而减弱渗透率。覆盖物的种类有木屑或者碎木材。第二，把一些碎石块放在入水口处，这样可以起到保护花园底部的作用，降低径流系数。第三，浅水与除草。定植初期要有规律地浇水，经常除杂草，直到雨水花园形成稳定的生物群落。第四，材质更新。如果遇到连续降雨，要在降雨后及时检查覆盖层和植被的完好与否，如果被破坏了，要及时更换，定期修剪植物，保护好景观。第五，定期清理沉淀物。最后，预防植物病虫害。

第五节 低维护技术

降低景观的维护需求，也是一种变相降低景观耗能的技术手段，如采用低维护材料、本土植物等。低维护景观主要有以下特征：低人工、低能耗、低损耗；高耐久、高公众；易清洁、易维修、易改造。

低维护景观设计不仅是针对景观的后期使用，而且应贯穿整个项目设计、施工和运营的过程之中。

一、低维护景观的总体设计

要降低景观的维护需求，需要从景观的总体设计开始进行把控。优秀的总体布局能够节约建设、增加景观的自维护能力。

（一）把握布局的合理性

对景观所在位置的人流和主要分布点进行预测，获得主要场地容量、设施数量、环境需求，从而避免出现设施不足或过剩的情况。设施不足、人流过大会造成植被破坏、环境污染、景观受损，而设施过剩、人流不足则会造成景观疏于维护，这是一种资源的浪费。

（二）研究活动空间与流线

对景观中的活动空间和流线进行研究，可以保有适度的私密空间，消灭死角空间，从而减少因维护不及时而出现的藏污纳垢的卫生死角。

（三）注重地形处理

坡地可以创造一些较有特色的景观环境，但如果没有设计好，在后期维护上就需要很大的投入。例如，在处理坡地时，要避免雨水的过度冲刷，造成植物死亡、水土流失等。坡地的高度也要适宜，施工要充分，否则由于沉降等原因容易造成地面开裂或不平整的问题，同样会给后期维护带来困难。

二、硬质景观设计

对硬质景观来说，维护主要包括清洁、维修、更新、拆除等，因此在设计时要考虑到材料成本、人工成本、时间成本和工艺成本等。

（一）硬质景观的材料选择

尽量采用本土材料，降低运输和采购的费用，减少维护时间。同时，应采用可替代的材料和规格，以便减少维护和维修时的麻烦。材料的耐久性也是需要重点考虑的问题，如石材、不锈钢、木材的耐久性较好，而玻璃、卵石、普通钢材、混凝土等的耐久性则较差。材料的抗污染能力也会影响景观的维护需求，因此可以选择光面石材、毛石、金属等抗污染能力强的材料，同时杂色和深色材料的抗污能力也强于浅色材料。

（二）硬质景观的处理方式

在不影响景观效果的前提下，尽量让铺装方向与主要边缘垂直或平行，以便减少对材料的切割，增加景观的柔性铺装，尤其是对平整度要求不是非常高的景观区域，如公园内的步行街道等，要尽量避免容易受损的设计。

三、植物设计

设计景观植物要选择植物的种类和配置。低维护植物景观设计要有一般景观的设计要求，还要考虑低维护的特殊要求。例如，乡土植物、后期养护管理费用低的植物应当作为首选，寿命长、成活率高、耐修剪的植物也是不错的选择。还可以多采用群落化种植，尽量做到少量草坪、适量乔木、足量灌木。植物群落中的植物生存能力更强，因此所需的后期管理费用更低。之所以采用乔灌草有机结合，是因为乔木不需要投入太多的人力维护，相比草坪、花卉等植物，需要的维护更少。

低维护的设计方法主要提供的不是技术手段，而是一种低维护的设计思维。从设计的一开始便对设计进行优化，为建设低能耗景观提供一种更长久的设计思路，从而使景观设计更加节能、更加耐久。

第六节 雨洪管理

"城市雨洪管理"最初是在国外出现的，它的意义包含城市防洪排涝、降雨径流面源污染控制和雨水资源化利用三个主要方面。城市雨洪管理是想减少因为径流而引起的城市雨水污染和建筑破坏，可以收集净化和利用雨水，在各种条件的保障下，通过各种途径，形成雨水径流的蒸发、下渗、储水和再利用的一种系统化的管理方式。该概念区别于城市传统市政管网对待雨水径流的快排速泄方式，以"促进雨水重返自然循环过程"为核心特点。伴随城市管理部门和相关研究机构对于城市化与城市内涝、水质恶化内在关系的认识日趋明晰，"还原自然"水循环模式的雨水管理概念逐渐深入人心，由此"效仿自然"的绿色雨洪管理技术、措施不断出现。"生态化"和"可持续"成为城市雨洪管理又一核心内容。

美国以1972年联邦水污染控制法提出的最佳管理策略（Best Management Practices，BMPs）为标志，首次提出了要将城市雨洪管理从单一工程化的灰色方式（管网等）向绿色方式转变。以此为基础，2007年低影响开发策略（Low Impact Development，LID）形成。这个策略由美国环境保护署（USEPA）于2007年提出的一项将城市暴雨管理与城市景观规划设计相统一的多目标集合化策略，重点是通过模拟自然环境来最大程度地控制径流，减少径流产生的污染破坏，解决城市中日趋严重的水资源恶化的各种环境问题。

2008年，美国波特兰市在山姆·亚当斯市长的倡议下全面践行以低影响开发措施为核心的"从灰色转向绿色（The Grey to Green Initiative）"建设活动，希望在5年内通过以雨洪管理为目标的各种绿色基础设施的实施，构建健康的城市水循环系统，美化城市环境。为了鼓励私有住宅业主使用雨洪管理措施，该市还提出了雨水管理费用减免的优惠政策。由此，许多业主纷纷在自家花园引入可起到雨水过滤、净化、滞留作用的景观化措施或小品，在响应政府号召的同时提升了自家的居住环境。

此外，2000年左右，英国和澳大利亚分别提出了可持续城市排水系统（Sustainable Urban Drainage Systems，SUDS）和水敏性城市设计（Water Sensitive Urban Design，WSUD）应对城市水环境问题。前者将传统的以"排放"为核心的排水系统上升到维持良性水循环高度的可持续排水系统，强调小到家庭社区，大到整个区域，都要对径流进行分级削减、控制（渗透或利用）。后者视城市水循环是将雨洪管理、供水和污水管理一体化。

第七章 海绵城市设计技术

　　WSUD体系以水循环为重心,重视各个水循环的环节,强调对城市的整体规划分析,减少对自然水循环的负面影响,保护水生态系统的健康。

　　对世界范围内城市生态化的雨水管理的理念和措施进行比较(表7-4),我们发现各种理念和措施逐渐提高,城市对于雨洪管理正从单一功能向复合多目标发展。

表7-4　现代雨洪管理体系比较

理念	BMPs	LID	SUDS	WSUD	GI
英文全称	Best Management Practices	Low Impact Development	Sustainable Urban Drainage Systems	Water Sensitive Urban Design	Green Infrastructure
中文名称	最佳管理策略	低影响开发策略	可持续城市排水系统	水敏性城市设计	绿色基础设施
倡导国家	美国	美国	英国	澳大利亚	美国
出现时期	20世纪80年代	20世纪90年代	20世纪90年代	20世纪90年代	21世纪
核心理念	洪涝与径流量控制	源头处理,维持场地开发前的水文特征	在"排"的过程中体现可持续性,通过源头、传输和末端处理三类措施形成处理链,从预防、源头到场地,再到区域的全过程,进行分级削减和控制	通过城市规划和设计的整体分析方法来减少对自然水循环的负面影响和保护水生生态系统的健康。将雨洪管理、供水和污水管理一体化	为人类和野生动物提供自然场所,如作为栖息地、净水源、迁徙通道等
特点	区别于传统雨洪管理的工程化措施,首次引入生态的方法进行径流管控	雨洪管理与景观设计结合的多目标、分散化管理措施		整个城市水循环(涵盖供水和排水系统)的可持续管控	
尺度	场地尺度	场地尺度、社区尺度	城市尺度	城市尺度、流域尺度	城市尺度、流域尺度

续表

理念	BMPs	LID	SUDS	WSUD	GI
适用范围	中小降雨事件	中小降雨事件	可应对不同频级的降雨事件	可应对不同频级的降雨事件	

第七节　土壤改良

一、城市土壤特点

城市土壤的形成是人类长期活动的结果，主要分布在公园、道路、体育场馆、城市河道、郊区、企事业和厂矿周围，或者简单地成为建筑、街道、铁路等城市和工业设施的"基础"而处于埋藏状态。城市土壤与自然土壤、农业土壤相比，既继承了原有自然土壤的某些特征，又由于人为干扰活动的影响，使土壤的自然属性、物理属性、化学属性遭到破坏，原来的微生物区系发生改变，同时使人为污染物进入土壤，形成了不同于自然土壤和耕作土壤的特殊土壤。

（一）城市土壤结构凌乱

城市土壤土层变异性大，呈现岩性不连续特性，这导致不同土层的结构、质地、有机质含量、pH值、容重及与其有关的通气性、排水性、持水量和肥力状况有显著差异。此外，城市生产和生活中建筑和家庭废弃物、碎砖块、沥青碎块、混凝土块等需要进行处理，其中填埋是处理废物的常用方法，其和自然土壤发生层的土壤碎块混合在一起，既改变了土层次序和土壤组成，又影响了土壤的渗透性和生物化学功能。

（二）城市土壤紧实度大，通透性差

紧实度大是城市土壤的重要特征。城市中由于人口密度大，人流量大，人踩车压以及各种机械的频繁使用，土壤密度逐渐增大，特别是公园、道路等人为活动频繁的区域，土壤容重很高，土壤的孔隙度很低，在一些紧实的心土或底土层中，孔隙度可降至20%～30%，有的甚至小于10%。压实导致土壤结构体破坏、容重增加、孔隙度降低、紧实度增加、持水量减少。

此外，土壤紧实度大还会对溶质移动过程和生物活动等产生影响，从而对城市的环境产生显著的影响。例如，城市公园游人较多，地面受到践踏，土壤板结，透

气性降低，有的树干周围铺装面积过大，仅留下很小的树盘，影响了地上与地下的气体交换，使植物生长环境恶化。城市土壤容重大、硬度高、透气性差，在这样的土壤中根系生长严重受阻，根系发育不良甚至死亡，使园林植物地上部分得不到足够的水分和养分，长期这样下去，必然导致树木长势衰弱，甚至枯死。

城市地面硬化造成城市土壤与外界水分、气体的交换受到阻碍，使土壤的通透性下降，大大减少了水分的积蓄，造成土壤中有机质分解减慢，加剧土壤的贫瘠化；根系处于透气、营养及水分极差的环境中，严重影响了植物根系的生长，使园林植物生长衰弱，抗逆性降低，甚至有可能导致其死亡。

（三）城市土壤pH值偏高

城市土壤向碱性的方向演变，pH值比城市周围的自然土壤高，并以中性和碱性土壤所占比例较大。土壤反应多呈中性到弱碱性，弱碱性土不仅降低了土壤中铁、磷等元素的有效性，还抑制了土壤中微生物的活动及其对其他养分的分解。例如，河南太昊陵内由于土壤中含有石灰及香灰等侵入物，许多古柏根部土壤的pH值在8.5左右，使古柏长势衰弱，亟待进一步采取有效措施改善其生长环境，促进古树健壮生长。而某些工业区附近可能出现土壤的强酸性反应。

（四）城市土壤固体入侵物多，有机质含量低，矿质元素缺乏

由于城市土壤很多是建筑垃圾土，建筑土壤中含有大量砖瓦块、砂石、煤屑、砖木、灰渣和灰槽等建筑垃圾，其常常会使植物的根无法穿越而限制其分布的深度和广度。土壤中固体类夹杂物含量适当时，能在一定程度上提高土壤（尤其是黏重土壤）的通气透水能力，促进根系生长，但含量过多，会使土壤持水能力下降，缺少有机质。

二、影响土壤持水能力的因素

土壤的持水能力受到很多种因素的影响，主要包括土壤结构、土壤总孔隙度、毛管孔隙度、土壤有机质、土壤粉粒含量、土壤盐分等，在自然条件下，盐分含量高的土壤，其持水能力较差。在这些因素当中，土壤孔隙度和黏粒含量是其主要影响因素，针对土壤持水性能的改善往往也是从这两个方面入手的。

土壤结构是维持土壤功能的基础。土壤结构是在有矿物颗粒和有机物等土壤成分参与下，在干湿冻融交替等自然物理过程作用下形成不同尺度的多孔单元，具有多层次性。

土壤持水性与土壤黏粒含量、黏粒比表面关系密切。黏粒是土壤中最为活跃的重要组成部分，对土壤的持水性能有着很大的影响。根据研究，土壤黏粒含量越多，

黏粒比表面越大，其含有的电荷量越多，从而可以吸引更多的水分子。土壤的持水能力也会因此得到很大的提高。

土壤的总孔隙度也对土壤持水能力有一定的影响。土壤水分是植物生长的一个重要条件、水分条件依赖土壤的结构状况，而土壤结构又是土壤的重要物理性质之一。土壤的总孔隙度如果处于合理的数值范围内，就会提高土壤的持水能力。根据研究，土壤孔隙度越大，其持水能力就越差；孔隙度太小，也会阻止水分的进入，降低土壤的持水能力。

三、土壤持水性能的改良

目前，较为流行的土壤持水性能的改良手段主要可以分为三种：土壤免耕、秸秆覆盖，土壤混合法，使用保水剂。土壤免耕、秸秆覆盖的效果好、简单易行，但主要是针对耕地进行的，在此不做详谈，以下将针对土壤混合法和使用保水剂的方法进行简单介绍。

（一）土壤混合法

土壤混合法是把持水能力较强的土壤与持水能力较差的土壤相混合，充分改善土壤的物理结构，从而实现持水的目标。在学者庄季屏的研究中，以土壤干密度、膨润土掺叠和黏性土掺量为因素，设计正交实验研究了膨润土与黏性土符合对沙土持水性和保水性的作用。研究表明，沙土持水率随着干密度的增大而减小，随着膨润土和黏性土掺量的增加而增大，最优组合为干密度1.3克/毫升、膨润土掺量6%、黏性土掺量20%，各因素对持水率影响的主次顺序为干密度、黏性土掺量和膨润土掺量；从总体上看，沙土保水性随着干密度和膨润土掺量的增大而增大，随着黏性土掺量的增加先增大后减小，黏性土最优掺量为15%，就保水性而言，最优组合为干密度1.5克/毫升，膨润土掺量6%，黏性土掺量15%，各因素对保水性影响的主次顺序前期为膨润土掺量、干密度和黏性土掺量，后期为膨润土掺量、黏性土掺量和干密度；综合考虑持水率和保水性，最优组合为干密度1.4克/毫升，膨润土掺量6%，黏性土掺量15%。膨润土和黏性土能显著提高沙土的持水性和保水性。

（二）使用保水剂

土壤保水剂是利用强吸水性树脂制成的一种超高吸水保水能力的高分子聚合物。它能迅速吸收比自身重数百倍甚至千倍的水分，同时保持住水分。保水剂具有高度的亲水性，但自身并不溶于水，而且具有反复吸水的功能。保水剂吸水膨胀后成为水凝胶，可以缓慢释放水分供作物吸收利用，从而增强土壤的持水性能，改良土壤结构，提高水分利用率。

第八节 透水材料

一、海绵城市建设对材料的基本要求

海绵城市的根本性能之一是"保水"及"渗水","渗水"这一性能的引入是透水性铺装材料的必须组件。

材质好的透水性铺装要符合工程的根本条件,同时考虑透水渗水性能,且能很好控制雨水的引流。降水可以透过铺装底层连通的渗水途径透过最底部土壤是透水性铺装的相同特征,所以铺装面层结构必须拥有超级好的透水性,还有基层要有很好的透水性能来维持雨水沿渗水路径能够透过下部土壤到达储水设备中。透水性铺装材料有透水性块状铺装和透水性整体铺装材料两种。透水性块状铺装材料分为卵石类铺装、各种透水砖以及嵌草型砖。透水性整体铺装材料分为再生透水性木屑铺装、碎石铺装以及透水性地坪。表7-5给出了一些常见透水铺装材料的特性和适用场地。

表7-5 透水性铺装材料的特性和适用场地对比总结

材　料	特　性	适用场地
透水砖	透水性好、粗糙防滑、光反射弱、色彩式样易调整	行车道、人行道、园林道路
透水性水泥混凝土	透水性好、强度高模量小、易于铺装、耐久性好	行车道、人行道、广场路面
透水性沥青混凝土	透水性好、吸热储热、光反射弱、有弹性	行车道、人行道
人工草坪	透水性好、易于行走、无尘	运动场地
卵石	透水性差、观赏性强	人行道、园林道路
天然石块	透水性差、耐久性好、承重强	人行道、园林道路、广场
木材	行走舒适、有弹性、成本高、耐久性差需处理	园林道路、平台

二、常见透水性铺装材料

透水砖和透水性水泥混凝土及透水性沥青混凝土这三种透水性铺装材料在海绵城市建设中运用极多,所以在这里着重介绍。

(一)透水砖

透水砖是一种使用级配的骨料和外加剂,骨料间以点接触形式构成的混凝土骨架,骨料颗粒互相胶结形成多孔的堆聚式结构,其内部留有大量连通的孔隙。在产生积水时,水能直接通过这些互相连通的孔隙通道渗入地下或存于路基中。其相应的性能见表7-6。

表7-6 透水砖的物理力学性能

性能	透水混凝土	透水砖 日本资料	透水砖 中国建材研究院研究结果
抗压强度/MPa	5~20	25~35	25~45
抗折强度/MPa	1~4	4.5~6.0	4.0~6.0
相对密度	1.6~2.1	2.0~2.1	1.95~2.05
空隙率/%	5~30	15~20	
透水系数/(mm·s^{-1})	1.0~15.0	1.0~15.0	2.8~15

(二)透水性水泥混凝土

透水性水泥混凝土和透水砖不同,在现浇透水层面中不用很早成型,它们用的粗骨料有单一粒级和顶级的水泥、其他骨料和外加剂并调整工艺制备的混凝土,其内部孔隙率达20%以上,且结构连通,因此具有透水透气功能。

(三)透水性沥青混凝土

透水性沥青混凝土与透水性水泥混凝土的不同之处在于所使用的胶凝材料为沥青,并且可以使用单一级配的粗骨料。胶凝材料制成的透水材料是沥青,强度大多比水泥混凝土制成的透水材料要高。它所含的大粒径骨料含量比较多,因此孔隙率更大,这样更有效地解决了地表积水的问题;它的孔隙度较大,具有良好的吸音性能,在公路隧道中可吸掉绝大部分的噪音;路面表层的粗糙程度以及它的构造深度都比普通的沥青路面要好得多,抗滑性能也比较完善。但它是高分子材料,耐久性不好，且行车时有些地方在温度很高时容易老化和变软，在一定程度上影响了透水性。

我们对三种经典的透水性铺装材料优点和缺点进行比较，如表7-7。很容易看出，透水砖的优势明显。怎样有规划地减少总成本，强化它们在实际运用上的优势成为未来研究的目标。

表7-7 三种主要透水性铺装材料的性能对比

使用材料	透水砖	透水性水泥混凝土	透水性沥青混凝土
综合成本	较高（需预制）	较低（可现浇）	较低（可现浇）
强度	较高	低	普通
表面粗糙度	平整（可调整）	粗糙	粗糙
对路基稳定性要求	普通（预制可调整）	高	高
对路基透水性要求	高（自身无法蓄水）	高（自身无法蓄水）	高（自身无法蓄水）

第九节 绿色街道

一、绿色街道概念与起源

绿色街道在理论上可以追溯到麦克哈格的景观生态规划思想。在《设计结合自然》中，他强调水和自然演进过程中的联系，指出在土地利用开发时，场地的水文环境、土壤排水环境以及地下水回灌地带等需要保护。西方19世纪80年代提出的"雨洪管理实践"能够促进绿色街道的进步。1990年后，美国从微观尺度中开始推进低影响开拓，和最好的管制程序进行比较。2003年，东北西斯科友绿色街道示范工程项目在美国俄勒冈州的波特兰市建造成功，它是真正意义上第一条绿色街道，主要通过扩展接近街道交叉的地方路缘石，形成两个生物滞留池，以此管理街道的雨水。

绿色基本设施的一种格局里包括绿色街道，这是城市绿色基础设施网络系统的重要组成部分。国内外对绿色街道的诠释有狭义和广义之分。狭义上，绿色街道是在自然雨水循环和不一样的雨水管理景观设施的基础上，将街道雨水管理和街道景观建设结合在一起的街道模式。广义上，绿色街道运用了雨水管理景观设施，让雨水得到管理，然后把街道地表、街旁建筑雨水管理以及街道景观建设和交通系统构建有机结合在一起，从而更加周到地阐明对街道雨水的管理作用。

二、绿色街道的主要形式

中国已有部分城市展开了海绵城市试点，如武汉市四新区和青山区成为海绵城市建设的试点区，在道路建设方面已完成部分区域示范路段，珠海市横琴新区的宝兴路段已经投入运用。调查得出，综合中国和外国绿色街道的成功例子，街道交叉口、平面和断面、停车场的实质是绿色街道的重要存在。

（一）平面与断面形式

非机动车道、人行道、停车区（或机动车道）和绿化种植区以及雨水管理设施等都是路面的平面构成要素。遵循各构成要素位置和竖向管制方法的不同，把绿色街道平面和断面形式归纳成三种，具体如下。

（1）三道间隔、四者共面形式，即机动车道、非机动车道、人行道三道间隔，雨水管理设施、非机动车道、绿化种植、人行道四者共面。这样不仅使交通清晰，而且路面雨水管理效率以及总体的环境成效很好。缺点就是所占地方大，经管维护很困难，所以在路面红线宽广的市政路面比较适用。

（2）人车分隔、两两共面形式，即车行道（机动车道和非机动车道）与人行道分隔，机动车道和非机动车道共面，雨水管理设施和人行道共面。交通明晰，但雨水管理的效果一般，环境的成效不是很好，适合在城市次干道应用。

（3）人车混行、全部共面形式，即机动车道、非机动车道、人行道无明显界限（部分情况下另加人行道），雨水管理设施和道路共面。拥有的地方少，总的环境成效很好，缺点是交通功能不是很确切，在各园区以及社区中比较适用。

（二）绿色街道交叉口形式

在很多街道，为了达到控制车辆行驶的车速和行人过马路的人身安全的目的，大都会选择在交叉口应用一般形式，利用绿化隔离带来实现对地表径流的约束管理，重视人行空间的尺度。但是对于车流量大的城市主干道，会采用交通岛的形式来控制车辆行驶，保护路人人身安全，并给绿色街道的雨水管理提供了更多机会。绿色街道雨水管理的主要交叉口方式是结合雨水花园进行交通岛设计。

（三）绿色停车场形式

对于传统的停车场形式，绿色停车场总会安排在道路两边，且融入雨水处理的设备。一般还会在每个停车间隔带处设计很长的地方或者种植区，这是因为停车场占地面积比较宽广。

第十节　屋顶花园和垂直绿化

一、屋顶花园与垂直绿化的概念

（一）屋顶花园的概念

广义的屋顶花园是指在各大种类的建筑物、构筑物、城围和桥梁（立交桥）等的屋顶、阳台、天台、露台或者人工假山山体上等进行园林建设，种植各式各样的花草树木的总称。它起源于露地造园，同样可以有起伏的地形，合适的景观小饰品、流水和假山之类，但是它又不同于露地造园，最大的区别就在于屋顶花园不能与自然的土地衔接，而是把植物种植在各种各样的人工基质之上。

狭义上的屋顶花园是在给屋顶绿化的基础上，把露地造园的手法运用到屋顶上，从某些程度上来说，屋顶花园只是地面绿化的替代品而已，它能够为人们提供一个休息场所。

屋顶花园的真正意义是它能将建筑技术和园林艺术融会贯通，从而让城市绿化的空间潜能和景观的美化功能以及植物的环境功效等得到最有效的发挥，由此达到完善城市园林景观的目的。

（二）垂直绿化的概念

广义上的垂直绿化是指对各类建筑物、构筑物的垂直或平行于地面的立面或顶部进行绿化的方式，包括绿棚、廊架、灯柱、院门等各式各样的建筑小品。因为它的种植面与地面不在一个平面上，而是垂直于地面的墙面或者是平行于地面的另外一个平面之上，因而也可以叫作立体绿化。

垂直绿化狭义上的含义是利用攀援的植物对构筑物的立面和顶面进行绿化的一种形式。许多文献资料中，它与屋顶阳台绿化有同样的含义，限定了植物的种类，也有植物不同的景观形式。

在现实中，垂直绿化就是通过一种新的绿化形式来使城市的立面空间更加不同。在不对土地施加压力的情况下，最大程度地拓展城市绿化的范围，提高城市绿化覆盖率。

二、屋顶花园及垂直绿化的功能与意义

"建一栋楼，少一块地"，怎么才能减少这种现象的发生呢？当前土地紧张，这是一个十分严肃的问题。屋顶花园与垂直绿化具有普通绿化的效果，还有向立体空间发展的作用，弥补了平地绿化的缺失，还具有诸多优点。

因为屋顶花园和垂直绿化具有不同的环境条件，前期的工作分析设计和后期的工作管理，都需要更高的经济支持和劳动力投入。由于其具有的能带来更大利益与效益的重大意义，所以屋顶花园与垂直绿化拥有很大的发展空间。

（一）屋顶花园的功能和意义

1. 生态效益

（1）加大绿化的面积，完善空间利用率。最为重要的一项任务是分配城市人均的绿地面积。现在社会发展越来越快，原有土地越来越少，城市绿地是一种奢侈的存在。据统计，我国人均绿地面积不足 $5m^2$，而发达国家却达到人均 $30m^2 \sim 40m^2$，这与人均绿地面积 $60m^2$ 最佳相差悬殊。为了达到最佳人均绿地面积，屋顶花园是一个不错的途径，可以快速缓解用地的紧张压力，提高城市立体空间的利用，由此来改善各种环境问题。

（2）节流雨水和涵养水土。屋顶花园中的人工种植土和材料本身所带来的效果能有效利用天然雨水，减少下水道的雨水排放压力，保护排水系统，还能有效防洪、净化雨水，并利用蒸发的水分和植物本身具有的蒸腾作用，降低城市的热量，缓解"热岛效应"。

（3）增加空气的湿度，减少热辐射，改善气候，缓解城市热岛效应。屋顶花园避免了屋顶直接被太阳照射，降低原本的水泥面因照射带来的热辐射，减弱了太阳光照到混凝土面上带来的热辐射引起的"热岛效应"，水分蒸发和植物的蒸腾作用可以使空气中的湿度上升，使屋顶上方形成良好的小气候。所以，大力推广屋顶绿化可以给环境带来极大的改善，降低"热岛效应"，使城市的整体气候得到改善。

（4）减少噪声的污染。噪声污染是城市里的重要污染，严重影响人们的生活，降低噪声污染是增强城市日常舒适度的重要保障，而很多的隔音设施不止贵，做工也麻烦，还影响市容。植物层可以吸收声波，并且可以吸收隔离噪声。所以，最有效果和最方便减少噪声的是植物，包括屋顶花园和普通绿化，能改善城市的噪声问题。

（5）净化空气。现在，城市的交通问题和工厂问题以及市民的生活习惯问题给空气质量带来更严重的破坏，各个国家都在关心这个问题。屋顶花园能够吸收有害

气体，还可以吸收热化的二氧化碳等，它们的功效极其明显。

实验探索得知，被污染的空气里有很多悬浮颗粒和粉尘，一些有毒微粒也包含在其中，比较严重的是有病原菌。而植物可以挡风，风速降低了，风中的灰尘也减少了。植物叶片还能分泌出独特的液体，可以吸附不同的尘土。屋顶花园位置较高，可以多次过滤吸附尘土，从而滞尘效果更佳。

众所周知，不仅人的呼吸可以产生二氧化碳，日常生活也能产生二氧化碳。二氧化碳浓度如果太高，不仅会破坏环境，还会使人体受到伤害。植物可以利用二氧化碳进行光合作用产生氧气并释放。因此，屋顶花园既可以吸收二氧化碳，又可以成为制氧气机。

空气中存在着许多有毒有害气体，如氮氧化物、硫化氢、二氧化硫、一氧化碳等。摄取有害的气体对于不同植被有不一样功效，如臭椿和柏类，它们对二氧化硫抗性和摄取能力很好；紫荆和合欢对氯气的抵抗性很强；黄杨和女贞对氟的抗性较弱等，屋顶花园可以无压力地净化气体。

2. 社会效益

（1）社会服务功能。屋顶花园对城市绿色环境面积不足的处境有非常完美的补充效果。除此之外，它的可达性高。所以，屋顶花园为人们提供了很好的健身、休闲、交流等娱乐场所，其社会活动也很高档。

（2）提升城市形象。社会在不断地发展，因土地紧张，人们的生活和工作的区域受到了限制。屋顶花园具有不同的环境景观，能为死板的城市增加色彩，同时软化建筑的硬质轮廓，增加城市的精神外貌，并且可以展现美学风采。

3. 经济效益

（1）保温隔热以及节约能源。太阳的辐射强度大，而屋顶花园可以运用植物蒸腾作用的原理降低这种辐射，调节空气的湿度以及温度。润湿的栽培基质对自然界的温度有很好的隔离效果。综上所述，屋顶花园拥有很好的保温隔热效果，空调能耗也能大幅度减弱，达到节能的目的。

（2）增加建筑屋顶使用时长和对建筑结构进行保护。夏天的高温环境很容易破坏不耐高温的屋顶防水结构的材料，紫外线和酸雨也会使建筑材料老化，而且屋顶长时间在高温和寒冷的气候中，由于热胀冷缩，建筑结构容易变形，缩短建筑使用寿命。屋顶花园可以弥补这种缺点，从而延长建筑屋顶的使用寿命。

（3）让建筑增值。屋顶绿化最显著的特点就是使其成为有用的设施，从而使建筑得到升值。由于进行了屋顶绿化，房子的主人可以对租赁空间增加租赁费。以此类推，很多旅馆房主对有屋顶绿化的建筑获得更高的收益。

（二）垂直绿化的功能和意义

1. 生态效益

（1）节约土地资源、提高绿化率。垂直绿化可以减少占地面积，利用垂直方向上多余的空间，增大城市的植物覆盖面积，通过上部空间绿化使城市更加美丽，让绿化更加立体。

垂直绿化使墙面、栏杆、土坡等不再突兀，更有美感，还可以覆盖简陋的建筑物，使环境看起来更舒适。

（2）吸附烟尘、净化空气。屋顶花园可以吸收烟尘，还可以吸附二氧化硫等有毒气体，垂直绿化亦是如此，可以使空气更加干净。

（3）降低噪声。墙面可以反射噪声，而垂直绿化有减弱噪声污染的作用。

2. 社会效益

（1）软化建筑生硬轮廓，丰富绿化空间层次。平地绿化有一定的缺点，而垂直绿化恰恰可以弥补这种不足，增加城市的视觉层次，而且具有极大的观赏价值。植物有一定的质感和颜色变化，能改善建筑色彩单调和单一生硬的缺点，让建筑更加美观。

（2）造型多变，丰富空间艺术感。垂直绿化有不同的面积和形状，可以根据人的喜好来设计，还可以在建筑的表面铺成不同的图案，运用各种技术设计造型，形成不一样的视觉效果，给城市增添艺术感。

（3）植物丰富，管理方便。植物的种类有很多，垂直绿化可以选择不同的植物，这样根据建筑选择的植物方便种植管理。

3. 经济效益

（1）生长速度快，效果好。可以选择生长时间短，耐旱和耐贫瘠的植物作为垂直绿化的植物，用心管理，绿化出来的效果会更好，而且成本也较低。

（2）降低墙内外温差，减少空间消耗。垂直绿化可以调节建筑的温度，减少建筑物内外的温度差，增添室内舒适感，减少能源调控室内温度，缩减空调运作的时间，降低能源消耗。冬天，植物叶子掉落，不会影响阳光对建筑的热辐射，植物的根茎也是建筑的保温层，也会减少空调的工作时间。

（3）减少气候造成的对建筑不利的影响，延长外墙使用寿命。夏季的温度非常高，冬季的冰雪也会使温度变得非常低，建筑热胀冷缩，从而受到很大伤害。垂直绿化不仅可以保温，还能吸收紫外线，降低变化过度的气候给建筑带来的伤害，而且能抵御自然灾害，保护建筑物不受破坏。

由此可以看出，屋顶花园和垂直绿化带来的好处无可非议，改善平地绿化的不足,增加绿化空间层次,开创全方位立体化的城市绿化空间,可以改善城市环境,引领绿化城市新趋势。

第十一节 生态修复

　　城市建设和现代的人类活动破坏了水生态系统,加快了各个系统间的恶化。生态系统中,水是人们最常用的物品。因为水的存在,地球上的生态系统才能正常循环。水维持了人基本的生命活动。有健康的水才有健康的生态环境,健康的生态系统是"海绵城市"的基础,将"灰"变"绿"是生态修复的核心,有了生态修复技术,会让人们健康地生活。要注意的是,人们现在所处的环境是设计的生态,而非自然的生态,它是自然与科学的结晶,为人类提供了美的享受。

　　城市生态系统的服务功能是多维度的,和雨洪有关的生态系统服务功能包括:生态防洪、水质净化、水源涵养、微气候调节、栖息地保育、景观价值。传统的建筑模式过于粗暴简单,对生态系统的服务功能造成极大破坏,如河道防洪仅仅依靠加高堤防去阻挡洪水,或者追求最快的排放速度而将河道进行"三面光"铺砌,将灌草、芦苇等水生植物认作"阻水物体"清除。这种单一的价值取向忽略了水作为生态系统中主导因子的价值,人为地将其与土地、生物分离,导致地下水得不到补充,河道的自净能力丧失,生物栖息地退化,甚至使河流成为容纳和传输污水的渠道。纵观我国各个城市,这种破坏和损害相当多见,需要进行全方位地修正。因此,海绵城市建设需要在充分保护自然海绵的基础上,采用生态的手段对受到人类干扰甚至破坏的水系、渠地和其他自然环境进行修复和恢复。

　　具体的修复方式是多种多样的,如拆除硬化岸线、建设生态驳岸、恢复洪水过程、联通水系、疏浚水体、补植群落、引入乡土物种、投放微生物、生态补水等,其核心原理是消除人类的过度干扰,重构生态系统,促进其组成成分的完整和结构的稳定,从而增强自然演替机制,最终回归生态系统的天然价值。

第八章 低能耗城市景观设计的研究理论

第一节 我国以海绵城市为向导的低能耗城市景观设计理论和实践发展

现代城市由一系列高能效城市景观的互相连接和关联的空间组成。这些空间不仅可以作为公共或私人空间使用，有时还可发挥如雨水存储或防洪减灾的二级甚至三级职能作用。高能效城市景观不仅要坚固、新颖、实用，还要保留其作为场地的主要功能。

一、景观设计中构建海绵城市应遵循的原则

（一）整体规划

建设海绵城市，一定要以整体布局为出发点。为保证建设项目作用的有效发挥，需要有前期的设计工作，对城市雨水也要有所了解。建设时，要落实提出的海绵城市建设、低影响开发雨水系统的理念和先规划后建设的原则，充分体现规划的科学性、权威性，发挥规划的主导作用。

（二）生态优先

有生态性，海绵城市的规划才能够落实。河流、湖泊、湿地、坑塘、沟渠等敏感生态区在城市开发构建时，优先纳入的应该是自然排水系统，保证净化雨水的自然性，对水资源循环利用，保证自然的自我修复能力，保护好城市生态系统。

（三）安全防范

为人民的生命财产安全和社会安全着想，综合利用工程和非工程措施，提高开发建设的综合水平，减少安全隐患，提高城市的安全保障能力，保证城市的用水安全。

（四）因地制宜

我国土地辽阔，各地区间的环境差异大（包括气候），所以在确立开发控制目标

时，要把当地的具体环境条件考虑进去，达到保护水资源和防止内涝的要求，权威地确定开发的具体措施和使用的组合系统。

（五）统筹建设

海绵城市的理念已经提出许久了，但在建筑方面还是新鲜事物，因此地方政府的建设与中央总体规划要始终保持一致，落实制定的各个要求，落实技术要求，整体规划，与建设项目的主体一起设计建设与使用。

二、海绵城市在构建景观设计中的具体应用

（一）保护水生态敏感区

将公园、湖泊等生态环境比较敏感的地方划为不可建设区域，和低影响开发所用的系统与城市管渠的系统关联在一起，共同保护水生态。

（二）集约开发利用土地

规划开发城市空间规模的增长值，防止其无限扩大，尝试集约开发模式，确定城市的空间。

（三）合理控制不透水面积

为了防止土地的大面积硬化，观察好环境本身的性质，测量出透水率。

（四）合理控制地表径流

根据地形的特点，测量规划好雨水的排水部分，在维持径流本身生态的基础上，适当增加其长度，优先采用花园等来控制雨水在地表的径流。

（五）明确低影响开发策略和重点建设区域

考察城市的水特点和地理位置的特点、功能位置和近远期的发展目标，根据经济发展水平等来确立低影响开发的具体措施和重点地区建设，并确定好每年的目标。

三、城市绿地系统专项规划

城市绿地是城市建设中的重点，在建设城市绿地的时候要提前确定好开发的目标要求。在保持其游玩等景观功能不受影响的基础上，根据情况提前留下或创出新的空间条件。绿地以及周围硬化区域的径流渗透、调蓄、净化和城市中关于管理雨水的各个系统相结合，重点在以下六个方面。

（一）提出不同类型绿地的低影响开发控制目标和指标

观察环境的特点，确定多种绿地在建设中要达到的目的、指标以及要建成的类型。

（二）合理确定城市绿地系统低影响开发设施的规律和布局

设计并实施水生态敏感区和建设空间的整体布局，充分发挥绿地的效益。

（三）城市绿地应与周边汇水区域连接

了解汇水量，保障好各项衔接，采用各种对土壤改良的方法。绿地计划中要保持低影响的方法，尽可能地调蓄雨水进入绿地的流量。

（四）应符合园林植物种植及园林绿化养护管理技术要求

采用对绿地的流量控制、对土地的改变和适宜的措施来保护植物正常生长和要达到的效果。

（五）合理设置和处理设施

有些径流污染严重，可以各种措施，在雨水还没有流入绿地时净化雨水。

（六）充分利用多功能调蓄设施调控排放径流雨水

经济富裕的地区可以考虑大面积地开发，如开发雨水湿地、池塘等，采用调节方式，对严重降雨适度调蓄排放。

三、海绵城市景观建设的关键

（一）从源头控制到全过程

为了强调从根源控制污染从而提出低影响开发，采用控制方式提升河流的流量，降低峰值流量。为了彻底消除洪涝，恢复流域的生态环境，一般的发达国家土地没有被开发过，绿地面积较大，径流增长的空间较大。可是，我国土地开发强度一般都很大，内涝、污染等都特别严重，土地还尤为紧张，不能只在分散源头控制，要控制开发前后的径流量保持不变。因此，建设时既要重视控制暴雨水源头，又要采用多种手段来控制，开发良好的城市水循环，在控制源头设置雨水花园和绿地等，小型源头，缓解排放过程中的压力，也可用各种沟渠收集雨水。在这个过程中，植物可以净化雨水。同时，要建一些大型、集中的设施，利用末端调蓄来控制暴雨水。

（二）从小范围降雨到瞬间大暴雨的综合管理

低影响开发是为了控制小降雨，而并非大暴雨，强调的是雨水缓释慢排。对于大暴雨，低影响没有那么大的容积，需要与相应的城市系统配合，构成多形式雨水管理系统。

城市的雨水系统面对的是十年之内的降雨，大部分是利用传统对付雨水的设施，也可联合低影响开发雨水系统来增大管渠的排水作用。对于超标雨水径流排放系统，需要在雨水暴降时发挥作用，其中包含自然水体、地表行泄通道和大型多功能调蓄设备等，三个系统相连接是海绵城市的重点。

（三）绿地的生态与美化功能相结合

低影响开发主要是利用土地本身功能减少地面上的径流，但我国城市中绿地很少，城市居民主要游玩休息的地方是公园。在修复城市绿地时，要保障居民的生活不受影响，开发设施要配合周围环境，既要美化，又得生态和谐。

海绵城市要有相关的专业和技术。现在的政策都只是推广，并没有强制要求。海绵城市的目标需要法律的硬性要求。《城镇内涝防治技术规范》和《城市雨水调蓄工程技术规范》以及修编的《城市排水工程规划规范》和《绿色建筑评价标准》已纳入海绵城市相关目标和指标要求，但是如何协调各个标准使其实用，还是个有待完善的问题。

四、海绵城市的景观化途径

海绵城市景观建设，从微观方面看，利用科技使水资源有效循环；中观方面，增加渗水部分，绿地本身具有渗透能力；宏观方面，要有自然水体的自身保护，连接城市的顶层设计。由小到大，逐步实现对雨水控制的目标。

（一）微观层面——低影响开发技术应用

城市地面一般都是硬质材料，部分城市在建设的时候要求不见土，使地面硬化。海绵城市管理雨水排放时和传统方式不同，它主要利用渗透、储存、调节、传输、净化雨水，使城市雨水管理生态化、可持续，循环利用。海绵城市中多数像雨水花园、下沉式绿地、植被浅沟、雨水水塘等工程设施，都依托园林的设计，具有渗透和净化雨水的功能，自身还具有景观作用。住建部出台的《海绵城市建设技术指南》和美国的《城市低影响开发（LID）设计手册》都提供了多种控制雨水的设施。

控制雨水有源头、中部和末端三个阶段，每个阶段根据土地的本身性质来选择适应的开发设施（表8-1）。

表8-1　各阶段的雨水控制及LID景观设施

阶段	特点	景观工程设施	主要功能	适用范围
源头	多点收集、分散布置	透水性地面铺装	渗透雨水	广场、停车场、人行道以及车流量和荷载较小的道路
		绿色屋顶	滞留、净化雨水、节能减排	符合屋顶荷载、防水等条件的建筑

阶段	特点	景观工程设施	主要功能	适用范围
源头	多点收集、分散布置	雨水花园	渗透、净化雨水、消减降值流量	各种绿地和广场
		下沉式绿地	渗透、调节、净化雨水	各种绿地和广场
		渗透塘	滞留、下渗、净化雨水	汇水面积较大且具有一定空间条件的区域
		渗井	滞留、下渗雨水	各种绿地
		植物缓冲带	滞留、下渗、净化雨水	道路周边
		雨水桶	收集建筑屋面雨水	适用于单体建筑，接雨水管，设置于建筑外墙边
中途	缓释慢排	植草沟	收集、输送和排放径流雨水，有一定的雨水净化作用	沿道路线性设置
	渗透沟/渠	渗透雨水	建筑与小区及公共绿地内转输流量较小的区域	
末端	雨水汇集、调节、储蓄	调节塘/池	消减峰值流量	建筑与小区及城市绿地等具有一定空间条件的区域
		湿塘	调蓄和净化雨水、补充水源	各种场地，有一定空间条件要求
		雨水湿地	有效消减污染物，控制径流总量和峰值流量	各种场地，有一定空间条件要求
		景观水体	调节、储蓄雨水	公园、居住区等开放空间
		河流及滨河绿地	控制洪涝，净化水体	城市水系滨水区

续 表

阶　段	特　点	景观工程设施	主要功能	适用范围
		自然洪泛区	集中调节雨水径流和控制洪涝	洪泛区、滨水区、城市洼地

（二）中观层面——载体优化

把雨水排放系统归入园林计划中，使建筑、社区、道路、公共绿地对暴雨径流经过多步骤保持、滞留、循环利用，然后流到城市排水管线中，提高雨水利用率。在建设海绵城市时，让技术巧妙结合发挥作用堪比最新方式。

我国采用不同的技术方式净化、利用雨水，经常使用的有景观生态处理和设备处理，结合当地的环境，把雨水排进湿地，利用植物净化，最后排入景观水系。这样不仅环保，而且比较美观。不过植物的面积和周期是有要求的，所以一般用于市政项目。目前使用最多的方式是经过精准过滤收集器收集的。

1. 绿色屋顶成为补给地下水和收蓄雨水的生产者

我国重点建设被污染地区的屋顶，绿色化建筑屋顶，垂直绿化墙面，用雨水桶处理雨水管来滞留雨水，汇集的雨水通过雨水处理设施，利用植物、土壤和砂石等管理建筑雨水。为防止土壤收缩和膨胀影响建筑基础，应保持渗透设施和建筑距离3m以上。

2. 绿色道路有利于雨水渗透和促进雨水管理

道路的材质都不透水，所以雨水径流比较容易形成。为了保护道路，用侧石来引流雨水，流入雨水口，雨水还未处理就流向了市政官网。早期城市的污染严重。对此，植物可以缓解各种污染。① 合理化。用透水材料建设，用透水砖铺设人行道，沥青铺设车行道，鹅卵石、碎石来铺装园林化的道路，植草砖铺装停车场等。② 设计应用各种雨水管理景观设施时利用各种绿带或绿地，有下沉式绿地、雨水种植池、雨水花园等。③ 城市低密度开发建设区域可以用绿植承接地表径流，由于许多区域已经铺设了许多不透水材料，而且形成了高密度地下管网设施，不适合采用植草沟的方式；为避免污染物质对地下水的影响，植草沟也不适宜在加油站等污染严重的地方布置。

城市支路、绿荫路、绿道和景观路视觉要求高，比较适宜低影响开发的方法和景观工程设施。侧石是人行道与车行道安全分隔的必要条件，在交通比较拥挤的地方不适合取消侧石。为减少地面污染，在车行道上用的透水材料要用一定方式保证干净，但是成本较高。路上各种汽车排放的尾气及被污染的雨水可能会超过植物自身的净化能力而对植物造成影响。

(三)宏观层面——规划控制

1. 保护和修复自然水环境

由于以前城市建设中有破坏自然的行为,海绵城市就是通过各种方式来保护水生态敏感区,不被城市开发活动所影响,恢复城市开发前的状态,维护良好生态功能。利用物理、生物、生态等方式修复已经被破坏的生态,恢复其水循环特征和生态功能。开发的城市内部要保持有生态空间,要留出一定的草地,保持不透水的面积,并减少破坏水环境。开挖一定的沟渠来满足城市排水的要求,增加雨水的净化。

2. 多层次的构建体系

海绵城市要根据自然环境来整体合理布局,划分城市的分水岭和集水区。LID的分水岭不是把发展过程中的经济、生态科学和社会动态整合到分水岭,而是将分水区作为一个暴雨水系统。根据研究,集水区的不透水面积达到一定比值时,生态系统会退化,更甚时会不可逆转。

低影响开发系统要从小到大整体规划,结合各种规划措施和综合防灾等专项规划与我国现行规划体系,顶层设计要与相关规划相结合,根据不同区域特点明确开发目标和实施措施,构建多层次的体系(表8-2)。

表8-2 海绵城市建设与现行规划的衔接

规划层面		现行规划的相关内容	海绵城市控制内容
城镇体系规划		生态环境、土地、水资源等方面的保护和利用的综合目标和要求,空间管制的原则和措施	从区域和河流流域层面出发,确定区域的分水岭和集水区,保护大型湖泊、水源保护区、分滞洪地区等水生态敏感区,建立生态廊道,形成区域性的绿色生态网络
城市总体规划		风景名胜区、自然保护区、湿地、水源保护地、水系等生态敏感区等必须严格控制的地域范围以及城市各类绿地的具体布局	提出LID理念及土地集约化要求,确定城市雨水径流控制目标,根据城市水文和土壤等自然特征制定城市低影响开发雨水系统的实施策略、原则和重点实施区域
专项规划	道路交通规划	城市道路系统、红线内绿地形式	根据道路等级及分类,结合红线内外共同布局LID景观设施

续 表

规划层面		现行规划的相关内容	海绵城市控制内容
专项规划	绿地系统规划	绿地发展目标、各种功能绿地的保护范围（绿现地）根据不同类型绿地提出LID控制目标和指标，合理确定城市绿地系统LID设施的规模和布局，与周边汇水区域有效衔接，提出符合园林植物种植及园林绿化养护管理的技术要求等	根据不同类型绿地提出LID控制目标和指标，合理确定城市绿地系统LID设施的规模和布局，与周边汇水区域有效衔接，提出符合园林植物种植及园林绿化养护管理的技术要求等
	水系规划	河流水面的保护范围（蓝线）、驳岸控制	明确水系保护范围，保持城市水系结构的完整性，优化城市河道（自然排放通道）、湿地（自然净化区域）、湖泊（调蓄空间）等生态空间的布局和衔接，优化水域、岸线、滨水区及周边绿地布局等
	市政公用设施	水资源规划：最大限度保护和合理利用水资源等给水工程规划：用水量标准、平衡供需用水量、水源选择等 排水工程规划：排水体制、污水排放标准以及雨水和污染排放总量	充分利用再生水、雨洪水等非常规水资源估算雨水总量，明确LID雨水径流总量控制目标与指标，明确雨水资源化利用目标及方式，制定不同雨水排放标准和利用标准
	环境保护规划	生态环境保护与建设目标、有关污染物排放标准、环境功能分区以及环境污染的防护和治理措施等	增强引用水源保护和水污染控制规划
	综合防灾规划	防洪规划：需要设防地区的范围以及设防等级、设防标准等	优化城市防洪规划方案，包括河道综合治理规划、蓄滞洪区规划等
	用地竖向规划	综合解决城市规划用地的控制标高问题，如防洪决堤、排水干管出口等，合理组合城市用地的地面排水等。	根据城市地形特征和竖向结构，确定城市低洼地和集水区

续 表

规划层面		现行规划的相关内容	海绵城市控制内容
详细规划	控制性详细规划	五线（红线、绿线、紫线、蓝线、黄线）控制，包括土地用途、容积率、建筑高度、建筑密度、绿地率、公共绿地面积、基础设施和公共服务配套设施等强制性内容	地块出让时鼓励 LID 技术的实用，明确各地块单位面积控制容积、下沉式绿地率及其下沉深度、透水铺装率、绿色屋顶率等 LID 主要控制指标
	修建性详细规划	对道路、建筑、景观的要求	提出 LID 设施选择、空间布局及设施规模等

注：根据《城乡规划法》《城市规划编制办法》《城市规划强制性内容暂行规定》《S 指南》等梳理

3. 规划重点

风景园林学科中，海绵城市规划重点是城市总体建设和水系建设。

以水文特征为基础的海绵城市开发，要求对土地分析规划，划定建设区与非建设区，将雨水适当下渗、收集的低洼区域划分为开放区来建设公园广场等。

第二节 江西省城市景观设计的实践发展中存在的问题

一、缺乏以低能耗建设为理念的系统性规划

景观有完善的生态结构和良好的可塑性，是城市的重要组成部分，为城市雨洪管理建设提供了空间。设计景观既要满足景观本身的功能，还要融入海绵城市的建设理念。

江西省刚刚投入海绵城市的建设研究，局限于城市对雨洪的调蓄，以工程设施的探讨为重点，宏观规划雨洪管理，缺乏综合效应的研究与应用，对雨水概念的理解局限于储存、利用、导排，未能综合考虑海绵城市发挥的作用。

海绵城市战略是当前我国的重要项目，通过海绵城市的建设规划与管理，积累弹性城市建设的经验与教训，增强我国城市的建设能力，提高城市对雨洪的管理能力，不断实现以人为本的城市发展红线。

二、缺乏设计指导和建设标准

(一) 缺乏整体设计理念和协调艺术

设计景观时要有整体设计理念和协调艺术。许多人在建筑设计时不考虑与周边环境相融合，他们认为对原有空间的改变就是一种成功，建筑完工后让设计师随意设计一下"花花草草"即可，这是局部景观的美，而非整体景观的美。局部景物的设计虽然属于景观设计，但忽略了和周围环境相照应，缺少一种大格局的景象，整体的感觉。只将部分设计作为重点建设是不可取的。城市的建筑、景观相互之间是一种协调，并相互影响。比如，苏州园林格局，它就是一种美。大的建筑物在设计的时候应该以整体为格局，才符合景观的特点。

(二) 没有制定城镇景观设计方案量化标准

在景观设计方案方面，首先应当考虑城市规划问题，然后考虑保护历史原有的风貌、传统风貌及自然景观。这是在《城市规划法》第14条中规定的，它是我国1990年颁布的一部制定法。我国目前在城镇景观设计方面出现了许多问题，原因有很多，其中之一是对单一局部的城镇设计没有具体的规定和实施方案，更没有规定出完整的、可行的、标准化的方案方法。就大的局面而言，中国尚未制定关于景观具体标准化的方案。虽然我国在1991年颁布了《城市规划编制办法》，但它对于景观设计的具体方案并没有规定如何去做，怎么去做。所以，我国并没有制定城镇景观设计方案量化标准。

(三) 城镇景观重形式轻功能

在景观设计中，太过于注重形式，会轻视它的功能，应将人们对景观的需求予以重视。城镇建设中"贪大求异"的问题突出，"宽草坪""宽广场""大公园"等明显大而不恰当的景观设计泛滥。设计者对居民的生活规律研究不够。城镇景观应当以大多数民众所感受的美为标准而设计。设计者、创造者或执行者以自我感受的美为中心，导致景观太重于形式而丢失了其功能。

三、低能耗城市景观设计模式尚未全面推广

江西省人民政府为贯彻落实《国务院办公厅关于推进海绵城市建设的指导意见》(国办发〔2015〕75号)精神，于2016年1月发布了《关于推进海绵城市建设的实施意见》(赣府厅发〔2016〕4号)，提出了"综合采取'渗、滞、蓄、净、用、排'等措施，大力开展节能减排措施，最大限度减少城市建设对环境的污染；科学计划和统筹实施建筑与小区、道路与广场、公园绿地、天然水系建设，稳定控

制雨水流量，建设生态大自然的发展方式，实现新的城市风貌，进而促进全省生态文明示范区建设"。"通过海绵城市建设，70%的雨水得到就地消纳和利用；到2020年，城市建成区20%以上的面积达到海绵城市建设要求；到2030年，城市建成区80%以上的面积达到海绵城市建设要求"的总体计划和要求，可促进水资源的合理利用，改善城市水资源的生态平衡，提升新型城市的影响力，增加城市抗雨洪的能力。

现在，我国部分省市已经发布了有关海绵城市的政策（福建省、海南、四川、昆明、广州），有的地方确立了相关规划（巢湖、南京、西安）、研究计划（青岛、秦皇岛）和实施工程建设（哈尔滨、秦皇岛）等。江西萍乡市和全国16个城市已于2015年入选海绵城市建设试点名单。萍乡市按照《萍乡市海绵城市建设试点城市实施方案（2015—2017）》，已编制《萍乡市海绵城市总体规划》等7个专项规划。

第三节 海绵城市理论中的低能耗城市景观设计方法思路

一、强调以人为本，设计为人所用，道法自然

城市和人类的命运与水紧密相关。古人在邻近水源的地方建设城池，又因为水源干涸或洪水泛滥而另辟新址的例子比比皆是。而在现代城市中，人们既不可能因为水的问题而选择背井离乡，也不能自大地认为工程技术能对抗一切自然规律而为所欲为。城市和水的相处之道更像是一个哲学命题，应适度地进退、合理地利用，而这个"度"与"理"是什么？应该如何尊重自然、师法自然、利用自然？这些都是今天我们要通过海绵城市建设去探索、实践和总结的。水问题是城市问题的缩影，城市与水的关系即是人与自然的关系，对治水模式的反思意味着城市建设模式正在重塑，正向着更生态、更绿色、更可持续的方向迈进。

海绵城市建设的首要途径不是"建设"，而是"保护"，要对城市原有生态系统中"自然海绵体"进行最大限度地保护，将原有的河流、湖泊、湿地、坑塘、沟渠等水生态敏感区进行保留，利用森林、草地、湿地涵养水源，调节雨洪，维持城市开发建设前的天然水文特征。

对本地自然特性的尊重最先体现在城市的空间规划上。作为一个复杂的巨型系统而不是单一目标的简单问题，当前学界的共识是，城市规划的决策不是一个理性寻求最优解的过程，而是通过演进的有限比较来找到答案。在这个决策过程中，体

现了城市规划的科学性、前瞻性和与自然生态系统的协调性、适应性的关键内容之一，便是建立一个以保障生态系统的完整、安全和健康为出发点的空间框架。一方面，限制城市开发建设的边界，将天然水文特征的核心地区和敏感地区进行严格保护，确保宏观的生态基底不受到城市建设的侵蚀和破坏；另一方面，这个框架应纳入面状、线状和块状的保护对象，形成互相联通、互相作用的完整安全格局。

二、提高空间效率，增强公共空间的适宜性

雨水也是一种资源，除了作为自身最基本的资源性"水"，它可以创造出更大的价值。比如，改善城市环境、降低温度、净化空气、创造适宜的景观，让人们更加舒适。就城市建设来说，海绵城市的建设促进了城市与水的管理更新，更加强调了水的资源性，所以"海绵可以盛水但是也可以放水"就是对"可存可用"海绵城市的概括。一般城市降雨时往往会出现"海"的现象。雨洪不是仅传统地下排水所能解决的，于是人们开始更加关注雨洪问题。那么每当雨水来临时，一定要把它排到地下吗？没有办法使它在地上循环吗？于是，就有了海绵城市的理念。它强调"源头处理"、就地处理，用一些有效的措施使雨洪从地下转移到地上，这就使雨水在人们眼中变得可见，循环过程使雨水变得"可视化"。综上，海绵城市的建设绝对不是一个雨洪调蓄、优化水、储存水和保护水资源的技术。它是一项全新概念的"设计"。雨水应当成为一种全新的资源，充分利用它的循环性、流动性，去提升城市环境、改善人们的生活状况，让人民从中感受到快乐，这是设计海绵城市的部分重要内容，充分利用水的价值提升人们的环境保护意识。

对于建设海绵城市要具体规划、充分设计，既要体现出水的资源性、也要关心环境保护，更加亲近自然。雨水的处理过程不拘于任何形式，任何与周围环境呼应、能够发挥预期功能的海绵系统或措施，都是可实施的。

三、注重细节，将各项低能耗技术融入城市景观设计中

与运行一栋大型建筑所需的能源相比，单体景观所耗费的电能和水能也许不值一提，但是当许多个"不值一提"汇集到一起时，就是一个庞大的数字。且不说一座大型城市公园或喷泉广场正常运营所需的人工、电力和水能成本，仅是对城市绿地的维护一项，便足以令一些水资源短缺的城市捉襟见肘。以中国为例，根据权威机构预测，到2030年，中国全国城市绿地灌溉年需水量将达到82.7亿立方米左右，如此庞大的数字足以显示景观能源消耗问题的严重性。

基于这样的原因，越来越多的景观设计师开始在设计中融入低能耗技术手段，

如遥感系统自动灌溉技术、智能照明、雨水技术等。这些设计不仅大大降低了景观的能源消耗，更提高了城市生态环境的可持续性。

四、因地制宜，注意地域气候特征，利用垂直绿化软化硬质空间界面，创造柔韧适度的城市景观空间

建设生态的、文明的城市，可以促进人们的生活条件、生活质量的提升。

垂直绿化的构成设计手法，为人们带来看得见的蓝天白云，让人们感到更加舒适，有一种心旷神怡的感觉。

（一）点的构成手法

点是没有大小，只有位置的，从几何的角度来看，是零次元的最小空间单位。如果把视觉冲击作为主要前提的话，要从造型学的角度来看，所以具有空间位置的视觉效果在建筑的建设当中，点的构成特点可以组成线、面两种最重要的元素。

1. 重点强调。如果给你看一个或者几个平面，你会发现每一个地方都比较相似、比较单调而无法吸引人们的目光。古代有画龙点睛的典故，用在这里恰到好处，就是在一个平面上点上一个点，使它在整个平面里显得很突出，这样就能产生巨大的吸引力让人们喜欢。我们把这种方法称之为重点强调。

2. 点的线化和点的面化。点动成线、线动成面，很多的点元素在平面上按一定的规律排列构成一个个线面。这成为点的线化与面化。那么点的线化与点的面化都有什么效果呢？它在城镇设计中更具有方向感，排列得像一条线，节奏感、活泼感油然而生。点的面化更能体现出不同的质感，巧妙运用点便能构成各种图案。

（二）线的构成手法

我们平时看到的线是移动的轨迹，只有位置与长度，没有深度。那么什么是线性的呢？大部分细而长的都可以看成是线，如果过于宽，那么它就被看成是面。比较粗的也可以叫作面。线与面的区别是相对的，相比较得到的一种关系。线性加强和对面的分割这两种手法是小的构成法的主要两种。

1. 对面的分割。对面的分割是建筑建设时常用的一种方法，其中比较常见的就是线的垂直绿化设计。当你看到一个建筑想要用什么方法使它显得更加厚重但不妨碍它的美观的时候，对面的分割法就非常不错，也就是线性元素的分割。例如，在厚重的建筑上铺上一层绿色植物将建筑立面进行分割，使它更加美观且具有层次感，还可以使建筑更加生动。

2. 线性加强。点不具有方向，线具有方向，如果每条线的方向不同，就给人的视觉效果造成一定影响。水平线有贴近地面的稳定感，给人更加安全的感觉，使人在视觉和心理上都能心情开阔。如果把它用在垂直结构方向上，可以使建筑显得和谐、安静、平静。

（三）面的构成手法

线动成面，简单地说就是线的平移成为一个平面。一个平面有许多点，或是线复合在一起的，具有一定层次感。面与点、线相比，面更具有层次感，占有更大的空间。

1. 虚实对比，大建筑物铺上垂直绿色，可以形成鲜明的虚实对比，使建筑具有个性。

2. 有些城镇景观看起来隐隐约约的，是一种朦胧的美。为吸引人们的眼球，这是城市景观中常用的遮盖方式。对建筑进行一系列的装饰设计，使建筑全部被绿色覆盖，从而有了一种朦胧般意境的美。

用简洁的设计手法对建筑进行简单的装饰，人们观看景观时更加平静和温和，这样的设计让人感到心旷神怡，也可缓解人们部分生活压力，使人们更加积极乐观地面对生活。

第九章 海绵城市建设组织管理

第一节 组织管理架构

海绵城市涉及城市开发建设的诸多方面，其建设项目包括建筑与小区、道路与广场、公园与绿地、自然水系保护与生态修复、污水治理、排水防涝等；其涉及的专业包括给排水、城市规划、生态学、水利、水文、环境工程、道路、景观等。海绵城市涉及专业的多样性要求建立专业统筹衔接机制，在团队成员配置上，需考虑专业的全面性，这样才能保障海绵城市项目符合各专业要求。

复杂性决定了海绵城市建设的多样性，大体概括为建筑、政府、公园、水利、经济、土地、环保、环境等各个项目，都是海绵城市规划的范围之内。但是由于惯性思维，我国相关部门导致了建设项目管理的杂乱性，导致城市碎片化比较严重，部门各司其政——"九龙治水"的方式很容易造成权责混乱、互相推诿、效率低下等诸多弊端。

为了有效落实海绵城市的实施，《海绵城市建设指南》提出海绵城市建设必须要建立与之相适应的管理体制，并且要求城市人民政府作为海绵城市建设的责任主体，完善部门协调与联动平台，建立规划、住建、市政、交通、园林、水务、防洪等部门协调联动、密切配合法律法规，对海绵城市进行合理规划管理及建设。

海绵城市建设的组织管理架构，如图 9-1 所示。

第九章 海绵城市建设组织管理

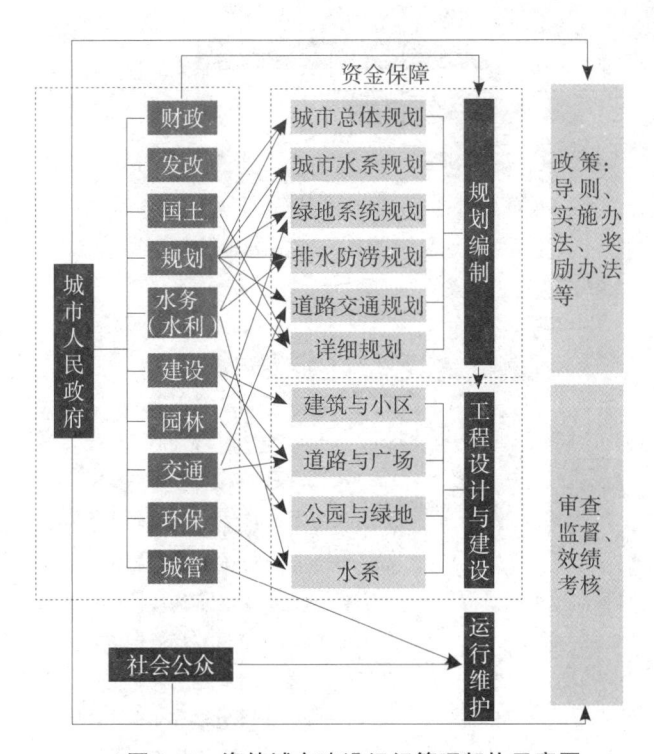

图 9-1 海绵城市建设组织管理架构示意图

第二节 责任主体

城市人民政府是落实海绵城市建设的责任主体，应统筹协调财政、园林、水利、建设、环境、交通、城管、环保、气象等职能部门及下级人民政府，增强海绵城市建设的系统性和整体性，务必求真务实，做到规划一张图，下好一盘棋，管好一座城。

为了切实加强海绵城市建设的领导和管理，城市人民政府可以成立海绵城市建设工作领导小组，明确成员单位及各单位责任分工，健全工作机制。

领导小组的主要职能包括统筹推进海绵城市建设，决策建设海绵城市的重要意义，探讨制定合理的法律法规，提出并解决建设过程中遇到的巨大问题和困难等。

领导小组组长一般由城市人民政府的主要领导担任，领导小组成员由海绵城市建设相关的职能部门以及下级人民政府的主要领导组成。海绵城市建设工作领导小组典型的组织架构示意图，如图9-2所示。

· 171 ·

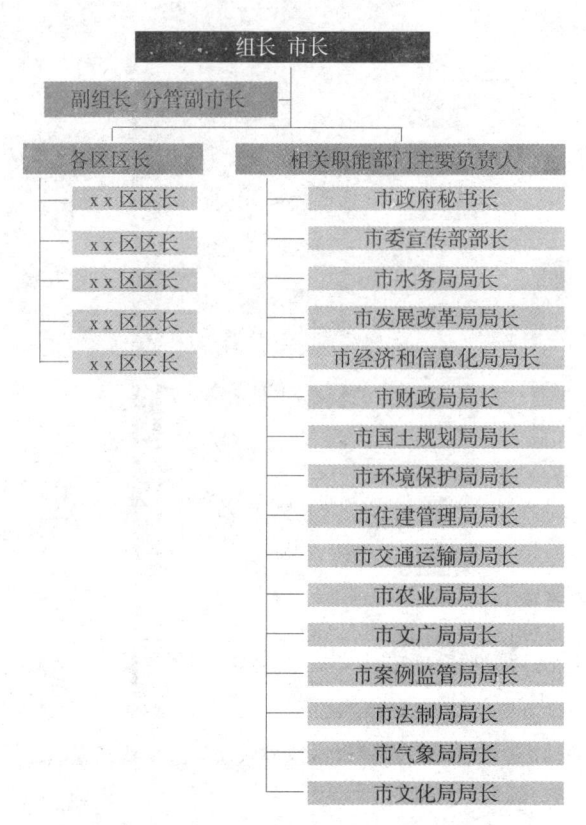

图 9-2 某市海绵城市建设工作领导小组架构

　　海绵城市建设工作领导小组可设置办公室（指挥部）作为日常办公机构，落实经费预算和人员编制。根据各地实际情况，领导小组办公室（指挥部）可依托建设、水务、规划等部门设置，也可从领导小组成员单位抽调，实行集中办公。办公室肩负着海绵城市规划建设综合协调的责任，需积极调动各成员单位乃至社会的积极性，做好内外衔接，组织好全市的海绵城市建设工作。

　　经笔者统计，第一、二批共计 30 个国家海绵城市试点城市的海绵城市领导机构及办公机构设置如表 9-1 所示，其他城市可参考试点城市的相关做法实施。

表 9-1　试点城市海绵城市领导机构及办公机构设置一览表

试点城市	领导机构	办公机构	牵头部门	备 注
迁安	领导小组	办公室	市住房和城乡建设局	—

第九章 海绵城市建设组织管理

续 表

试点城市	领导机构	办公机构	牵头部门	备 注
白城	领导小组	指挥部	市住房和城乡建设局	下设规划设计、工程指导、建设实施、拆违指导、资金保障、宣传报道、督查督办、绩效考核等8个工作组
镇江	领导小组	指挥部	市住房和城乡建设局	内设综合处、规划统筹处、工程建设处、财务处、督查考核处五个部门
嘉兴	领导小组	指挥部	市城乡规划建设管理委员会	抽调人员集中办公；分项目组
池州	领导小组	办公室	市住房和城乡建设委员会	—
厦门	领导小组	办公室	市政园林局	—
萍乡	领导小组	办公室	市建设局	下设综合管理科、项目管理科、绩效考评科、资金管理科
济南	领导小组	办公室	市市政公用事业局	—
鹤壁	领导小组	办公室	市住房和城乡建设局	成员从有关部门抽调，负责海绵城市建设的具体工作
武汉	领导小组	办公室	市城乡建设委员会	—
常德	领导小组	办公室	市住房和城乡建设局	—
南宁	领导小组	办公室	市城乡建设委员会	下设规划编制、项目建设、五象新K规划建设、项目验收、资金保障、项目督促、建设宣传、数据监测和技术顾问等9个组
重庆	领导小组	办公室	市城乡建设委员会	—

续 表

试点城市	领导机构	办公机构	牵头部门	备 注
遂宁	领导小组	办公室	市住房和城乡建设局	—
贵安新区	领导小组	指挥部	新区管理委员会	—
西咸新区	领导小组	办公室	新区管理委员会	—
北京	领导小组	办公室	市水务局	—
天津	领导小组	办公室	市城乡建设委员会	—
大连	领导小组	办公室	市城市建设管理局	—
上海	协调联席会议	办公室	市住房和城乡建设管理委员会	—
宁波	领导小组	办公室	市住房和城乡建设委员会	—
福州	领导小组	办公室	市城乡建设委员会	—
青岛	领导小组	办公室	市城乡建设委员会	—
珠海	领导小组	办公室	市市政和林业局	—
深圳	领导小组	办公室	市水务局	—
三亚	领导小组	工作组	市规划局	下分项目督导组、项目融资和推进组、项目资金管理和绩效考评组等
玉溪	领导小组	指挥部	市住房和城乡建设局	从市财政局、市住建局、市规划局、市水利局等相关部门抽调业务熟、能力强的工作人员为期三年集中办公

续　表

试点城市	领导机构	办公机构	牵头部门	备　注
庆阳	领导小组	办公室	市住房和城乡建设局	—
西宁	领导小组	办公室	市城乡规划和建设局	—
固原	领导小组	办公室	市住房和城乡建设局	抽调30多名工作人员集中办公

注：统计截至2016年11月

除了在市级层面建立海绵城市建设工作领导小组，下辖区（县）级、镇（街）等级政府也可仿照建立相应的领导机构、办公机构，并充分与市级相关部门对接，进一步加强海绵城市建设工作的组织管理。一般而言，市级层面主要解决统一标准、研究机制、探索社会化融资等问题，区（县）级、镇（街）级层面则应该着力统筹实施工作、抓重点区域和重点项目，纵向间相互协调、共同推进海绵城市建设。

海绵城市建设工作领导小组的设置具有阶段性、临时性的特点，在推进海绵城市建设工作的初期阶段，有助于加大系统推进的力度。但当海绵城市建设的理念已经彻底融入政府日常工作并成为常态工作之后，海绵城市建设工作领导小组可逐步弱化机构职能、融入其他常设机构，直至撤销。

第三节　职能分工

海绵城市建设工作领导小组涉及众多部门，应根据各地政府架构及职能划分，制定各成员单位职责分工，做到分工明确、各司其职。

一、发改部门

发改部门常见的职责一般包括：负责研究提出辖区国民经济和社会发展战略规划；负责辖区内基本建设项目的审批、申报；安排年度基本建设计划和重点建设计划；组织协调重点建设项目的前期论证、立项、设计审查、建设进度、工程质量、资金使用、概算控制、竣工验收等；会同有关部门确定和指导辖区内自筹建设资金、各类专项建设基金等资金的投向等。

发改部门涉及海绵城市建设的职能分工一般包括如下几条：

（1）负责将海绵城市建设相关工作纳入国民经济和社会发展计划；

（2）对海绵城市建设项目相关内容在立项时进行审查予以把关；

（3）会同财政部门开展海绵城市建设项目PPP（政府和社会资本合作）运作模式研究与实施。

二、财政部门

财政部门常见的职责一般包括：负责包办和监督建设区的经济财政支出，参与探讨，并制定合理有效的法律法规，规划出具体的法律法规，负责相关部门的资金补贴和储存财物，负责协调管理工作负责投资建设，负责具体规划，评审管理工作等。

财政部门涉及海绵城市建设的职能分工一般包括如下几条：

（1）积极拓宽投资渠道，强化投入机制，负责筹措和拨付政府投资海绵城市建设项目的资金；

（2）负责海绵城市建设项目PPP运作模式研究。做好PPP项目建设投资、收益等财务收支预测，落实政府购买服务付费方案；

（3）负责海绵城市建设项目投融资机制研究，包括：财政补贴制度，绩效考评资金需求总额及分年度预算，资金筹措情况，长效投入机制及资金来源，奖励机制等；

（4）会同其他相关部门考核PPP公司海绵城市设施运营、管理和维护，依据考核结果，核发政府购买服务资金。

三、国土部门

国土部门常见的职责一般可以概括为：对于土地利用政策的编制、修改；撰写年度计划并实施；土地的各方面管理；拟订土地供应计划等。

国土部门涉及海绵城市建设的职能分工一般包括如下几条：

（1）负责将海绵城市建设要求纳入相关土地审批环节；

（2）负责管控具有涵养水源功能的城市林地、草地、湿地等地块的保护、出让和使用；

（3）保证海绵城市建设项目土地需求；

（4）根据海绵城市建设要求及部门职责编制相关规范、技术标准和政策文件。

四、规划部门

规划部门常见的职责一般包括：组织编制辖区近期建设规划、相关专项规划；贯彻执行国家有关方针政策、技术规范、标准，并组织实施；负责建设项目的规划选址、建设用地的规划管理工作；负责建设项目规划、建筑设计方案的初步设计审查工作等。

规划部门涉及海绵城市建设的职能分工一般包括如下几条：

（1）根据海绵城市建设要求编制相关规划、导则和其他政策文件，组织编制海绵城市专项规划；

（2）负责将海绵城市理念及要求纳入总体规划、详细规划、道路绿地等相关专项规划；

（3）负责划定城市蓝线、绿线和黄线，并出台相关政策；

（4）负责海绵城市建设项目的规划设计审查工作，将海绵城市的建设要求落实到控规和开发地块的规划建设管控中，将年径流总量控制率等指标作为城市规划许可"两证一书"的管控条件。

五、水务（水利）部门

水务（水利）部门常见的职责一般包括：起草有关法规、规章，拟定相关政策，经批准后组织实施；承担水务工程的建设管理及质量安全的监督管理责任；落实国家、省城市水利部分的相关法律法规、规章制度；负责管理防雨抗旱的主要领导工作；组织引导、帮助、指导区的抗洪抗旱工作等。

水务（水利）部门涉及海绵城市建设的职能分工一般包括如下几条：

（1）根据部门职责，负责编制水务工程海绵相关规划、标准和政策文件；

（2）在项目的排水施工方案审查和排水许可证等方面落实海绵城市建设要点审查；

（3）在水库、湖泊、河流等涉水项目以及雨污分流管网改造、排水防洪设施建设、再生水和雨洪利用等相关城市排水项目中，全面落实海绵城市建设理念；

（4）负责内涝区整治、内涝信息收集、三防能力建设等相关工作。

六、建设部门

建设部门常见的职责一般包括：贯彻执行国家、省、市城市规划建设，制定和实施环境保护策略，并调查和监管具体实施情况；具体拟定城市规划建设，指导区域建设；负责建设项目监察和管理工作；贯彻执行工程勘察设计、施工、质量监督检测的法规，并关注建设进度；抓好施工许可、开工报告、质量检测、完工验收，负责各方面的建设行业执业资格和科技人才队伍建设的管理工作，指导行业教育培训工作等。

建设部门涉及海绵城市建设的职能分工一般包括如下几条：
（1）指导、监督部门主管行业范围内的海绵城市建设项目的建设和管理；
（2）负责编制海绵城市相关施工、运行、维护、验收的技术指南或政策措施；
（3）将海绵城市建设要求纳入开工许可、竣工验收等城市建设管控环节，加强对项目建设的管理；
（4）督促施工审图单位加强对项目海绵设施的审查；
（5）会同相关部门对竣工项目进行海绵城市设施验收；
（6）负责对海绵城市建设项目监管人员和设计、施工、监理等从业人员进行专业培训。

七、园林部门

园林部门常见的职责一般包括：起草辖区相关地方性园林规定草案、政府有关部门规章制度，制定园林绿化中期发展规划和年度计划；同有关部门编制城市园林专业规划和绿地系统详细规划，负责公共绿地管理，如各类公园、动物园、植物园、其他公共绿地及城市道路绿化管理等。

园林部门涉及海绵城市建设的职能分工一般包括如下几条：
（1）负责制定公园和绿地等的海绵设施建设、运营维护标准和实施细则；
（2）负责海绵型公园和绿地的建设与管理维护。

八、交通部门

交通部门常见的主要责任包括：贯彻落实国家的交通法律法规，并监督实施；重点工程的建设、维护、造价控制和质量监督的管理工作等。

交通部门涉及海绵城市建设的职能分工一般包括如下几条：
（1）负责编制道路交通设施中相关海绵城市的技术指南或政策措施；
（2）负责道路交通设施中海绵城市相关设施的建设和管理工作。

九、环保部门

环保部门常见的职责一般包括：负责在权限内规划和建设项目的环评审批工作；对环境造成污染的行为进行严厉处罚；调查所在区域重大污染的来源；负责环境的监

测统计以及数据；负责提出环境保护的区域、环境规划城市建设的方向、国家财政性资金安排的意见；参与指导和推动循环经济的发展，应对气候变化、全球变暖等。环保部门涉及海绵城市建设的职能分工一般包括如下几条：

（1）加强对海绵城市建设中具体建设项目或相关规划环境影响报告书（或规划的环境影响篇章、说明）的组织审查；

（2）严格环境执法，加强对企业污染源监管；

（3）负责开展相关河湖水质的环境监测工作；

（4）探索城市面源污染监控、评估、削减等机制、标准和方法。

十、市辖下级部门

各市所辖下级政府部门主要负责实施并监督、监察辖区内海绵城市建设情况，保障道路广场、公园、建筑小区、水务相关项目符合配套海绵设施条件；建议建立海绵城市建设重点区域、重点项目专人跟踪制度；完善项目全过程管控；加强区级海绵城市机制的探索工作，因地制宜地引导实践。

第十章 海绵城市规划管理

按照国家《城市规划基本术语标准》GB/T50280-1998，城乡规划管理是集体规划，并利用合理的法律对城乡规划进行引导和监督的行政管理活动。

城市规划管理一般可以概括为三个方面，即城市规划的管理、城市规划的实施方案、城市规划管理主要涉及的城市。城市规划管理主要是对规划文件进行批量的分类。城市规划建设管理主要包括建设用地的规划、建设工程规划以及规划管理等方面。

总的来说，城乡规划管理具有整体性、应用性、艺术性、地方性、科学性、综合性、持续性等诸多特性。

第一节 规划编制管理

一、城乡规划法律法规体系

《中华人民共和国立法法》规定，城乡规划法规体系的等级层次应包括法律、行政法规、地方性法规、自治条例和单行条例、规章（部门规章、地方政府规章）等，以构成完整的法规体系。

《城乡规划法》是城乡规划中的主干法和基本法，对各级城乡规划法规与规章的制定具有不容违背的规划性和约束性。除作为主干法的《城乡规划法》之外，还有大量城乡规划的法律法规。中国的城乡规划法律法规体系在中央与地方两个层级上，分别沿横向和纵向展开。在中央层级上，《中华人民共和国土地管理法》（1986）、《中华人民共和国文物保护法》（1982）、《中华人民共和国行政许可法》（2003）、《中华人民共和国行政复议法》（1999）、《中华人民共和国行政诉讼法》（1989）、《城市绿化条例》（2011）、《基本农田保护条例》（1998）、《历史文化名城名镇名村保护条例》（2008）等均与《城乡规划法》有所联系，可以看作是《城乡规划法》在横向上的延伸。

在纵向上，《城乡规划法》也逐步建立起相应的法规、规章以及技术规范体系。

例如,《城市规划编制办法》(2005)、《村镇规划编制办法(试行)》(2000)等。此外,为了城市规划编制与管理的规范化,国家相关部门制定了一系列国家标准和行业标准作为技术标准和规范,这可看作《城市规划法》在纵向上的延伸。例如,作为国家标准的《城市用地分类与规划建设用地标准》GB50137—2011,作为行业标准的《城市规划制图标准》CJJ/T97—2003、《城市道路工程设计规范》CJJ37—2012(2016版)等。

在中央全国性法律法规体系的基础上,有地方立法权的地方组织也建立了相应的法律、法规体系。例如,深圳市颁布了地方性法规《深圳市城市规划条例》(2001)、《深圳经济特区规划土地监察条例》(2013)、《深圳地下空间开发利用暂行办法》(2008)等,还有《深圳市城市规划标准与准则》(2014)等标准。

我国城乡规划法律法规(不含省、自治区、直辖市和较大市的地方性法规、地方政府规章)构成的法律体系框架如表10-1所示。

表10-1 我国城乡规划主要法律法规

类 别		名 称
法律		《中华人民共和国城乡规划法》
行政法规		《村庄和集镇规划建设管理条例》
		《风景名胜区条例》
		《历史文化名城名镇名村保护条例》
部门规章与规范性文件	城乡规划编制与审批	《城市规划编制办法》
		《省域城镇体系规划编制审批办法》
		《城市总体规划实施评估办法(试行)》
		《城市总体规划审查工作原则》
		《城市、镇总体规划编制审批办法》
	城乡规划编制与审批	《城市、城镇控制详细规划编制审批办法》
		《历史文化名城保护规划编制要求》
		《城市绿化规划建设指标的规定》
		《城市综合交通体系规划编制导则》
		《村镇规划编制办法(试行)》
		《城市规划强制性内容暂行规定》

续表

类别		名　称
部门规章与规范性文件	城乡规划实施管理与监督检查	《建设项目选址规划管理办法》
		《城市国有土地使用权出让转让规划管理办法》
		《开发区规划管理办法》
		《城市地下空间开发利用管理规定》
		《城市抗震防灾规划管理规定》
		《近期建设规划工作暂行办法》
		《城市绿线管理办法》
		《城市紫线管理办法》
		《城市黄线管理办法》
		《城市蓝线管理办法》
		《建制镇规划建设管理办法》
		《市政公用设施抗灾设防管理规定》
		《停车场建设和管理暂行规定》
		《城建监察规定》
	城市规划行业管理	《城市规划编制单位资质管理规定》
		《注册城市规划执业资格制度暂行规定》

二、海绵城市规划组织编制主体

2016年3月，住房和城乡建设部发布《关于印发海绵城市专项规划编制暂行规定的通知》（建规〔2016〕50号）（以下简称《通知》）。《通知》提出海绵城市规划既可以单独进行，又可以多个同时进行。海绵城市专项计划经过批准以后，应当由人民政府公开公布，法律法规不得公开的除外。负责建设海绵城市的相关单位应当有乙级以上的城乡规划资质，并在资质的许可范围内从事建设海绵城市的各项工作。

此外，相关职能部门在建设海绵城市时，应进行严格的审查。

海绵城市专项规划的主要任务是：明确提出关于保护环境的措施；明确雨水年降雨量的具体数据；明确海绵城市近期主要的建设项目重点。海绵城市专项规划应当包括下列内容。

（1）从不同的方面去评价建成海绵城市的条件。

（2）了解建设目的和指示指标。
（3）提出海绵城市建设的整体思路。
（4）提出海绵城市建设的分区指引。
（5）落实海绵城市建设管控要求。
（6）提出规划措施和相关专项规划衔接的建议。
（7）明确近期建设重点。
（8）提出规划保障措施和实施建议。

第二节 规划审批和实施管理

一、规划审批管理

城市规划管理，就是按照合理的法律法规向审批部门申请，经过有关部门的批准后，才变得有约束力。

《中华人民共和国城乡规划法》第二十一条规定，我国城市规划的审批主体是国务院、省、自治区、直辖市和其他城市规划行政主管部门。按照法定的审批权限，城市的专项规划一般是纳入城市总体规划一并报批。由于专项规划与城市总体规划关系密切，单独编制的专项规划一般根据当地的城市规划行政，对海绵城市建设进行审核。

海绵城市专项规划的组织编制单位应就规划成果充分征求海绵城市建设工作领导小组各成员单位、专家和社会公众的意见，修改完善后报同级人民政府批准，并报海绵城市建设工作领导小组办公室备案。

二、规划实施管理

（一）城市规划实施管理的概念

城市规划实施管理，就是在合法的前提下，采用法治的、社会的、合理的、有效的、科学的管理方法，依照国家相关部门的法律法规以及具体的规定，对城市用地具体规划以及建设意图必须上报。实际上，就是把城市用地一步步落实在建设的项目上。

海绵城市建设管理的每一建设项目都要经过申请、调查、审核，通过办理相关手续以及手续后一些具体的运行操作，得到建设项目选址意见书、建设用地规划许可证和建设工程规划许可证。这就是非常重要的"一书两证",也是其中一个非常重要的环节。海绵城市规划实施就是面对巨大的空地进行大量的项目计划,按照规定一项一项地去进行,然后实施。

(二)城市规划实施管理原则

对于一个城市来讲,具体建设实施计划和城市管理规划有直接关系。那么,什么是城市规划管理呢?简单来讲,它就是一个项目,具有复杂性、系统性、应用性、综合性、科学性的特色。光有这些是不够的,城市建设还需要遵循以下原则。

1. 合法性原则

依法行政是其核心内容。合法性原则的内容主要有三点。一是城市实施管理行为必须有明确的法律规定。二是规定管理人员都不可以享受行政调节特权。三是管理人员必须遵守法律法规的规定,在法律体系范围内办事不可以触犯法律。

2. 合理性原则

管理机关在做出决策时,要按照合理性原则,采取合适的措施和恰当的决策。合理性原则的具体要求是合法的前提必须是合理的,需要公平、公正、公开,即要善于利用客观事实保护人民的利益。

3. 程序化原则

城市规划实施管理需按照一定的程序来审批,一些项目在谈到城市建设用地时都必须服从《城乡规划法》,然后经过申请、审查,去核实所规定的项目。

4. 公开化原则

一个城市经过了相关部门的批准建设之后,任何部门无法擅自改变,所有土地建设都要遵从《城乡规划法》。

5. 加强批后管理的原则

一个城市经过批准之后,要保证在建设用地的过程中严格遵守相关部门的法律法规。违反法律法规的建筑、活动、项目,一旦发现,必须严肃处理。

(三)城市规划实施管理机制

1. 城市规划行政管理机制

在实施规划的过程中,行政机制是最基本的作用部门。想要更好地发挥出行政机制的作用,就应该获得充分、合理的法律授权。

2. 城市规划财政支持机制

城市的规划需要财政支持,公共工程建设可以通过赞助的方式,对城市的重要设施直接投资。这些钱都是政府预算拨下来的,这要看城市如何去规划设定。为了城市规划,政府还可以通过税收促进某些活动发展。

3.城市规划法律保障机制

城市规划法律保证机制可以通过法律来规划，具体包括两个方面。一是公民为了维护自己的合法权益，依法根据流程对城市规划行政机关做出合理的诉讼请求。二是利用法律武器，通过行政法律为城镇建设规划进行行为上的授权。

4.城市规划社会监督机制

在城市建设规划的过程中，公民、社会人员、社会团体参与城市规划的制定和建设，并监督城市规划的实施。公众参与有三个要点：第一必须规范公众反映的意见和途径；第二是规范公众意见的处理方式；第三是政府发布的信息必须是规范的。

第三节 建设项目规划许可制度管理

项目规划许可制度是建设项目许可制度最重要的内容，其中建设用地规划许可证、建设项目选址原则书，是非常重要的部分。城市规划相关部分应依法律法规去核定。

海绵城市建设项目管控流程如图10-1所示。

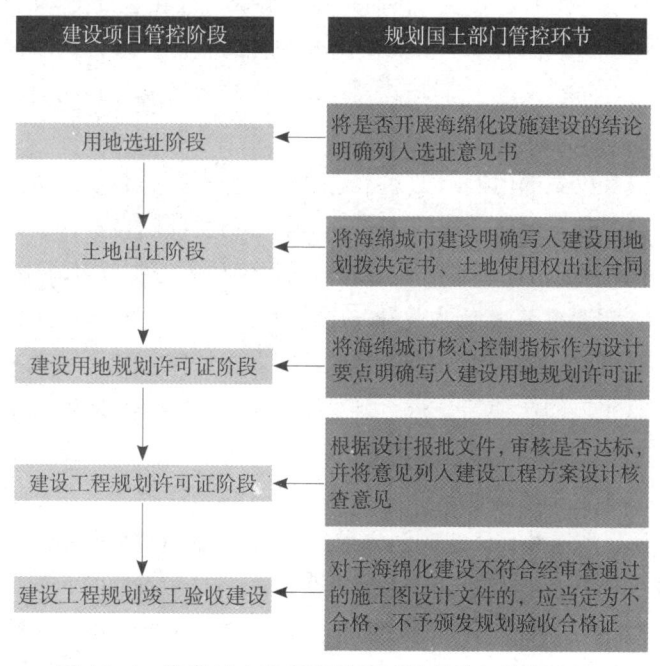

建设项目管控阶段	规划国土部门管控环节
用地选址阶段	将是否开展海绵化设施建设的结论明确列入选址意见书
土地出让阶段	将海绵城市建设明确写入建设用地划拨决定书、土地使用权出让合同
建设用地规划许可证阶段	将海绵城市核心控制指标作为设计要点明确写入建设用地规划许可证
建设工程规划许可证阶段	根据设计报批文件，审核是否达标，并将意见列入建设工程方案设计核查意见
建设工程规划竣工验收建设	对于海绵化建设不符合经审查通过的施工图设计文件的，应当定为不合格，不予颁发规划验收合格证

图10-1 海绵城市建设项目管控流程的工作程序图

一、项目前期规划阶段

一个城市的建设规划,是需要前期规划的。城乡规划行政主管部门负责规划,然后在建设过程中进行审查。在更新规划阶段。规划国土部门应该重点审查以下内容。

(1)调查该地区自然灾害是否严重以及是否具备海绵城市的构成条件。

(2)如果适合,根据城乡规划相关部门海绵城市的详细数据,进而规划怎样构成海绵城市。

(3)环境保护的生态线、绿线,严格审查是否真正的落实环境的相关要求。

(4)防雨洪、防潮等措施是否真正落实到海绵城市当中。

二、建设项目选址意见书

(一)建设项目选址意见书的概念

很明显,就是对城市建设管理项目地址的确定或者选择,但是必须严格按照具体的法律法规去实施。相关部门应采用选址意见书来确定或者选择具体的地址。

建设项目选址具体要求的提出,应该根据城市的规划。建设工程规划管理和建设规划管理这两个过程不是分散的,而是连续的。一般在建设工程的规划管理阶段,用地用途和用地申请应同时提出。想要提升工程的整体进度,应该首先有一个良好的设计方案。然后向有关部门提出申请,如果这个申请通过,我们就会得到整个工程的方案,从而加快工程的进度。

按照国家城乡相关部门的意见开始建设项目,那么国有土地该如何分配呢?以化拨的方式提供国有土地使用权的,建设用地的相关部门经过核实以后应当向城乡规划主管部门申请核发意见书。除此之外,项目建设不需要再申请选址意见书。

(二)审核建设项目选址意见书的程序

一座城市的建设,必须要相关部门的批准以及核实。城乡规划主管部门应该对用地情况,按照相关的法律法规进行确认选择,从而有效地保证用地的区域用途、所选的地址符合城乡规划规则。

选址意见书作为法律的审核项目,需要经过政府的批准之后,根据有关法律法规依法制定城乡规划,并在法定时间内做出答复。对于符合城乡规划的,给予批准;对于不符合城乡规划选址的,应当直接说明理由。对于通过的,行政区域主管部门应该向上级主管部门提出申请,国家的重大建设项目可向省级人民政府主管部门提出申办选址意见书。

按照国家规定需要有关部门批准或者核准的建设项目，或以行政划拨方式取得土地使用权的建设项目，应遵循以下程序。

① 选择区域所用地。

② 核定设计范围并提出土地利用规划要求，同时提出建设工程规划设计条件。

③ 核发建设项目选址意见书。

（三）海绵城市建设项目本阶段工作建议

对于海绵城市的建设，政府的城乡规划部门在建设的选址意见书中，应该将建设项目是否开展海绵城市作为主要的内容之一，明确自己的看法。

例如，某适宜开展的项目，在选址意见书中加入以下要求：

"一个项目的建设需要按照国家的法律法规，开展海绵城市的规划设计、施工和验收"。

申请建设项目选址意见书工作程序，如图10-2所示。

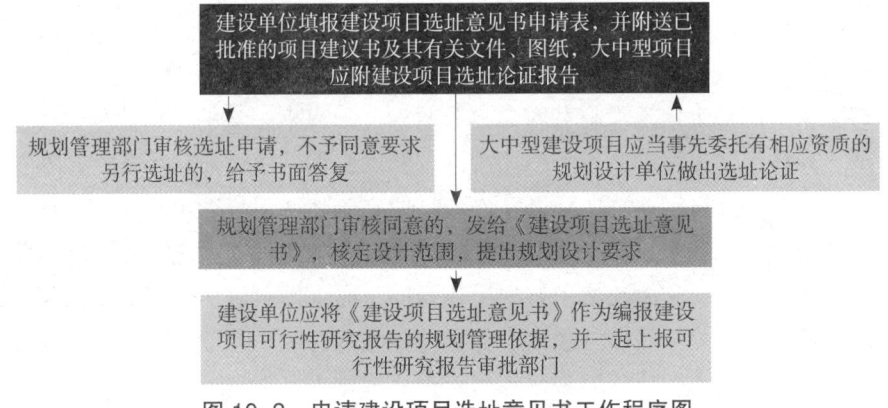

图 10-2　申请建设项目选址意见书工作程序图

三、立项和土地出让阶段

国土规划行政主管部门在建设用地划拨决定书或土地使用权转让合同书中应按选址意见书，将项目建设是否将建设海绵城市相关设施作为基本的内容给予转载声明。

项目建议书（可行性研究报告）应提供以下材料：

（1）项目建设是否位处于自然灾害发生地区；

（2）项目建设是否对环境造成污染；

（3）项目建设海绵城市对环境的有利条件和不利条件；

（4）相关部门应该明确城市承建海绵城市的条件。

对一个项目是否能实施，应提出完整的报告，对项目实施可行性的概率进行大体的计算，并明确开发强度。

四、建设用地规划许可证

（一）建设用地规划管理的概念、作用和范围

规划管理是依据城乡规划的区域大体格局、土地利用率、开发率，实施建筑工程，从而更好地预算一个工程的经费、设计方案、开发强度，充分利用每一寸土地。总的来说，城乡规划相关部门要严格按照法律法规走每一步程序，对城市用地范围进行充分利用，巧妙地去规划、设计，确定区域、范围、用途，以及对周边环境的影响等因素，核发用地许可证。

《城市房地产管理法》第八条规定："土地使用权出让，是指国家将国有土地使用权在一定年限内出让给土地使用者，由土地使用者向国家支付土地使用权出让金的行为。"土地使用权的转让方式可以分为招标、双方协议、合同、中间人等多种方式。

有关单位取得土地建设权利时向有关政府部门提出用地的详细规划、用途、提出申请，具体出让土地的区域、使用用途、开发强度、用地面积等条件。在这个过程中，双方有必要拟定相关的合同，如签订国有土地使用权的出让、签订出让合同书、申请办理人的合法的相关手续手册。申请合理的证书之后，持建设项目批准、转让、备案文件和国有土地使用权的出让合同，向人民政府主管部门申请批准规划用地的许可证。相关部门以及政府应查看持证人是否资料手续齐全，并依照相关法律法规，对持证人的转让合同规划书进行严格的审查，审核位置、面积、建设工程的项目用土开发强度以及各项相关手续是否齐全，对符合要求的应当核发建设用地规划许可证，对于手续不齐全的、存在违法行为的、缺少相关证件手续的应当不予核发建设规划用地许可证并说明理由，以书面的形式回复。

综上所述，审核建设用地规划许可证的一般程序是：

（1）严格地审核所需要的相关文件手续、图纸是否完整、齐全。

（2）审核建设工程设计方案或修建性详细规划是否符合依法批准的控制性详细规划，是否符合国有土地使用权出让合同中规定的规划设计条件。

（3）核发建设用地规划许可证。

（二）海绵城市建设项目本阶段工作建议

对所选的项目"海绵城市"进行合理的规划，城乡规划主管部门在建设用地规

划许可中要调查清楚年降雨量，保护好生态环境，以更好的亲近自然。城市规划的相关部门将海绵城市明确地写入用地规划书，明确用地规划许可和土地使用权合同的转让。

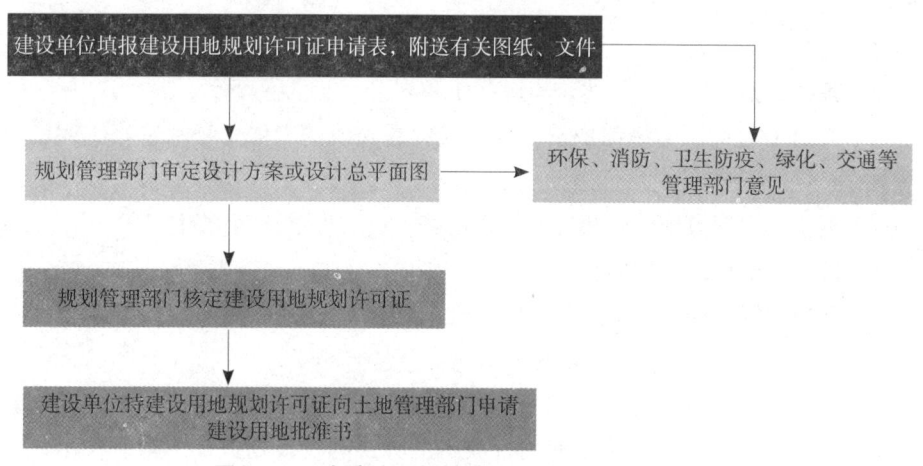

申请建设用地规划许可证工作程序图，如图10-3所示。

```
建设单位填报建设用地规划许可证申请表，附送有关图纸、文件
              ↓
规划管理部门审定设计方案或设计总平面图 → 环保、消防、卫生防疫、绿化、交通等管理部门意见
              ↓
规划管理部门核定建设用地规划许可证
              ↓
建设单位持建设用地规划许可证向土地管理部门申请建设用地批准书
```

图 10-3 申请建设用地规划许可证工作程序图

五、建设工程规划许可证

（一）建设工程规划管理的定义、作用及范畴

1. 建设工程规划管理的定义

建设工程规划管理是指在城乡规划及法律、法规、规章的规定下，依照建设工程的具体情况，同专业管理部门相结合，在通过审核建设工程的设计方案、开发强度、规模、位置、性质等有关内容后，批准发放建设工程规划许可证的一种行政行为。此外，它还是一种涉及面比较广泛且具备较强综合性及技术性的行政管理方面的工作，把城市的总体规划、详尽规划和城市设计落实到具体的行政行为，在城乡规划实施管理中有着不可替代的地位。

2. 建设工程规划管理的作用

建设工程规划管理不仅能对各项建筑活动进行有效指导，让各项建设工程在城乡规划的要求下有秩序地展开，促使城乡健康全面地发展，还可以让城市环境景观得以优化，对相关矛盾进行综合协调，让城市公共利益得到保证，让建设活动的合法性得到确定。

3. 建设工程规划管理的范畴

在城市规划区域的范围内，住宅、学校、办公楼、仓储、工业、医院、市政、交通基础设施等建设项目进行新建、改建、扩建、翻建，都要按照《中华人民共和国城乡规划法》依法办理《建设工程规划许可证》。其具体的范畴包括以下几个方面。

（1）建筑工程的新建、改建、扩建。

（2）各种类型的道路、管线、市政等工程。

（3）大修工程特指文物保护单位与近代优秀建筑的大修工程，装修工程特指改变原来的面貌、结构和平面的装修工程。

（4）美化工程特指城市雕塑等放置在广场上或城市道路两边的工程。

（5）广告设施特指户外的相关设施。

（6）建筑物以及构筑物特指各种临时性的。

（二）建设工程规划管理的相关程序

建筑工程规模以及土地使用权获得的方式存在着差异，所以建筑工程规划管理的程序也就不一样。目前，土地使用权获得的方式有行政划拨征用与有偿出售或转让土地使用权两种。依照建筑工程的规模划分，其有两种情况，分别是单项工程建设和成片开发建设。综合上述两种情况，我们详细分析一下建设工程规划管理的具体程序。

1. 以行政划拨征用为基准，对建设工程审核予以分析

（1）原拆原建土地性质不变的单项建筑工程

此建筑工程在审核时，一般有三个步骤：① 对设计的范围进行核查确定，对规划提出设计上的要求；② 对建筑设计的方案进行审查核实；③ 核准后发放建设工程规划许可证。

（2）刚刚征用的土地或者是在原来的土地上把用地的性质进行改变的单项建筑工程

这一建筑工程在审核时一般有两个步骤：① 对建筑设计的方案进行核查确定；② 在审核后，相关部门批准发放建设工程规划许可证。

（3）对土地进行成片开发的建筑工程

这一建筑工程在审核时一般有三个步骤：① 对详细的规划或城市的设计进行审

查核实；② 对单独个体的工程设计方案进行审核；③ 核准后发放建设工程规划许可证。

2.以国有土地出售或转让获得土地使用权为基准，对建设工程审核进行分析

建筑工程以国有土地出售或转让得到土地的使用权，在两方签订出售转让的合同并得到土地使用权之后，才能将建筑设计的方案送到规划管理的部门进行审核，同时向有关部门申请建设工程规划许可证。

在申请建设工程规划许可证的时候，建设的单位或者个人应该依照相关的法律法规向所处的城市、县级人民政府的城乡规划主要管理部门或镇人民政府相关部门（此经由省级人民政府确定后方才有效）提交相应的申请，同时将土地使用的证明材料、建设工程设计方案的重要图纸以及修建详细规划文书的其他有关材料一起交给相关部门。相关部门在接受上述材料后，应该在国家规定的时间内审核申请人提交的相关材料。相关部门审核时包括下面几个方面。

（1）申请人具不具备合法的资格，申请的事项符不符合法定的程序与形式，申请提交的资料以及相关图纸完不完备等。

（2）在审查核实成片开发的建筑工程设计方案时，依照编撰的详尽规划、有关的法律法规以及其他具体且翔实的需求，审查核实申请事项的具体内容。

（3）对建筑设计方案审查决定。

（4）相关部门批准发放建设工程规划许可证。

3.海绵城市建设项目本阶段工作建议

海绵城市项目方案设计（施工图设计）需要提供相关的图纸，如规划区域内排水系统的图纸、项目汇水分区及其设施布局的相关图纸；还有相关方面的自我评测表，如项目的目标和设计方案的自我评测表。除此之外，有关规划无法确定海绵城市建设项目引导指标符合的，不仅需要上述的材料，而且要把计算数据和数学模型一起交到相关部门。

在国家、地方等有关规范和标准的指导下，评审单位（审查机构）对确定进行海绵城市有关设施建设的项目、设计方案或者施工图进行评审，把相关工程采取的应对策略划归到重点审查的范畴之中，同时把审查的最终结果清楚明了地显示出来。

在进行形式性审查时，城乡规划相关主要管理部门要依据方案设计报送的材料和审查意见进行，同时要将审查的结论列入建设工程规划许可证的核查意见之中。

图 10-4 是申请建设工程规划许可证的工作程序图。

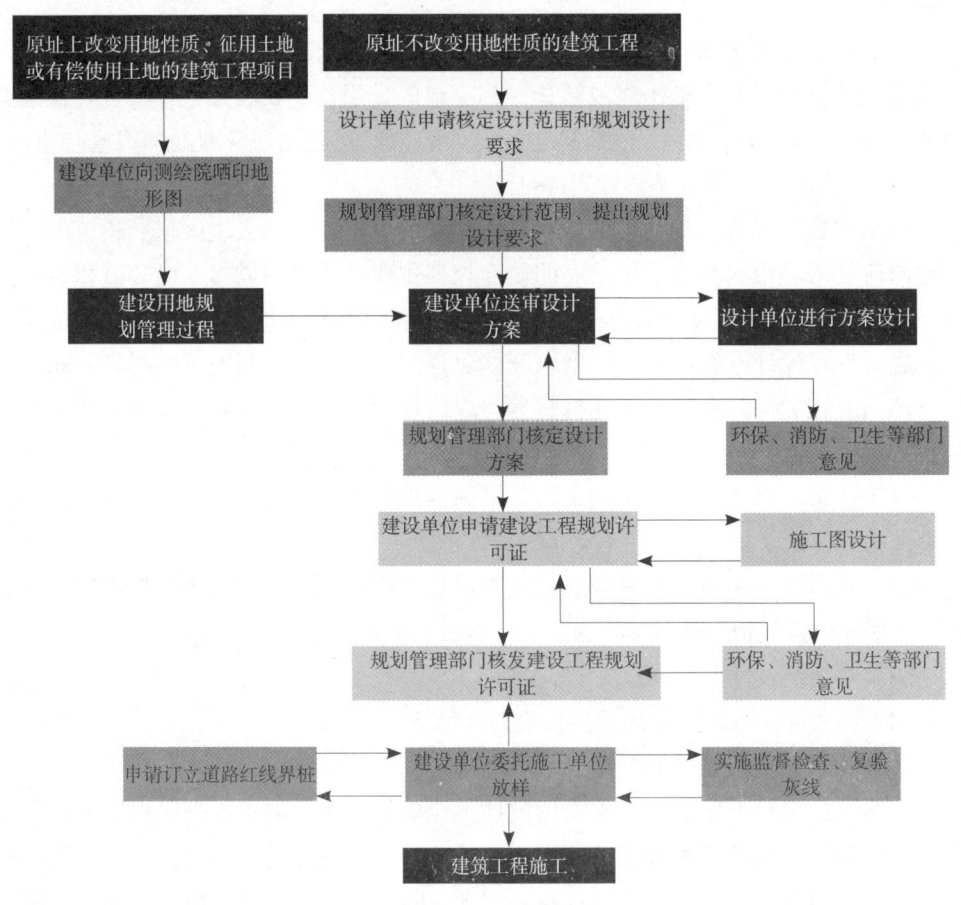

图 10-4　申请建设工程规划许可证

六、工程规划和验收

对工程进行综合检验认可和存案以备考察（规划与验收同步），住建部和规划等有关部门对没有依照审核过的图纸来施工的，在竣工后验收时可以定义为不合格。

在进行专门项目检验认可时，城乡规划行政主管部门对没有依照审核过的相应文件来施工的，在检验认可时可以确定其无法达到合格标准。

对于竣工后验收没有合格的项目，要限定时间进行整改并达到合格。

第十一章 海绵城市维护管理

第一节 维护管理机制和流程

一、维护管理机制

做好海绵城市工程设施的维护管理，保证各类设施充分发挥其设计功能与作用，预防其损坏和不必要的损失，是各主管部门共同的职责。因此，各类工程和设施的维护管理必须建立健全的管理机制，确保在各部门协同管理的前提下，有效开展相关工作。

海绵城市工程和设施的运行与维护，要重视对公众的宣传、教育以及引导，让公众能认识到在海绵城市建设、低影响开发、绿色建筑、城市节约水资源、水生态的修复以及防治内涝等工作之中控制和利用雨水的重要作用，进而让公众积极加入建设、运行和维护海绵城市之中，这将有助于实现海绵城市项目预防为主、长久运行的最终目标。

根据当前海绵城市相关项目的投融资模式，可将其分为政府投资类项目、社会类项目以及PPP类项目。在"谁建设，谁管理"的原则指导下，根据不同项目类型，设施的维护和管理应该由所有者或委托方负责，同时应加强人员的管理和培训，认真落实设施维护责任制。

（1）政府投资的海绵城市工程的维护管理职责按属地管理、产权管理原则，与配套建设海绵城市设施之前该建设项目所对应的维护管理单位相同，由项目所在地的有关行政部门（水务、环保、园林、城管、交通等）按照职责进行分工，进而负责相关维护和管理工作；而政府出资建设的公共建筑、道路等项目中的海绵城市设施，应该由产权单位负责维护和管理。各部门应按照上级主管部门下发的目标要求，具体实施海绵城市设施维护与管理工作。

（2）社会类项目的海绵城市设施由其产权单位或物业管理单位负责维护与管理。

而项目设计的控制目标是维护和管理工作必须要满足的，同时要被上级主管部门监管。

（3）PPP 类和前期为 EPC 后期转为 PPP 类项目的海绵设施在合同运营期内由投资公司负责维护管理，运营期外设施的维护管理交由政府或物业来负责。

（4）各个地方海绵城市建设与管理相关的统筹部门，要将各个部门身兼的职责明确好，做好海绵城市设施维护管理的监督、指导、协调统筹工作。

（5）各地财政部门应负责统筹安排专项经费用于海绵城市设施的维护管理，但对非政府投资项目的海绵城市设施维护管理经费由其经营管理单位负责。

（6）海绵城市设施应配有专职人员管理，管理人员应经专门培训上岗，掌握各类设施的维护内容、方法和频次。各管理部门应建立维护人员日常管理制度，根据维护需要合理安排人员数量、维护时间，保证各类设施维护工作顺利进行。

（7）海绵城市设施由于堵塞、设备故障等原因造成暂停使用的，应及时向相应责任部门上报，同时进行排查，及时恢复使用。

二、维护管理流程

（1）海绵城市设施的维护管理应采用日常巡查和专项巡查相结合的模式。日常巡查频率遵循原有巡查制度的相关规定；专项巡查频率建议最低为一年两次，分别为每年雨季来临前和雨季后期。相关部门应制定各项设施运行维护要点，对海绵城市设施进行集中专项巡查，保证设施正常、安全运行。

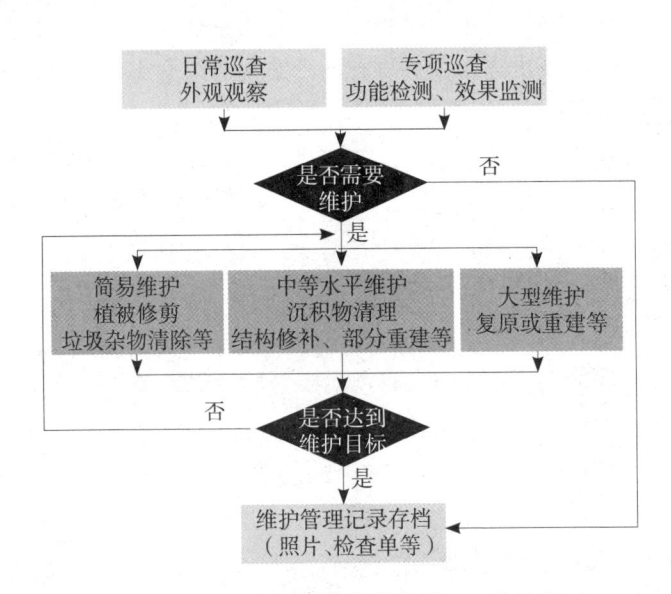

图 11-1　海绵城市设施维护管理工作流程

（2）海绵城市设施的维护管理应建立健全维护管理制度和操作规程，所有的维护工作应做维护管理记录。通过图11-1，我们能了解维护与管理工作的基本流程。

（3）维护管理记录由海绵城市设施日常维护管理记录与专项维护管理记录两部分构成，这些记录由相应的维护管理单位在工作过程中收集而来，其中专项维护管理记录每年至少两次，每年雨季结束报上级主管部门备案。

第二节　维护管理重点

一、设施维护管理重点

同海绵城市相关的工程设施种类有很多，空间分布也不够集中，总体数量也较为庞大，如果后期管理无法跟上，一定会让最终的结果无法达到理想状态。为了能让海绵城市低影响开发设施长久且有效的运行下去，我们要注意日常维护和管理，常规养护各类植物，尤其是在降水之后，检修管理一定要及时到位。

（一）一般规定

1. 建立并不断完善海绵城市工程设施的维护管理制度与操作规程。

2. 降水频发的季节来临之前，要及时清洁和维护各项分散式雨水设施，保证它能安全顺畅运行；在降水频发的季节，要定期检查设备运行情况，同时注意清扫和清淤的工作，以便设备能安全有效工作。

3. 海绵城市工程的设施非常有必要安装防止误接、误饮、误用的警示标志以及报警设备。在设备的旁边放置介绍盘，对其结构和作用做以介绍，这样对民众了解、认识和维护设备非常有利。对于重要项目或示范项目，应在设施旁设置标识牌，介绍设施的构造、作用等；在下沉深度较大的设施附近应根据安全需求设置围栏、警示牌或安全平台。

4. 严格禁止朝道路的雨水口和海绵城市设施的内部倒入树叶、垃圾、生活污水和工业废水；严格禁止在对道路进行清扫时，把垃圾、泥沙等废弃物扫入雨水口处；严格禁止雨水管道和低影响开发设施同生活污水、废水管道相连接。

5. 严格禁止私自改造海绵城市的设施，如雨水花园、下沉式绿地等，把现有雨水设施的结构破坏掉。

6. 在选择种植的植被时，在满足不同设备功能的需求上选择合适的本土植物种植。在维护植物时，要在满足设计的需求上进行合适的维护。

7.海绵城市设施在建立数据库和应用信息技术方面要不断加强,以便监测和评估、科学运营维护时可以利用数字信息化手段,让设施的功能可以完全发挥出来。

8.在宣传、教育和引导方面要不断加强,提升公众的认知,积极鼓励民众参与并督促海绵城市设施运营以及维护管理。

（二）渗透设施

渗透设施的使用年限与维护频率、沉积物结构以及径流负荷有密切关系,合理持续的运行维护可使渗透设施的使用年限延长至20年。

1.透水铺装

影响透水铺装效果的因素主要是面层、基层和土基的堵塞等。道路管理部门应限制渣土车、施工车等易产生细小颗粒物的车辆进入透水机动车道路面。

2.下沉式绿地

下沉式绿地需要巡查与维护的重点是植物生长情况、雨水口和调蓄空间是否能有效运行等。

3.生物滞留设施

此设施因其使用的地方不同,称呼也就不尽相同,如雨水花园、生物滞留带、生物树池等。生物滞留设备的维护是一项长期工作,要定期对植物的生长、垃圾与沉积物的积累状况进行观察,如果植物的生长状况处于良好状态,那么仅需要维护少量的植被,同时清除沉积物或垃圾等就可以了。

（三）储存设施

雨水储存设施的维护工作根据雨水回用的要求而确定,灌溉回用水的维护要求较低,室内回用水的维护要求较高。雨水储存设施的各个部件应在每年春季和秋季进行一次全面检查。

1.雨水桶

雨水桶要重点巡查与维护进水和溢流设施是否能有效运行,存储介质的牢固性是否能保障存储容积有效。

2.蓄水池

除了巡查与维护进水和溢流设施,还要根据雨水回用的用途确定出水水质是否能满足回用要求。

3.雨水湿地

重点巡查与维护种植物的生长情况和净化能力,调蓄空间的淤积、侵蚀和坍塌情况。

（四）调节设施

调节塘是一种典型的调节类设施。调节塘需要巡查与维护的具体内容主要为种植物的存活率、本地物种的保持度，调节空间、管路和设施部件是否完整，有无破损、淤积等。

（五）转输设施

植草沟是一种典型的转输类设施。其维护工作主要是植被维护和沉积物清理。在修建植草沟时，尽量选择轻型修建设备，这样能很好地防止土壤变得松软。

（六）净化设施

1. 植被缓冲带

为维持植被正常生长，径流分散地汇入水体，植被缓冲带日常的维护工作是十分重要的。车辆等交通工具不应在缓冲带停靠、行驶；缓冲带的修剪应尽可能使用较轻的修剪设备，以免影响土壤的松软度。

2. 绿色屋顶

绿色屋顶的维护通常集中在植被刚种植的前两年。绿色屋顶需要巡查与维护的具体内容主要包括植物生长状态是否良好；排水和入渗设施是否满足相应参数要求；此外，还要确保防水层不出现渗漏问题。

3. 生态驳岸

生态驳岸需要巡查与维护的具体内容主要为种植物覆盖度、水土保持和边坡稳定情况等，此外还需要避免物种入侵。

4. 环保型雨水口

环保型雨水口是具有一定污物截流功能的雨水口，日常维护中，要保证雨水口通畅，定时清掏沉泥槽中的淤积物。

二、分类项目维护管理要点

（一）建筑与小区项目的维护管理

在老旧小区建设低影响开发设施时，要重视废水和雨落管相连接的情况。此情况最佳的解决办法是新增设雨落管或者在原来雨落管的末端同低影响开发设施之间使用弃流或布置净化设施等。

定时清扫、清淤，保养建筑和小区设置的低影响开发设施像雨水渗透、存储、净化和转输等，从而保证该工程能安全运行。其管理维护的要点有以下几个方面：

（1）定期清理小区道路上的雨水口和建筑屋顶上的雨水斗，以防树叶或垃圾将其堵塞，此外雨水较多的季节要增加排查的频率；

（2）定期倾倒雨水口和截污篮拦截的废弃物；

（3）在定期清洗蓄水池、蓄水模块等存储设施的同时，定期将其放空，最好每年放空一次，时间以旱季最佳；

（4）定期使用高压清洗和吸尘等方式清洁小区内透水铺装设施，以防其孔隙被堵塞，让其透水性能下降；

（5）在建筑和小区的雨水直接回用设施上使用预防误接、误用、误饮设备，让其不断完善的同时设置醒目的标识，此外雨水回用管道与用水点的标记是严禁私自移动、修改或涂抹的；定期检查雨水回用设施处理的水体的水质；

（6）依据季节的变化及时养护小区的绿地、水景等使用雨水消纳的设施，尤其是在暴雨后要及时清理残留下来的垃圾。

（二）道路项目的维护管理

1. 路面的维护

透水路面的维护主要包括日常的巡视和检测、保养和清洗、大修工程、小修工程以及中修工程等。对损坏的透水路面，我们要依据损坏的程度给予适当的修复。

2. 道路绿化带的维护

道路绿化带可以根据具体情况建设低影响开发设施，如建设生态树池、下沉式绿地、生物滞留带等。在维护时，我们要做到下面几点：① 对植物及时修剪和补种，尤其是在植物生长季节最好每个月都修剪一次，此外要清除其中杂草；② 对低影响开发设施尤其进水口，一旦到了雨季发现其无法及时将周围道路的雨水径流汇集时，要及时调整进水口的位置或者局部竖向；③ 对进水口或溢流口要使用防冲刷的设备，以防水土流失；④ 对马路牙豁口的拦污槽（框）内的烂树叶、垃圾等杂物要定期检查并清理（最好每次大雨过后都检查），同时依据堵塞的具体情况对其冲洗，必要时要填料更换（更换周期结合堵塞情况决定，最好2～3年一次）；⑤ 由于沉积物淤积导致设施调蓄空间的调蓄能力欠佳时，要及时将沉积物清除掉。

（三）绿地与广场项目的维护管理

1. 绿地设施维护要点

在集中式绿地上，能够建设的低影响开发设施包括下沉式绿地、生物滞留池、雨水湿地和与水塘等。这些设施在维护时，要遵循下面几个关键点：① 汛期前或结束后，及时清淤维护设施和其周围的雨水进口；② 汛期过程中，对绿地上的杂物定期清除，对植物的生长管理要加强，同时及时补种因雨水冲刷造成的植物缺少；③ 当因堵塞或淤泥堆积造成溢流口无法正常工作时，要及时将垃圾与沉积物清除掉；

④ 集中调蓄设施像湿塘、湿地等，要依据各种情况（强降水、干旱或冰冻等）采取不同的维护和水位调节措施。

2. 绿地植被的维护要点

在养护低影响开发设施中的植被时，要遵守《园林绿地养护技术规程》的规定。① 对植物的高度和疏密度要严格控制，让根冠比和水分平衡处于一个适宜的范围内；② 对生长过快的植物要定期修剪，在补浇灌时要根据降水的情况进行；③ 对湿地内的水生植物要定期维护，对水面上的漂浮物和落叶等定期清理；④ 对杀虫剂或除草剂等农药严禁在湿地内使用。

3. 广场调蓄设施运行维护要点

① 让警示牌保持完整，同时要让其显眼；② 设施要预设调蓄和晴天两种模式，建立并完善预警预报机制，同时将启动和关闭预警的条件确定；③ 一旦开始预警，也就是进入调蓄模式，要及时将人群和车辆疏散开，把雨水专用进口的闸阀打开；④ 预警开启期间，雨水会流入广场，人员禁止入内；预警关闭后，把雨水专用出口的闸阀打开，让其快速排出；⑤ 雨水排空后的维护工作要跟上，要清扫和维护广场与雨水专用的进口闸阀，同时定期维护雨水专用进出口。

（四）水系项目的维护管理

1. 水体护岸维护

对水体护岸定期巡查，重视其稳定和安全等情况，同时加强维护和管理护岸内的植被。

2. 植被的维护

定期维护水体中的植物，如挺水植物、沉水植物、浮叶植物等，同时在无害化、减量化与资源化原则的指导下，对某些水生植物进行及时收割或移除，防止二次污染。

3. 水体动物的维护

最好每年定期调查水体中的底栖动物和鱼类群落结构，之后根据调查的具体情况进行投放或者捕猎，从而保证水体中生物群落结构保持在平衡健康的状态。

4. 净化设施的维护

定期检查水体中生态浮岛等的原位水质净化设施，如生态浮岛等。检查的具体方面包括床体、固定桩是不是牢固等，一旦发现问题，要及时采取加固或更换等方法补救。

5. 水质的维护

对水体水质要定期抽样检测，一旦水质恶化，要及时采取综合手段（如物理、化学、生化与置换等）进行治理，从而让水体能为景观提供所要求的水质。

6. 大海绵体的维护

大海绵体指的是河道和湿地系统类项目，此项目在治理和采取措施时要按照《河道生态治理设计指南》与《人工湿地污水处理工程技术规范》HJ2005-2010等相关规范进行。

（五）雨水管网与泵站项目的维护管理

在城市排水系统中有着不可替代作用的是雨水管道及泵站，它是否能合理运行及维护与强降水中城市雨水是不是能顺利排放关系巨大。在此项目维护时，我们要关注下面几个要点。

1. 雨水管道。此在疏导转输城市雨水排放中不可缺少，很容易让淤泥大量堆积或垃圾将其堵塞，所以在维护时应重点关注作业现场的安全防护以及井盖的开启和关闭、管道的检查疏通等方面。管道在维修时应该按照《给水排水管道工程施工及验收规范》GB50268-2008中规定的国家现行的标准来进行。

2. 雨水泵站。此维护与检查的具体项目主要包括水泵维修、除锈、校检、电力电缆检查、变压器维护等。

第三节　风险管理

一、一般性规定

1. 雨水回收利用系统使用的输水管道严格禁止同生活饮用水的管道相互连接。

2. 在地下水位比较高且径流污染非常严重的地方，一定要采取有效的方法禁止下渗的雨水将地下水污染。

3. 严禁将垃圾、生活污水以及工业废水倾倒入雨水收集口与低影响开发雨水设备之内，严禁低影响开发设施同城市污水管网相连接。

4. 严禁在透水路面区域存放任何有害物质，防止地下水污染。

5. 在城市雨洪行泄通道内以及容易发生内涝的道路、下沉式立交桥等地方以及大型低影响设施，如城市绿地中的湿塘、雨水湿地等地方要设置具有警示作用的标识和系统，同时配备相应的应急设施和专业的管理人员，保证遇到强降水时人员能够及时安全地撤离出去，防止发生安全方面的事故。

6. 一些地方不适合建设低影响开发的设施，如容易发生陡坡坍塌以及滑坡等危险的场所、危害自然环境和居住环境的场所以及存在其他安全方面隐患的地方等。

7. 如制药厂、化工厂、油气库、传染病医院、金属冶炼加工厂、加油加气站等地面容易积累污染物的特殊污染源地区及水源保护地等特殊地方，如果需要建设低影响开发设施，那么先需要进行环境影响评价，防止污染地下水和水源地。

二、具体设施运行风险管理

1. 在建设海绵城市设施之前，先要进行尽可能详细的可行性研究，并通过专家组论证；根据不同地区气候以及降水的情况进行合理的规划与设计；根据当地具体的情况采用同当地相符合的技术以及设施；在选择植物物种时，当地特色植物优先考虑，这样能将植物物种的存活率提高。

2. 透水铺装应注意防范强降雨时下渗雨水是否会影响路基。

3. 下沉式绿地需要提防的是污染物的积累，当出现下渗较难时，积水是不是会对周围的植物和环境产生影响，绿地下沉是不是会造成地面沉降。

4. 渗透设施像生物滞留设施、渗井、渗管/渠、渗透塘等，需要堤防其是不是会造成地面或周围的建筑物、构筑物坍塌，或引起地下室漏水等。

5. 植草沟或植被的缓冲带要提防重金属等不容易分解的污染物质的积累，注意其是不是会对环境造成影响。

6. 绿色屋顶要提防屋顶是不是漏水以及基质中有机物在降水时析出是不是会对环境造成再次污染。

7. 渗渠（井）渗透层容易堵塞是否会对地下水造成污染。

8. 一旦发生风险事故，第一时间要同专家组和相关工作人员联系并进行事故调查，弄清楚发生事故的原因，补充较为薄弱的地方，并对其提出备选的方案，从而将损失降到最低。事故发生后要及时总结相关经验和教训，尽量避免在今后的维护和运营中再次出现这类型的事故。

三、其他风险管理

为避免海绵城市设施在后期运行维护管理时未能达到相关规定要求，应注意以下几点：

1. 设计时，对后期运营和维护提出详细的指南和指导原则；
2. 加强后期运营和维护管理团队的技术培训；
3. 后期维护和运营所需的资金要预留充足；
4. 责任问责机制要健全，这样能让后期管理有据可依，从而让海绵城市设施的功效能够长时间有效。

第三部分　实例篇

第十二章　景德镇市城区主要内涝点调研

第一节　景德镇市水系概况

饶河是乐安河和昌江河在鄱阳县姚公渡汇集后的称呼，其发源地在江西省和安徽省交界的婺源县的五龙山（东经118°03′，北纬29°34′），河口在鄱阳县双港乡尧山（东经116°35′，北纬29°03′），主河道的长度为299千米，流域的总体面积为300平方千米，江西省7.9%的面积被其占据。景德镇就位于饶河水系，此水系隶属鄱阳湖五大水系。

一、昌江河

昌江河又被称作昌江，也被写作阊江。其河流在祁门县被人们叫作大洪水，是饶河的一级支流。位于安徽省的祁门县大洪岭、分水岭的深山是此河流的发源地，而河流的源头在祁门县和黟县交界处的横联乡顶（东经117°55′，北纬29°53′）。

祁门县以上有两条河流的源头，一条源自大洪岭，另一条源自西坑，两河流至祁门县后交汇，之后向着西南方向流到安徽省和江西省交接的祁门县（安徽省和江西省交接处）倒湖右岸的纳利济河，经过倒湖后进入江西省境内浮梁县，自此开始被称作昌江河。有文书曾记载，进入鄱阳地界的被称作鄱江，而位于浮梁县的河流则被称作昌江河。

昌江河从北往南经过景德镇全境，流至鄱阳县姚公渡后同乐安河汇合。昌江河河口的地理纬度为东经117°42′，北纬28°58′，其流域的总面积为6 260平方千米，其中1 894平方千米位于安徽省境内，主河道的长度为254千米，多年的平均降水量保持在1 800毫米，多年平均的产水量保持在62×10⁸立方米，而理论上水力资源的蕴藏量在3.98×10⁴千瓦。其在景德镇内的流域总面积是3 274平方千米，河道的长度是117千米，而渡峰坑水文站——其控制站的流域面积是5 013平方千米。小北港、

· 204 ·

东河、西河和南河是其主要的支流。接下来我们就详细分析一下其下的主要支流。

（一）小北港

又称杨春河，发源于安徽东至、江西浮梁二县交界的大狼尖、鸡冠石南侧和九江岭东侧的浮梁县西湖乡高草地。河源位于东经117°10′，北纬29°55′。在沧溪以上有东、西两源，两河汇合后，自北向南流至浮梁县经公桥乡港口村会港口水，水流15千米至浮梁县勒功乡，至沧溪汇白毛港水，流经石溪、沽演，于古潭纳北河水，河水继续南下经龙潭，过流口，于杨村武陵溪口注入昌江。其河流的河口地理纬度为东经117°20′，北纬39°38′。该河流的流域面积是886平方千米，其中295平方千米位于安徽省境内，主河道的长度是69.96千米，主河道纵比降1.82‰，流域平均高程265米，流域内每平方千米的平均坡度1.03米，流域长度58.6千米，流域形状的系数0.26。

（二）东河

东河又名鄱源水，系饶河二级支流、昌江一级支流，发源于皖赣边界分水岭内缘的白石塔和五谷尖。河源在浮梁县瑶里镇虎头岗，位于东经117°42′，北纬29°33′。流域地形东高西低，水源有南北两支，北支源于白石塔，南支分别源于虎头岗和五谷尖(高程1618米)。源头山高坡陡，多瀑布，众多涧流融合汇聚，汇成涓涓小溪。南支流至梅岭渐宽，至绕南以下1千米处与北支汇合，自东北向西南行，经瑶里镇、鹅湖镇，至午家巷汇桥溪水，继而会天保水，诸水合流始称东河。东河流3.5千米，于藏湾纳马家水，继续向西南流经王港乡，于新平镇东港公路桥下游200米入昌江，河口位于东经117°15′，北纬29°22′。该河流的流域面积是587平方千米，主河道的长度是70.6千米，主河道纵比下降了2.34‰，流域平均的高程保持在245米，流域内每平方千米的平均坡度为0.753米，流域的长度是53千米，流域形状的系数0.21。

（三）西河

西河又名大演水，发源于皖籁边界浮梁县黄坛乡三县尖，河源位于东经117°05′，北纬29°42′。由北向南流，经东港、黄坛、南溪，至三龙汇兴溪桥水（江山水），大演水汇兴溪桥水为西河，西河南下10千米，至罗家滩纳洗马桥水，再向东流5千米，在景德镇市区三闾庙南侧西港口汇入昌江，河口位于东经117°12′，北纬29°18′。该河流的流域面积是482平方千米，主河道的长度是70.3千米，主河道的纵比下降了2.02‰，流域的平均高程保持在187米，流域内平方千米的平均坡度为0.656米，流域长度50.2千米，流域形状的系数是0.19。

（四）南河

南河又被叫作历降水，是饶河的二级支流，属于昌江河一级支流，发源地在浮梁县和婺源县相交的五花尖南侧的山脚下，河源位于东经117°34′，北纬29°28′。南河由婺源长溪过车田流入景德镇市，由东向西流过玉田水库，经龙船洲行至荞麦岭、黄泥头一带，陆续汇入东流水、寿安水，经湖田、里村至西瓜洲汇入昌江河，河口位于东经117°12′，北纬29°16′。该河的流域面积在520平方千米，主河道的长度是79.9千米，主河道的纵比下降2.55‰，流域的平均高程为186米，每平方千米流域的平均坡度在0.617米，其流域的长度为47.1千米，流域的形状系数是0.23。

二、乐安河

隶属饶河水系，发源地在安徽省和江西省相交的五龙山的西面，从东向西经过婺源、德兴后横向穿过乐平市境内，流到鄱阳县的姚公渡后同昌江河汇集后流进鄱阳湖。其河流全长是280千米，流域的面积是8 820平方千米，平均的坡降保持在0.4‰。流经乐平市境内的河道长度为83.2千米，流域面积为974平方千米，虎山水文站——其控制站的流域面积为6 374平方千米。洎水、官庄水、长乐水、建节水、车溪水、安殷水、皤溪水是乐安河在流经乐平市境内时主要的支流。下面我们就对其主要支流进行详细分析。

（一）洎水

洎水又名白象河，系饶河一级支流，在德兴市中部、乐平市东南部。洎水发源于怀玉山东段德兴市暖水乡坪林尖北麓，河源位于东经117°53′，北纬28°50′。自东向西流经桂湖山、暖水、朗口、昭林、詹村、新营、银城镇，在王家山入乐平市境内，沿途纳暖水河等支流后于戴村汇入饶河（乐安河），河口位于东经117°29′，北纬28°56′。该河流的流域面积555平方千米，主河道的长度是79.7千米，主河道的纵比下降2.51‰，该流域的平均高程是323米，每平方千米流域的平均坡度是1.05米，流域长度51.7千米，流域形状系数0.21。

（二）官庄水

官庄水在乐平市东部，发源于乐平市历居山乡野猪塔西麓小河山口，河源位于东经117°28′，北纬29°09′。自北向南流经大坑口、段家、罗家、官庄洛口乡铭口村入隶属饶河水系的乐安河，河口所在的地理纬度为东经117°26′，北纬28°55′。其流域的面积是190平方千米，主河道的长度为35.3千米，主河道的纵比下降2.59‰，流域的平均高程是113米，每平方千米流域的平均坡度为0.905米，流域长度31.8千米，流域形状系数0.19。

（三）长乐水

长乐水发源于怀玉山东段上饶县姜村大元岗四角坪北麓，河源位于东经

117°43′，北纬28°43′。自南向北流经梧风洞至北岸汇入双溪水库，出库后过徐公潭、瑞港在双港口纳重溪水，蜿蜒向西流经潜泽、界田至汤家入乐平市境内，过十里岗乡至铭口汇入饶河（乐安河），河口位于东经117°26′，北纬28°55′。流域面积516平方千米，主河道长度69.4千米，主河道纵比降3.12‰，流域平均高程318米，每平方千米流域的平均坡度是1.13米，流域长度49.3千米，流域形状系数0.21。

（四）建节水

建节水发源于怀玉山东段灵山西麓弋阳县磨盘山垦殖场小王尖，河源位于东经117°36′，北纬28°39′。在横峰县北部，德兴市西南部，横跨弋阳县、横峰县、德兴市、乐平市四个县（市），因流域范围属原建节乡范围而得名。自东南向西北流经篁村、张村至黄柏纳梅溪水后在碧湾渠进入乐平市境，过湾头至汪家纳曹溪水，流经众埠街至尚濂嘴村汇入饶河（乐安河），河口位于东经117°16′，北纬28°54′。流域面积1001平方千米，主河道长度是78.3千米，主河道纵比下降1.38‰，流域平均高程168米，每平方千米流域平均坡度0.302米，流域长度59.9千米，流域形状系数为0.28。

（五）车溪水

车溪水又名槎溪水，在婺源县西北部，乐平市北部。车溪水发源于婺源县大塘坞水库鸡山西北麓，河源位于东经117°31′，北纬29°18′。其从东北向西南经过镇头店、梅田后过黄砂进入共产主义水库，流出后经车溪、临港到浯口乡杨溪村的鸡公山后流入隶属饶河水系的乐安河，河口位于东经117°13′，北纬28°58′。流域面积608平方千米，主河道长度73.0千米，主河道纵比降0.901‰，流域平均高程95米，每平方千米流域的平均坡度是0.260米，流域长度为48.7千米，流域形状系数是0.26。

（六）安殷水

安殷水又名珠溪河、殷河，在万年县东部、乐平市南部，因由多条溪水汇合而成，故称诸溪，后雅化为珠溪河。发源于万年县梨树坞乡东坞岭，河源位于东经117°15′，北纬28°39′。自东向西流经梨树坞、富林、裴家，至陈营折向北流，经过越溪至泂田渡进入乐平市境内后，过陈家埠至乐平市礼林乡翥山处汇入饶河（乐安河），河口位于东经117°09′，北纬28°56′。流域面积693平方千米，主河道长度69.2千米，主河道纵比下降1.21‰，流域的平均高程为123米，每平方千米流域的平均坡度0.312米，流域的长度是46.6千米，流域的形状系数是0.32。

（七）皤溪水

皤溪水又名科山水，在乐平市西部。发源于乐平市北部塔前乡牛角岭西南麓科山诸山坳，河源位于东经117°12′，北纬29°11′。自东北向西南流经月山、上下徐、龙珠至油麻墩纳横路水后过墦溪、湖塘、高桥至鸣山汇入饶河（乐安河），河口位于东经117°03′，北纬28°56′。流域面积297平方千米，主河道长度48.2千米，主河道纵比降1.30‰，流域的平均高程是74米，每平方千米流域的平均坡度是0.411米，流域的长度是35.8千米，流域的形状系数是0.23。

第二节　景德镇市水利工程概况

自1949年后，景德镇市下大力气建设农田基本水利设施，现在已经建设完成的各种水利工程多达6 800多处，在全市建设成了一个兴利防洪工程综合体系，此体系把蓄、引、提、排和堤防等有机集合，进而大大提高了全市抗旱防水的能力。

一、蓄水灌溉工程

（一）蓄水工程

从1949年前全市仅1座（山塘）蓄水工程增加到现在的3 669座，蓄水的总量也达到了5.626亿立方米，而有效的灌溉面积则达到了328.2平方千米。

大（二）型水库1座，总库容14 370万立方米，兴利库容6 850万立方米，有效灌溉面积80.6平方千米。

中型水库6座，总库容10 130万立方米，兴利库容4 486万立方米，有效灌溉面积37.9平方千米。

小（一）型水库54座，总库容14 179万立方米，兴利库容10 310万立方米，有效灌溉面积79平方千米。

小（二）型水库403座，总库容10 856万立方米，兴利库容8 216万立方米，有效灌溉面积85平方千米。

塘坝工程3 207座，总蓄水量6 425立方米，有效灌溉面积45.7平方千米。

（二）机、电提（排）工程

全市固定机电灌站有956处，共1 120台，发电34 050千瓦，有效的灌溉面积达到98.1平方千米；而流动机的灌溉面积则有16.3平方千米；除此之外，还安装了排涝机，共装机79台，发电8 770千瓦，除涝的面积高达56.8平方千米。

（三）引水灌溉工程

全市建设的饮水工程总计1 155处，有效的灌溉面积达85.6平方千米，其中乐平市礼林灌区和碧湾渠引水灌区是两座万米以上的引水灌溉区。蓄水灌溉工程分布情况见表12-1。

表12-1 景德镇市引蓄水灌溉工程分布情况

类 型	单 位	全 市	乐 平	浮 梁	昌 江	高新技术开发区	陶瓷科技园	备 注
大型	座	1	1	-	-	-	-	
中型	座	6	4	1	1	-	-	
小（一）型	座	54	37	13	3	1	-	
小（二）型	座	403	205	145	35	15	3	
塘坝	座	3207	1888	1105	214			
引水工程	座	1155	234	857	64			
固定机电灌站	处	956	525	291	140			

二、堤防工程

乐平市现有圩堤22座，圩堤总长155千米，保护耕地面积万亩以上的有4座，即乐北联圩、镇桥联圩、续湖圩、牌楼圩。保护耕地面积千亩以上至万亩以下的有7座，即中洲圩、高桥圩、魁堡圩、西湖联圩、杨家圩、邵家圩、兰坑圩等。保护耕地面积千亩以下的有11座，即岩头山圩、杨家上圩、翁家圩、石头湖圩、黎家山圩、王家山圩、洗马圩、西山圩、绾口圩、陶家圩、塘头圩等。

东北联圩源自接渡镇的严洲山的下面，顺着乐安河北边的堤岸顺流而下，途径乐平市城区抵达乐港镇的草珊瑚、磻溪河口，之后沿着磻溪河逆流而上达到后港镇的磻溪村后终结，其把原来的严洲圩、接渡圩、胜利圩、港口圩、磻溪圩相互串连在了一起。圩堤全程的长度为41.6千米，其中乐安河占据了24.6千米，磻溪河占据了17千米，圩区内能够收集雨水的面积达到了85.56平方千米，保护的面积达48.9平方千米，防御洪水的标准二十年一遇，防御洪水保护的区域为乐平市城区、接渡镇、乐港镇、后港镇以及皖赣铁路、乐德铁路与206国道。此工程动工的时间为1998年，基本建成的时间为2004年，总共花费为1.79亿元。

第三节　景德镇市城区内涝点调查分析

暴雨灾害频发的景德镇市是江西暴雨的一个中心，从 1998 年开始，几乎每年都会发生超出警戒线的洪水，而平均每 3 年就会发生一次超过警戒线 2 米的较大洪水。

一、景德镇城市内涝的类型

（一）地势低洼型

内涝产生的原因之一是雨水无法及时排泄出去。地势低洼的地方因为雨水从各个方面一起涌入，非常容易形成内涝。这些地势低洼的地方虽然比周边低，但排水能力却较强，面积也比较大，所以一般性的降水不会对其产生影响，不过当降水强度达到一定级别后加之周围地势较高地区的雨水不断涌入，让地势低洼区超出了自身排水承受能力，进而内涝就形成了。

（二）桥洞型

桥洞是交通要道上不可缺少的部分，这些地方是内涝频繁发生的地方。桥洞常常位于两条道路的交汇点或铁路下面，这些地方地势比较低，有些为了保证铁路的安全，地势会比周围低出很多。桥洞在强度特别大的雨水中会大量积水，而驾驶员在遇到这种情况时很难通过路面积水的深度准确判断出桥洞中的积水深度，加之侥幸心理作怪，觉得可以安全通过，往往这种情况很容易发生危险。

在景德镇市中内涝出现最为频繁的地方是村桥洞口，经过几年集中治理，情况出现了明显好转，不过在遇到强降水的时候依然会出现积水。此外，市区中其他几处桥洞依然是内涝较为严重的地方。

（三）里弄型

作为历史名城、四大古镇之一的景德镇，里弄是它的特色。狭长的里弄，一旦遇到强降水，排水就会不畅通，很容易出现内涝。因为政府保护，市中心的里弄基本都保存完整，但随着周边各个楼盘开发，不同程度地破坏了原来的排水设施，这就让里弄遇到强降水时内涝更严重了。

（四）原有桥洞堵塞型

拥有千年文化底蕴的景德镇拥有很多小的支流，为了方便居民生活，这些支流上会架设一些桥梁。不过在历史变迁之中，小的支流上会有新的建筑不断出现，进而导致这些支流堵塞。而这些支流的地下暗河依然是地下水主要的流通通道，而通道的排水能力并不好，一旦遇到强降水，在这些桥洞的地方就容易发生内涝，如五龙桥。

（五）斜坡型

斜坡型指的是在居住的地方有一个明显的往下的斜坡。如果正好位于斜坡的下面，那么一旦遇到下雨尤其是强降水时，路面上的积水就会顺着斜坡向下流动，进而导致这一地区很容易出现内涝，而一旦发生内涝，那么必然是最为严重的地区。

（六）居住老化型

在城市中心地区，依然存在半个世纪甚至是百年以上的房子，而这些房子中因为某些原因依然有人居住。因为年代太过久远，房子几乎不具备排水功能，一旦遇到强降雨非常容易成为内涝严重的地方，而这些地方也是防汛重点关注的地方。

（七）杂居型

杂居是指在同一个地方存在类型迥异的建筑，最具代表性的是房地产开发与之前的住户混杂的地方。因为楼盘开发等诸多原因，该地方居住的人们会显著增加，让排水的任务变得艰巨。与此同时，新开发的楼盘和原本住户地下水管的设施存在不一致性，加之原来住户的房屋比较低矮，一旦遭遇强降水，排水系统无法及时将雨水排出，造成这些地方变成内涝的重灾区。

（八）下水道无效型

城市在建设的过程中，因为承建商和建设的时间都存在差异，这样会让之前的下水管道在新一轮的城市建设中被人为地堵塞，导致其无法正常排水或排水的能力变得非常差。一旦遭遇降水，雨水就会顺势而流，积累在地势较低的地方，在降水较强的时候，就会在这些地势低的地方形成内涝。

（九）洪水型

此类型指的是引起内涝的原因是海拔偏低，甚至是明显比河床高度低，而不是排水受阻或强降水涌入造成。此类型最为明显的是昌江河。此河就是因为河水倒灌而出现洪水的。此类型的内涝并不经常出现，但是一旦出现其持续的时间会很长，强度也会非常大。

二、景德镇市主要内涝点及分级

依照强降水中对内涝强度进行的调查研究，把景德镇内涝的区域划分为三种，分别是：积涝严重区域（3）、积涝较严重区域（2）、一般积涝区域（1）。与此同时，按照洪水型内涝的特征，把其看作洪水淹没区。洪水淹没区内涝的成因是昌江河洪水倒灌引起，和短时间的强降水几乎无关。从历年内涝的情况和特点分析得出，如果昌江河的水位警戒线保持在 2 米之下,那么此地并不会出现内涝,一旦水位警戒线超过 2 米,那么就会因为洪水引起严重内涝。

表 12-2 为景德镇城区主要内涝点及分级。

表 12-2　景德镇市主要城市内涝点及近 10 年来的最强内涝深度

序　号	内涝点名称	内涝级别	内涝点说明	淹没深度(m)
1	棚户区改造项目部	2	地势低洼型	0.4
2	通津桥社区朱氏下弄	2	里弄型	1~2
3	通津桥社区通津桥里弄	3	里弄型	1~2
4	太平巷社区五龙庵	3	里弄型	>3
5	南河项目部	洪水淹没点	洪水型	0.5
6	黄泥头村委会新田畈	1	地势低洼型	>3
7	曙光路桥洞	2	桥洞型	>2
8	吕村桥洞	2	桥洞型	>2
9	沿河西路老水务局	1	地势低洼型	0.5
10	方家山村委会新安庙	1	地势低洼型	0.5
11	老鸭滩	洪水淹没点	洪水型	>2
12	西瓜州	洪水淹没点	洪水型	>2
13	金叶大酒店	2	斜坡型	>2
14	豪德广场	3	下水道失效型	>1.5
15	广场日新超市	3	斜坡型	>1.5
16	9 中对面月兔园	2	斜坡型	>2
17	假日广场十字路口	1	地势低洼型	0.5
18	859 医院入口	3	下水道失效型	0.4
19	浚泗井社区第三小学	2	斜坡型	>2
20	曙光村社区 79 号二汽宿舍	2	杂居型	>2
21	里村街道陶机厂	1	地势低洼型	0.6

续　表

序　号	内涝点名称	内涝级别	内涝点说明	淹没深度（m）
22	里村街道宇北社区	2	居住老化型	>2
23	新枫街道菲菜园	洪水淹没点	洪水型	>2
24	周路口街道市十一中	1	斜坡型	>1.5
25	太白园派出所	1	地势低洼型	0.5
26	赛跑坦社区陈家街	2	里弄型	>1
27	御窑社区许家弄	2	里弄型	>2
28	御窑社区五龙桥	3	原有桥洞堵塞型	>1.5
29	建国社区胜利路71号	3	居住老化型	>1
30	建国社区胜利路99分	1	地势低洼型	>1.5
31	昌河街道西苑社区	洪水淹没点	洪水型	>1
32	昌河街道学苑社区	洪水淹没点	洪水型	>1
33	东一路十字路口	2	地势低洼型	0.5
34	602所南河桥	1	地势低洼型	0.5
35	黄泥头汽车站	3	下水道失效型	>1
36	东一路陶机	3	地势低洼型	>1

说明内的数字为2012年台风海葵过程的淹没深度（单位：米）

2012年8月10日，此地受到台风"海葵"侵袭，城区从凌晨1点钟开始强降水持续了10个小时，一天内的降水量达到了364.6毫米，导致城区出现了非常明显的内涝。从当时调查统计的数据可以看出，内涝严重的地方，积水的深度已经超过了1米，最为严重的甚至在3米以上，而一般的内涝区的淹没深度也有大约半米。

第十三章 海绵城市建设实例

第一节 宜兴海绵城市

一、宜兴海绵城市建设

(一) 项目背景

位于太湖上游地区的宜兴市，在江苏省环太湖重点入湖河流的 15 条中占据着 9 条，由此可以看出，宜兴市在控制与治理太湖流域水体污染之中有着举足轻重的位置。所以，在保护太湖流域水资源以及改善其水质和安全用水等方面，宜兴市的海绵城市建设、雨水调蓄使用设备的建设和面源污染的控制有重要意义。

宜兴市的水网分布十分密集，同时有东氿、西氿、团氿三大湖泊。其水资源异常丰富，地表水资源量为 7.16 亿立方米，地下水资源量为 2.50 亿立方米，多面水资源总量的平均值为 9.65 亿立方米。

宜兴市在 2014 年年末，将全市 96% 的污水管道分流完成，可以看出其非常重视水资源的利用。不过，大部分水质因为上游客水和本地污染源的影响无法达到城市生活饮用水的标准，导致水质性缺水；与此同时，城市部分地区因为受到短暂性强暴雨的影响让城市内涝问题突出，所以宜兴海绵城市的建设势在必行。

宜兴海绵城市建设的重点为雨水管理系统的完善、水资源的合理利用、面源污染的控制，进而避免水源的污染，让水环境达到安全可持续的状态。

(二) 建设范围

作为海绵城市建设区域的宜兴市主城区，其包含了城市建成区的旧区、部分建成区的新区、主城区的全面区域和周围的水体几大部分，总面积为 51.6 平方千米。

(三) 宜兴海绵城市建设的目标

1. 问题及需求分析

（1）改善水环境，其重点是解决面源污染问题，进而让城市水环境的功能提升，建设改善城市水环境的技术体系。

（2）保护水资源，打造出水质和水量安全系数更高的备用水源地，进一步推进保护和调控优质资源的工作。

（3）打造水景观，对城市生态和景观同样看重，为城市打造良好的生态水景观系统，进而让城市的品位得以全面提升。

（4）水经济发展，探索发达地区中小城市系统建设海绵城市的模式和经验。

（5）水产业提升，基于海绵城市建设，实现宜兴市环保产业链的发展、升级与转型。

2. 宜兴海绵城市建设的总目标

年径流总量控制率要高于87%，示范区内利用雨水资源的目标保持在60%；入河污染物总量不超过开发前（以Ⅲ类水体COD环境质量标准计）。

3. 宜兴海绵城市建设的分项目标

（1）防涝排水：径流总量控制率保持在87%；让内涝的重现期达到30年；雨水管渠的年限为2~5年；防洪的重现期达到50年。

（2）径流的污染：雨水污染物分流达到95%，流入河流的污染物的总量要低于开发之前（用Ⅲ类水体COD环境质量标准来计算）。

（3）城市的水环境：西氿的水质达到Ⅲ类指标；团氿、东氿水质达到Ⅳ类指标。

（4）生态景观功能：提升城市的生态景观能力，让生态系统得以修复。

(四) 总体思路及策略

1. 总体思路及策略

（1）总体的思路：以需求为指导方向，让生态优先发展，结合本地实际情况，统筹兼顾各方面，突出重点。

（2）总体的策略：从源头上减排，改造城市排水系统，进行末端调蓄和水体的修复。

2. 具体实施方法

宜兴市示范区以当地自然条件、排水的体制和建设的基本情况为划分基础，把示范区分成了五大块，且每块拥有独立的控制指标体系（图13-1、图13-2）。此外，还要对低影响开发措施进行梳理，依据每块的具体实际情况选择合适且实用的技术措施。

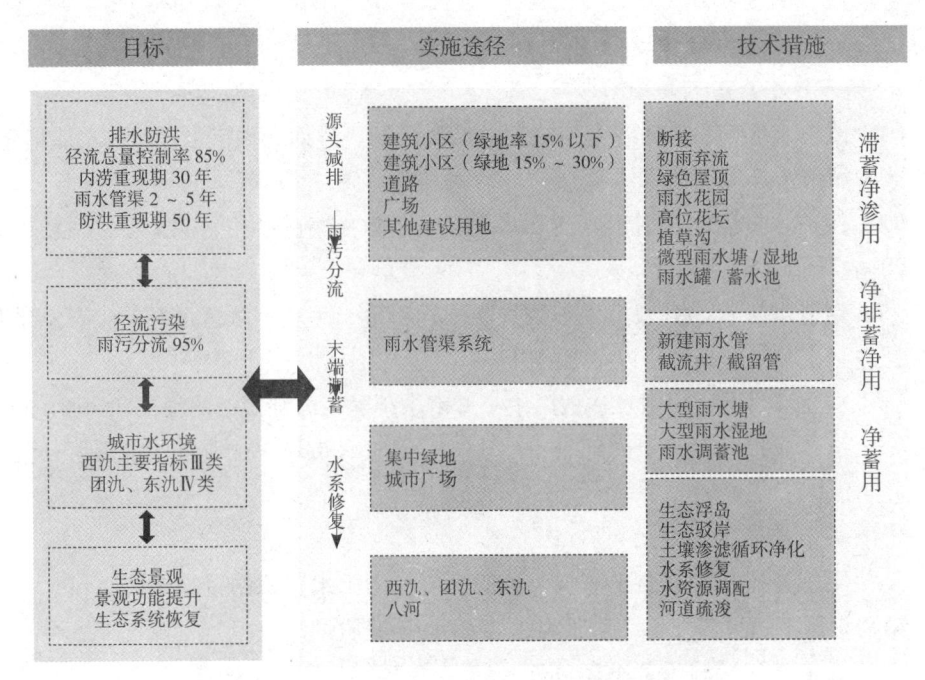

图 13-1　宜兴海绵城市建设的目标及策略

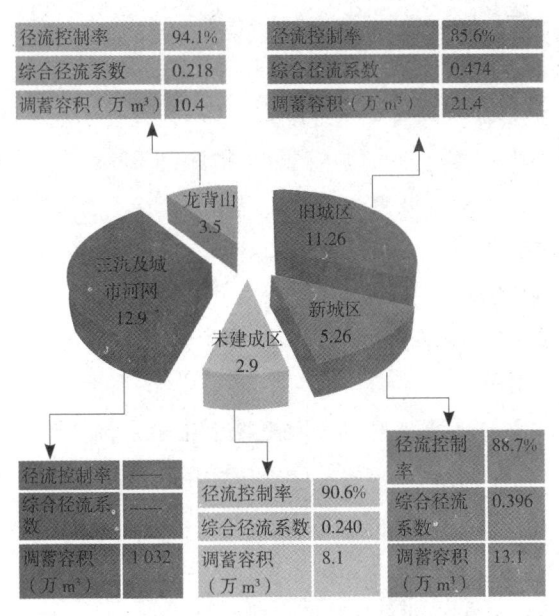

图 13-2　宜兴海绵城市建设分区图

海绵城市技术措施按照其功能划分为几类，分别是渗透、储存、调节、转输和截污等（表13-1）。在具体操作时，要同区域内的水文特征、地质情况及水资源等要素相结合，以经济高效和因地制宜为基本原则，通过经济技术上的分析，选用低影响开发技术以及相关的组合系统。

表13-1 不同功能的海绵城市建设措施

技术名称	渗透技术	储存技术	转输技术	调节技术	截污技术
措施	下沉绿地 屋顶花园	雨水湿地 透水砖铺装 蓄水池	植草沟 湿式植草沟 旱溪	雨水罐 雨水塘 调节池	植被缓冲带 渗透沟渠 初期雨水预处理

在建设低影响开发设施时，为了成功实现径流量控制，最好采用透水铺装、下沉式绿地、绿色屋顶和调蓄塘措施，进而将雨水"渗""滞"与"蓄"的功能充分发挥出来。在实地考察和测算后得出，透水铺装率要在40%以上，下沉式绿地的比例要大于20%，调蓄水面的面积率要保持在16%以上，而绿色屋顶最终要保持在8%。

二、宜兴海绵城市建设的具体措施

针对不同地块类型以及特点对典型的地块进行了海绵城市具体设计，包括住宅小区、公共建筑、道路和绿地广场等。

（一）住宅小区

在住宅小区进行雨水管理采取的主要方式为"渗""蓄"和"排"，通过这些方式让水质性缺水的问题得以缓解。在设计时，利用地形来修建植草沟，进行透水铺装，修建雨水花园，对径流进行疏导，以此让渗水面积和径流的时间得到增加。每个小区修建的年代不同，建筑密度和绿地的面积也有所差别，因此根据每个小区具体的情况采取不用的方式。

老旧小区通常是把污水的入口设置在雨水的管道入口，导致雨水管道中物理垃圾的量较多，让雨水无法回收循环利用。这样的小区在雨水管理时应采用雨水收集罐，将雨水统一收集到一起然后加以利用，多余的雨水可以利用小区的绿化带存储下渗。

新建小区利用小区的绿化带可以初期物理过滤路面沉积的泥沙和积水中的营养物质等面流污染，过滤后的雨水可以直接汇入河流之中。新建小区雨水管道最好采取断接方式，不要同城市的雨水管道直接相连，同时对屋顶雨水合理利用，如浇灌小区绿地等。

（二）公共建筑

在公共建筑市政管理方面，最好在这些建筑上修建绿色屋顶，这样既能滞留雨水，也能调节整幢大楼的温度，达到能源节约的目的。公共建筑开放的绿地区最好改建为雨水花园，利用下凹使绿地对雨水进行汇集、渗透、存储并利用。

（三）道路

宜兴市道路目前的情况为雨水进口总体偏少，周遭绿植比路面高，导致路面上的雨水无法流入周围的绿植当中，进而让雨水无法被合理利用；老旧道路周围的建筑退线有一定的限度，雨水在管理方面方式较为单一。面对上述情况，一方面可以通过改建树木基底，把其做成渗水树池；另一方面可以把人行道的部分铺砖改建为透水铺装，将面流的总径流降低。面对采用片状或带状绿化的道路，可以用下沉式绿地或者生物滞留池替代原有绿化带，然后将路面的雨水引导汇集、收集，增强下渗。

（四）绿地广场

宜兴市绿地广场硬化面积占据大部分，雨水径流系数比较大，没有处理过的地面排水会直接排入湖中。而广场上绿地的土壤在透水性方面比较差，导致净水的效果不是很好。此外，一部分广场地段坡度比较大，导致表面的土壤很容易被雨水冲刷走。

基于上述现状，我们可以在绿地内选择使用各种各样的设施，如雨水花园、调蓄塘等。

（五）城市河湖水体

为了保证宜兴市和太湖的水质，在建设全流域水生态健康安全保障时，可以选择构建上蓄—中清—下净的城市三氿水管理体系（图13-3）。下面我们具体分析一下这一体系。

图13-3　宜兴构建"上蓄—中清—下净"水管理体系

1. 上蓄

在处于上游的西氿建立水源生态保护工程，进而打造水源保护区森林湿地圈，促进生物多样性，让水源地的自然生态系统得以复原；通过减少人类在此地活动，把点和面的污染源降低到最小，让水源的涵养能力得到提升；把西氿的生态护岸和护坡逐渐完善，在预防水土流失的同时，尽量阻止雨水携带的污染物流入河流；在西氿构筑生态堤坝，隔开运河和湿地，尽量阻止航运给水体带来污染。

2. 中清

在位于中游的城市建设海绵城市及污水治理设施。将现存的雨洪管理设施全面改善，在城市中采取低影响开发建设并改造城市现状；对城市内河采取全面截污措施，坚决防止污染物直接流入河流之中，并将城市处理污水的能力全面提升；对部分城市河道驳岸进行改造，建设生态护坡和护岸；将城市的绿地面积扩大，建设景观生态廊道。

依照城市功能定位、水体现存情况、岸线利用情况以及滨水区的具体情况等，合理利用、保护和改造城市水系。在雨洪行泄等功能得到满足的情况下，把有关规定提出来的低影响开发要控制的目标和指标要求付诸实践，同时有效衔接城市雨水管渠系统与超标雨水径流排放系统。比如，把城市闲置的土地改造为湿地公园，打造"林灌、草、湿"系统三道防护，这样能有效控制径流的速度，过滤沉积物，预防河道被侵蚀。此外，湿地公园还能作为城市生态景观，提高城市品位。

3. 下净

把位于中下游地区的东氿和团氿打造成城市湿地，并将其看成进入太湖的一道生态防线，具有过滤功效；将两地区的水系空间格局进行调整，把亲水区域扩大，让城市水景观全面提升；水质提升工程、水动力的循环工程以及水生物保育工程要做到实处；将城市湿地的功能充分挖掘出来，进而将游憩、文化和科普的水平全面提升。

三、海绵城市设施的后期维护及规划总结

（一）后期维护措施

1. 地面塌陷要预防

海绵城市在设计渗透设施时，先要做的就是地质勘测，假如渗透设施底层的3米之内有碳酸盐基石，像花岗岩，那么就不可以在这个地区内设置渗透设施，如透水铺装、渗水沟、雨水花园、渗水/蓄水池等。

2. 设施维护要定期

定期维护低影响开发设施，保证其渗水和蓄水的功能正常运转。每座城市的具

体情况不同,可以根据本城市海绵城市建设指南确定维护的频率。

3.民众意识要强化

要让民众彻底明白海绵城市建设中低影响开发设施具有的远大意义,进而让民众能够自觉维护这些设施。

(二)建设中的思考

建设海绵城市做低影响开发时,不仅要将雨水量的平衡考虑其中,还要将经济成本和效益计入其中。此外,民众的自觉意识也较为重要,也就是说民众是不是能够主动意识到低影响开发所带来的长远意义,进而发自内心地对其进行保护。例如,已经建设完成的小区内,适合做透水铺装的地方是停车场,而此地同小区居民的日常生活息息相关,不仅施工周期较长,而且铺装维修时清洁的难度也非常大,这些都会对居民的生活产生影响。此外,工程还有可能需要夜间施工,对居民的休息产生影响。

在建设低影响开发设施时,可行性以及适应性是必须考虑的内容。比如,三级或四级道路,车流量整体比较小,最适合采用下沉式绿地来收集地上的雨水;而车流量较大的道路上,最好采取铺设地下雨水管线的方式对雨水进行集中收集,然后流入人工湖进行沉淀处理。

海绵城市建设的核心在"蓄"与"渗"。宜兴市的地表水位较高,而水质则较差,因为地面上的水直接通过土壤渗透到地下水,过滤的时间太短,成效也不高,这样就容易对地下水产生污染,所以在建设时最好将地表水预处理设施考虑进来。

第二节 南昌青山湖水生态治理

一、青山湖存在的问题

(一)项目背景

作为南昌市闻名的风景游览胜地的青山湖是南昌最大的内湖,位于该市东郊城区的东北角。该湖原来是赣江的一个河汊,后来逐渐改建为独立存在的内湖,其陆地的面积为1.33平方千米,水域的面积为3.07平方千米。

(二)面临的问题

想要弄清楚青山湖存在的问题,我们可以从下面三个大的方面——水利、水生态环境、城市水景观入手研究。具体的问题主要有下面几个方面。

（1）污染物排放方面。青山湖污染物的排放量远远超过了其自身净化承载能力。

（2）湖底淤泥污染物。湖底淤泥中的污染物质严重超过了正常含量，让内源污染变得严重，进而导致湖水的动力不足，局部水质趋于恶化，污染物滞留淤积。

（3）湖水含氧量方面。严重的水质污染导致湖水长时间处在厌氧状态，富营养化严重，蓝藻疯长。

（4）景观系统和生态系统过于单调，多样性的生物和植物净化能力欠缺。

（5）湖区两岸设计存在不足。硬质堤岸是青山湖目前的两岸设计，这样的堤岸容易造成水陆生态系统无法连续起来，让城市的污染物质很容易进入湖泊内，进而影响湖水的质量，同时其在削减岸边面源污染，预防水土流失的植物系统和草坡、草沟等方面存在严重不足。

（6）河道堤岸处理冷硬，导致城市亲水空间和亲水设备严重缺失。

（三）对现存问题的原因分析

青山湖存在的上述问题较为突出，究其原因，具体有以下几个方面。

（1）青山湖在城市中发挥着防洪排洪的作用，一旦遇到降水，雨水和污染水体都会直接排放到河道中，导致大量污染物质进入湖泊内，造成水源的严重污染。

（2）湖泊中湖体生态系统过于单调，不具备自然湖泊拥有的复合生态系统的净化能力，长期发展让水质日渐恶化。

（3）补水系统存在不足。青山湖现在的补水源为五干渠，其无法保证充足的水量和水质补给，加之青山湖内部水体交换与水体的动力欠缺，导致水体循环变慢。

（4）青山湖内部水体在水循环方面存在不足，水体流动性差，导致污染物集中爆发。

二、治理的目标和思路

（一）治理的目标

在保证入湖水源的基本前提下，利用综合生态工程的方法，使水质初步恢复到Ⅲ、Ⅳ类的标准，让湖水的自净能力得以恢复，同时使水生态环境能够长期保持稳定。此外，将水系的核心动力激活，让生态活力得到恢复。

（二）治理的思路

在确定治理的指导理念时，要依据当地自然地理的真实情况并综合当地水文特征。在青山湖治理上，我们要秉承"下净、中清、洁源"的理念，采取源头截污和过程控制的措施，使湖泊的自然结构以及自身净化的能力得以建立，进而恢复水生态系统。

治理的策略分为三步走。第一步，从源头上将污染物质截住，让外来水体先通过湿地净化，然后进入湖泊内。第二步，在建设过程中进行全面控制。首先，通过完善和恢复生态链，在湖泊周围建立起三道防线，即"林灌、草、湿"系统，将自净化系统建立起来；其次，在湖泊的水体中将生态链建立起来，让其水体拥有自净化的能力；再次，利用微生物激活技术、人工浮岛和湖内自然湿地等方法，让湖泊内的自净化能力得到提高，进而提升水质的净化效果；最后，将林灌、草系统在湖岸建立，形成陆上保护圈，进而达到将城市面源污染削减掉，让其同湖泊中的湿地系统建立起一个完整的生态三道防线。第三步，使生态景观化。在通过自净化系统让生态链完善的同时，要注意提升城市的形象和品位。只有水体恢复活力，人来到时才能感到亲切，城市之心才能永葆活力。

三、湖泊生态治理的湿地工程

治理青山湖水生态系统时，可以从六大生态工程方面入手。下面我们来做一个详细的介绍。

（一）湿地工程

在此工程之中，我们可以将青山湖的湿地功能布局进行细致划分，分别是湖湾区、近岸浅水区、敞水区和进出水口区域（图13-4），而区域不同使用的方法或措施自然也会不同。

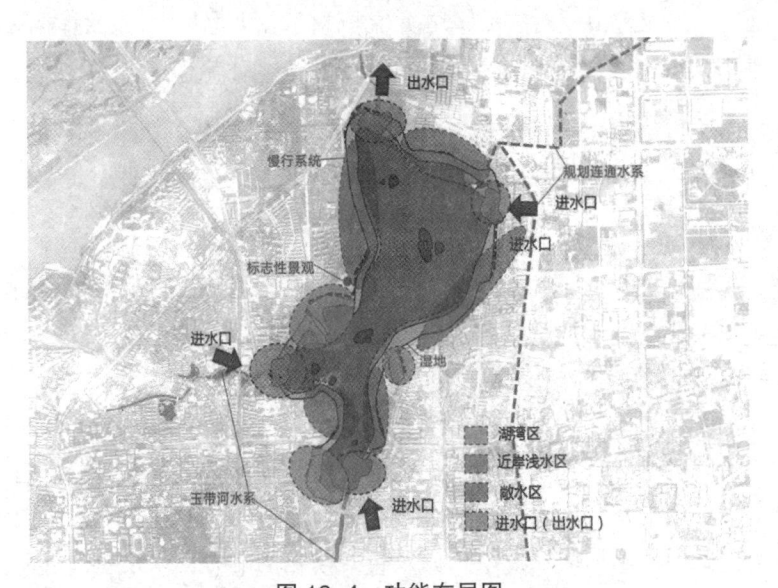

图13-4 功能布局图

1.湖湾区

区域特点：水流速度非常缓慢，导致水的动力欠佳，很容易形成淤积情况；

采取方案：挺水植物、沉水植物以及浮叶植物相搭配（图13-5）；

重点问题：解决水体的富营养化现象。

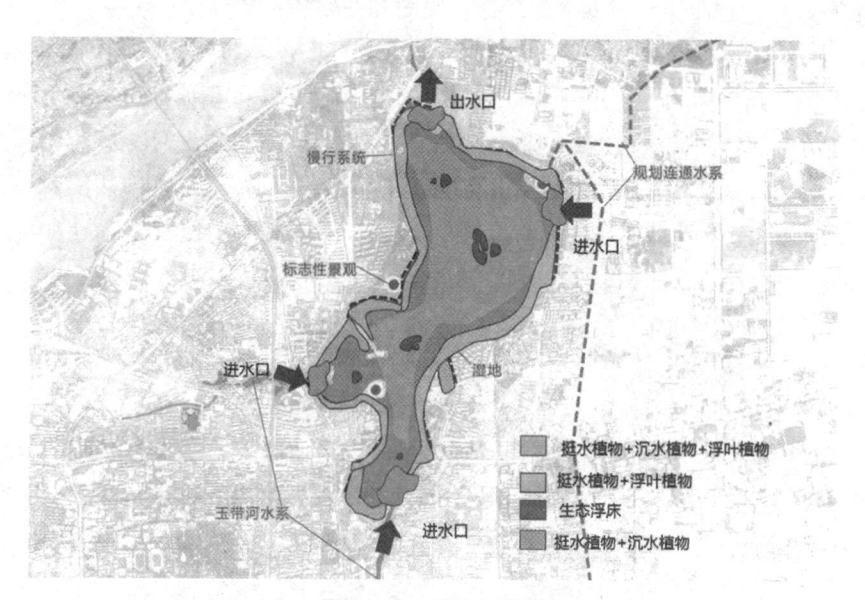

图13-5 植物分布图

2.近岸浅水区

区域特点：此区域使用填土填方的方式堆积而成；

采取方案：挺水植物、浮叶植物相互搭配；

目的：让岸边景观的层次变得丰富。

3.敞水区

区域特点：此区域位于湖泊的深水区域，水面整体较为宽阔；

采取方案：生态浮床方案较为合适；

注意事项：提高中心湖区水域的水污染削减能力。

4.进出水口区

区域特点：此区域水流较为迅速，会搅动沉积在底部的沉积物。

采取方案：挺水植物与沉水植物相互搭配。

注意事项：对治理污染的效果要不断强化，提高中心湖区水域的水污染削减能力。

（二）生态浮岛工程

生态浮岛设置在深水区域，其是通过浮岛上的水生植物，把水体中含有的氮磷等元素吸收掉，进而达到对藻类等悬浮物吸附和截留的目的。

建设生态浮岛时，选择水域较为开阔且水流速度较为缓慢的区域，这样的条件对污染物的降解非常有效。

生态浮床水体净化技术主要通过在河和湖泊的深水区域所架设的浮床上种植水生植物、农作物或者蔬菜等，让原来只可以在岸边浅水区种植的植物种植到深水区域的水面之上，进而通过植物吸收水中的氮磷元素和有机物来降低水体的富营养化，达到净化水体的目的。此方法不仅能在水面上造就良好的景观，还可以让农作物的产量提高。

（三）水动力工程

南昌市玉带河水系截污提升工程项目建议书曾经要求，到2015年年底，玉带河总渠和玉带河北支的水系的水质要达到景观用水的标准，这样青山湖就可以直接将其引入湖泊中，作为来水补给水源了（图13-6）。下面我们来看看在水动力工程方面可以采取的措施。

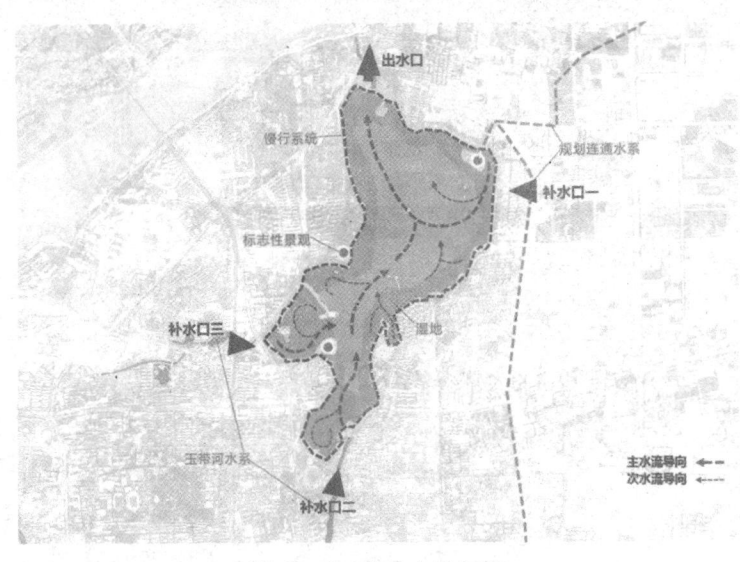

图13-6 水动力导向图

第一，主水流主要来自补给水，这样才能持续不断的形成水动力，同时在扬水曝气较小的范围内使用潜水推流曝气形成水循环,进而让水质得以净化。

第二,在改造湖床水动力的同时,将湖底淤泥进行彻底清理,把淤泥表面被营养物质覆盖的物质清除出去,进而达到削减内源污染的目的。

在平底湖和浅湖中,富营养化造成的污染物质无法沉淀,加之水体的流动较慢,湖泊自身的净化能力非常弱,水体富营养化造成蓝藻极易爆发。为了让底部的泥沙能集中沉淀,要根据清除湖底淤泥后高程的湖底采取措施,仿照自然湖泊的底形态进行构建(图13-7),进而建成一个良好的水动力循环系统。在清除湖底淤泥时(图13-8、图13-9),我们可以选择集中定点清除的方法,这样较为方便且能保持很长时间。

图 13-7　湖床水动力改造示意图

图 13-8　改造前横断面:大面积清淤

图 13-9　改造后横断面:集中清淤

（四）水生生物生态修复工程

对蓝藻、有机碎屑和植物的数量进行控制可以通过水体生态系统食物网链当中的滤食性浮游动物和杂食性鱼类，这样可以形成一个原微生物生存的环境，让自净化系统能够高效、安全且稳定地运行。

原微生物激活素对污染降解是通过分泌促进植物生长的物质来将植物根部的环境进行改善达到的。其在生态修复改善水体水质方面具有不可替代的作用。此方法在青山湖改造中的具体做法如下。

为了能让水质改善效果明显，整个青山湖放置激活素箱体一共 64 个。依据水动力的基本原理，为了方便激活素扩散到整个青山湖，分布密度较大的安排在三个补水口和一个出水口；激活素箱体分布较为稀疏的地方为湖泊北边和湖泊中心，因为这两个地方水质都较好；污染较为严重的湖泊南面和西面区域要适当增加激活素箱体分布的密度，激活度箱体发电的方式以电力和太阳能最佳，需要注意的是，设置箱体的第一年需要更换 3 次，第二年、第三年的时候可以减少到 2 次。

结合上述放置激活素箱体的密度投放密度恰当的鱼类，如鲢、鳙等，这样不仅能很好地将微囊藻毒素降低，还能对藻类的过量生长进行严格控制，从而让水体中的 COD、TP、DO 及 pH 值降低，达到改善水质的目的；增加湖泊中的河蚌和螺蛳放养数量，提升底栖动物的资源的数量，这样能让系统变得更加稳定，顺利完成水环境生态修复的目的。

（五）生态驳岸工程

生态驳岸工程肩负着水体和陆地系统自然界面的任务，在水陆生态系统之中发挥着过渡作用。

在建设有浆砌石高挡墙的湖段，以软硬结合的生态驳岸模式为主，将架空的带状的游憩空间设计在沿岸的局部地区，打造一个亲水的平台，这样方便人们通过廊架步入湖泊中的亲水地带，让人和自然能够亲密接触。

（六）生态保护圈工程——城市面源污染防治工程

生态保护圈指的是利用生态草削弱带将环绕湖泊的"林灌、草、湿"系统三道防线打造出来（图 13-10）。

植被控制是第一道防线。此防线采取的措施是通过地表的植被将径流之中，尤其是径流运输中产生的污染物质分离出来达到保护水体的功效。

湿地滞留净化系统是第二道防线，此防线利用湿地拥有的沉淀、截留和生物吸附的功效将污染物去除。此方法既能将颗粒悬浮物去除，又能将可溶性污染物清除掉。

图 13-10 三道防线示意图

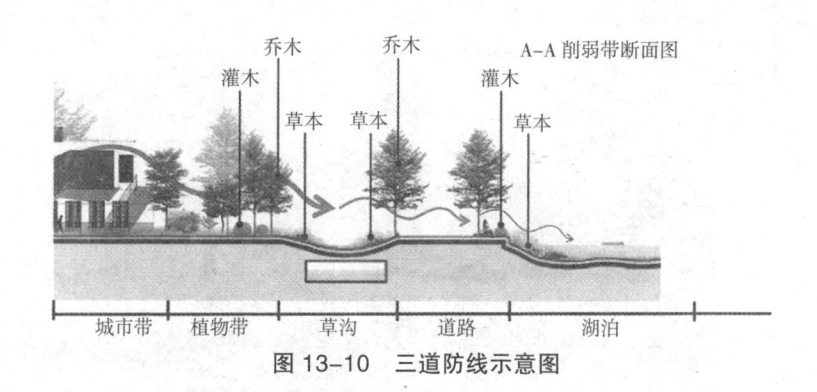

四、设计愿景

治理南昌市青山湖是海绵城市建设的范例。此范例利用建设海绵城市的契机，采取生态综合治理的方法，把城市的湖泊恢复到健康状态，进而建立起水体的自净化系统，把青山绿水再次重现，将城市的心脏再次激活，让绿色脉搏维持跳动，最终让良好的水陆生态景观系统以及城市开放空间展现在众人面前，让城市再次畅快呼吸。

第三节　深圳龙华新区大道景观设计

一、项目背景

龙华新区位于深圳地理中心和城市发展中轴，北邻东莞，并且区内拥有华南地区具有口岸功能、面积最大的特大型综合交通枢纽——深圳北站。随着城市的快速发展，新区大道不但要承担繁忙的交通，而且需要成为一条代表龙华新区形象和品位的迎宾大道。项目建设之初即提出了低冲击开发的理念，使新区大道最终建设成为兼顾生态功能和视觉效果的有代表性的海绵型道路绿地（图13-11）。

新区大道位于深圳龙华新区，始于新区大道梅林路跨线桥，中途穿过深圳北站，止于和平路与新区大道交叉口，道路主线长约7.23千米。

图 13-11　龙华新区区位图

二、设计概念

"品味龙华"——一条代表龙华新区形象和品位的迎宾大道。

（一）生态大道

通过在道路中运用康体植物、抗污染植物及生态工程，来净化空气、收集雨水，减少人工维护，同时向市民普及保健知识，维护市民健康，从而构建一个绿色、宜居、可持续发展的城市。

（二）创意大道

通过采用创意小品及造型感强的雕塑，增加道路的创意氛围，带动新区的创意文化产业发展，让市民近距离接触文化艺术。

（三）魅力大道

以大腹木棉为主题乔木，澳洲火焰木、美丽异木棉、宫粉紫荆、勒杜鹃为基调，营造一个充满魅力、令人向往的景观大道，体现热情似火、奋发昂扬的新区面貌。

三、设计宗旨

（一）一路一树，四季有景

本案以"强两边，弱中间"为设计原则，种植上以大腹木棉为主，以澳洲火焰木为点缀，根据分区特色，在灌木区增植四季主题的植物（以勒杜鹃为基调），加强区域景观效果（图13-12、图13-13）。

图 13-12 四季有景——夏季效果图，遵循"强两边，弱中间"的设计原则，加强区域景观效果

图 13-13 四季有景——秋季效果图，通过种植大腹木棉，增强季相色彩的丰富度

（二）以植物改造为主，以设施改造为辅

现有设施满足不了"品味龙华"的要求。为呼应新区大道"品味龙华"的主题，不仅要加大力度进行绿化改造，还要对整体设施进行改造（图 13-14）。

图 13-14 "品味龙华"植物改造效果图，通过增加植被种类，丰富道路景观层次

四、海绵城市设计

为有效收集园区雨水、体现海绵城市的理念,设计时需根据场地面积等实际情况,选取新龙公园和福龙公园打造雨水收集系统,在新区大道的特定区域进行海绵城市设计。

项目通过运用地形设计、构建自然式排水沟和预埋式排水管、改造雨水井、铺设汀步、应用透水铺装等方式,引导雨水通过地表自然渗透、排放与下渗。

在新龙公园和福龙公园塑造"四上三下"的地形,利用地形引导部分雨水流入自然式排水沟,另一部分雨水则通过地表渗透方式进入地下预埋的渗透式排水管。

雨水在通过植物群落的过程中得到一定程度的净化,随后汇入蓄水池进行二次利用,体现海绵城市的理念。

第四节 景德镇市黄泥头地区雨水花园景观设计

一、项目情况

(一)地理环境

黄泥头属于景德镇的城乡结合地带。早期景德镇市区内唯一的公共交通就是黄泥头至南门头的公共汽车。黄泥头在景德镇的地理位置非常重要,属于景德镇城东的交通咽喉,是景德镇通往江西省婺源县和乐平矿务局各矿井的必经之地。景德镇地方铁路的控制、调度和指挥中心也设在黄泥头。

(二)现状分析

1.城市内涝问题严重

景德镇位于鄱阳湖平原同黄山、怀玉山余脉过渡区,属于典型的江南红壤丘陵地带。城市内平均海拔为32米,地势东北高西南地,呈倾斜状,东北和西部是山脉,最高山峰海拔为1 618米,处于和安徽休宁相接的省界上。城市整体地形为盆地,周围群山环绕,这样的地形容易让城市一旦遇到连续暴雨就会发生水患(图13-15)。

图13-15 因地势低洼遭受暴雨袭击时形成的城市内涝

2. 交通事故频发

省道 S308 与县道 X102 交叉路口是交通事故多发地段。

图 13-16　交通事故多发地段 1

图 13-17　交通事故多发地段 2

3. 水环境污染和水生态退化

周围居民将生活垃圾随意抛放，河流沿岸的居民甚至直接将家畜产生的污水、粪便排入河流。南河下游地区的地势较为平坦，在河水流量较小的季节，河流自身的净化能力就会变差，导致河面上漂浮大量垃圾。每当夏季河水暴涨时，河流上堆积的大量垃圾就会随着水流被迫漂到下游地区（图 13-18、图 13-19）。

图 13-18　河面上的浮游垃圾

图 13-19　水污染

4. 基础交通设施不完善

基础交通设施不完善，车辆无秩序停放问题突出。

图 13-20　车辆无秩序停放

5. 无公共休闲区域

该地区城市基础设施不齐全，缺乏公共休闲区域，居民只能在附近河道边进行一些休闲娱乐活动（图13-21）。

图13-21 居民在河道边活动

（三）设计原则

1. 因地制宜

在黄泥头自然地理条件、水文地质特征、水资源环境保护河水以及洪涝防止要求等实际情况限制下，本着利用为主、改造为辅的原则，在低影响开发理念的指导下，选择使用低影响开发设施以及相应的组合系统，如下沉式绿地、植草沟、雨水湿地、透水铺装以及多功能调蓄水体工程等。

2. 以人为本

强调人与自然的和谐共生，天人合一。考虑到黄泥头周边环境，为周边居民或景德镇增添一处休闲娱乐的公共场所。

3. 与水为友

与水为邻，与水为友。

能增进人们对生态意识的责任意识。

二、黄泥头地区海绵城市建设的具体措施

（一）总平面图

总面积图见图13-22。

图13-22 总平面图

（二）主要景观

主要景观分为动线景观与静线景观，主要以滨河景观、雨水花园为主。内部休闲空间满足周边住宅区人群娱乐的需求，提供一个相对完善的室外休闲场所，总体定位为防护性绿地公园性质。如图 13-23 所示，主要景观节点有 20 处。

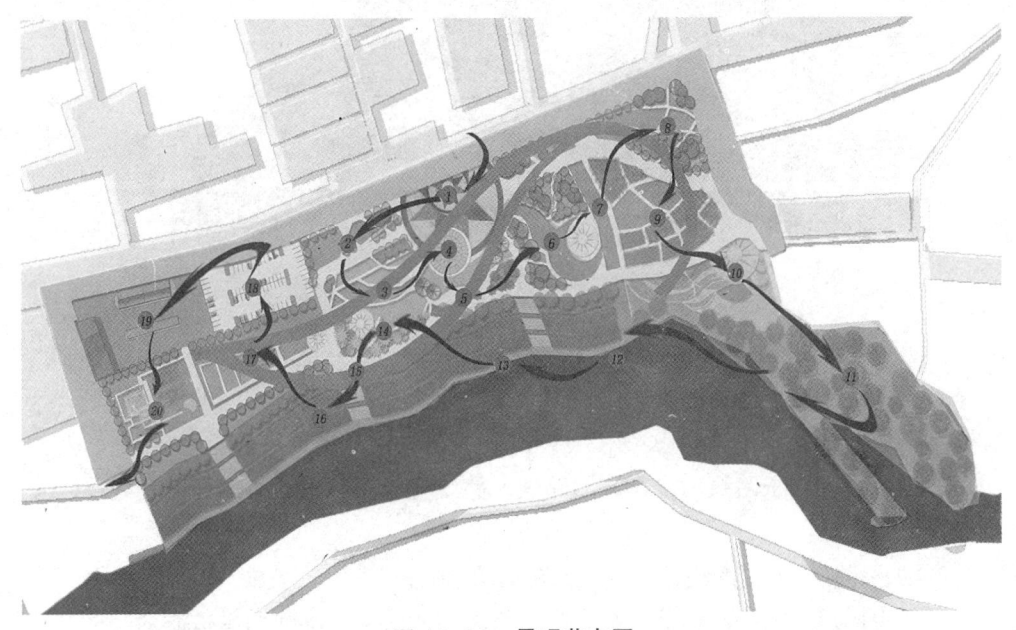

图 13-23　景观节点图

1-入口景观墙；2-次入口广场；3-景观廊架；4-旱地喷泉；5-特色树阵；6-旱溪；7-原址河道；8-老年棋牌区；9-芦苇区；10-错层阶梯区；11-水生植物群；12-滨河亲水平台；13-动感跑道；14-休闲区；15-空中廊道（跨越式）；16-生态驳岸；17-休憩停留区；18-公共停车场；19-公交中转站；20-竞技空间

（三）功能分区划分

主要景观划分成了六个区。考虑到洪涝灾害严重、交通事故多发段及公交中转站面积小，因此着力解决这三点问题。结合景观的生态、功能和审美的要求，设计时主要考虑将该公园设计成包含公交中转站、广场区、停车场、生态驳岸区、植物水生群落、旱溪、芦苇蓄水区、公共休闲娱乐、交流活动和儿童游乐区等在内的多功能、综合性的生态绿地，而这其中的每一项内容都要非常丰富（图 13-24）。

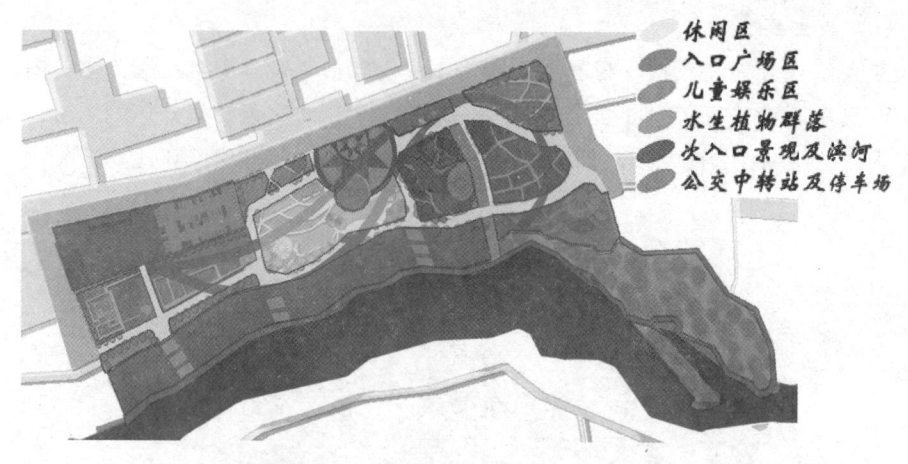

图 13-24　景观功能分区图

（四）道路交通划分

1. 主干道：主干道宽六米，主要为人流路线。基本串联公园内的入口广场、生态驳岸、水生植物群落、休闲娱乐区、儿童竞技区及观景平台等景观。

2. 散步道：此条路线为步行游园路线，路线宽窄不一，既有四面通达之感，又有曲径通幽之意。

3. 动感跑道：滨河的跑道可以使人在运动中愉悦。

4. 景观廊道：当梅雨季节来临，降水量增大的时候，临河两岸被淹的时候，还可以到景观廊道游览（图 13-25）。

图 13-25　道路交通划分图

(五)核心景观

1. 主入口广场区

主入口广场区的设计如图 13-26、图 13-27。

图 13-26　广场主入口日景

图 13-27　广场主入口夜景

(1) 入口景观雕塑

入口景观雕塑的灵感由青花瓷瓶的外形演变而来(图 13-28),通过外形与颜色的变换立在园区入口给人一种庄严又不失乐趣的景观感受。

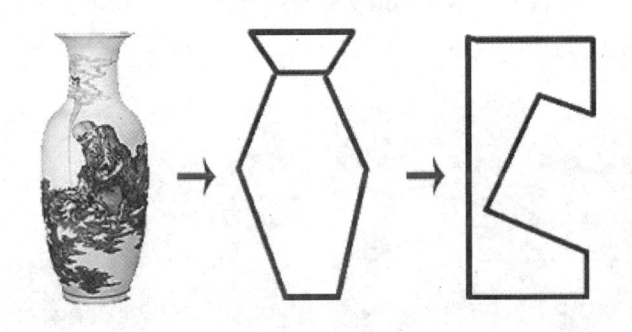

图 13-28　入口景观雕塑的由来

(2) 旱地喷泉

旱地喷泉是一种把喷泉的设备安装在地下,喷水头和灯光等设备放在网状盖板下面的一种喷泉设备。

此设备在铺装设备下面放置水池、喷头和灯光等,而水柱则利用盖板等铺装孔喷射出来,这样不仅能达到节省空间,不影响欣赏喷泉的效果,还能在不喷水时,保持外表整洁平坦，既可以让人行走，又不妨碍交通。与此同时，为人们提供了一个可以近水嬉戏的地方。此喷泉表面以光滑整洁的石材装饰，设计各式造型和图案，让其在喷水时将迷人魅力在灯光下尽情绽放出来（图13-29）。

图13-29 旱地喷泉

2. 旱溪区

旱溪就是不放水的溪床，是人们依照自然界之中干涸的河床进行仿制的，同时利用植物作为搭配在意境上营造出溪水的一种景观（图13-29、图13-31）。人们在造溪的时候，先是素土夯实，再碎石垫层，然后加入混凝土，最后把天然石头放于其上。这样做就算没有水的"参与"，从表面上看依然属于自然原石景观的一种，很好地避免了没水时难看的状况出现。旱溪在日本叫枯山水，有禅意、节水、低维护、方便介入等特征。旱溪也可以做河底，也可以用于防水。在雨季，也可以盛水，水旱两便（图13-32）。

图13-30 旱溪区景观　　图13-31 旱溪区景观

图13-32 旱溪区剖面图

第十三章 海绵城市建设实例

3. 芦苇区

芦苇湿地是一种过渡类型，是处于水生生态系统和陆生生态系统之间的生态系统，所种植的多半是半水生、半陆生的过渡性质的植物。芦苇湿地在生态条件上的变化性比较大，产生的边缘效果较为显著，这就为很多生物的生存营造了多样性的环境，也就让其拥有了丰富且多样的物种和种群。

我们可以把芦苇湿地当作直接水源地或者地下水补充，这样不仅能达到有效防洪的作用，抵御土壤次生盐渍化，还能通过滞留沉积物、有毒有害和富营养物质达到预防环境污染的作用，同时可以利用有机质把碳元素存储下来，达到减少温室效应的功效。

芦苇湿地为很多生物和植物的生育提供了理想场所，所以它不仅拥有非常高的生物生产的能力，还是人们寻找食材、原料以及嬉戏玩耍的地方（图13-33、图13-34、图13-35）。

图13-33 芦苇区景观1

图13-34 芦苇区景观2

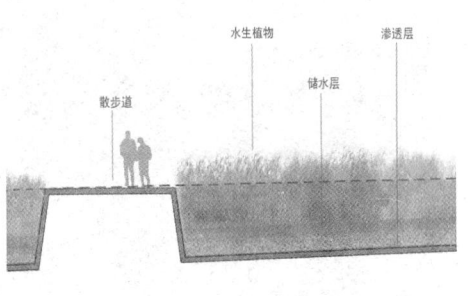

图13-35 芦苇区剖面图

4. 生态景观驳岸区

驳岸又被称作护坡，是一种位于河面之下防止河岸崩塌或遭受河水冲刷的构筑物。生态驳岸既指恢复后的自然河岸，又指具备自然河岸可渗透性功能的人工驳岸（图13-36）。其作用非常明显，让河流和河岸水体间的水分交换和调节有保证。其在抗洪强度方面也较为突出。

图13-36 生态景观驳岸区

因地制宜，黄泥头南河河段的边岸坡度较缓，河道断面的设计因河道的坡度不同而设计不同。在面对雨季为夏季，河水充沛的河道，其河道断面处理的关键是河道和河床，河道要能常年保证有水，河床在面对不同的水位和水量时能应付自如；在面对雨水量比较少，景观比较差时，其断面最好处理成多层台阶式的，即便河道内水位偏低，也能让其有一个持续的蓝带，这样不但能保证鱼类有一个基本的生存条件，还能达到至少3~5年的防御洪水的要求。一旦遇到较大的洪水，驳岸是允许被淹没的。

（1）动感跑道

动感跑道效果见图13-37、图13-38。

图13-37 动感跑道效果图1

图13-38 动感跑道效果图2

（2）滨河亲水平台

河滨景观是浅凹绿地，可以是自然形成的也可以是人工挖掘的，主要作用是对来自屋顶或地面的雨水进行汇集和吸收，之后在植物或沙土的作用下将其净化，进而让其逐渐渗透到土壤中，以达到涵养地下水源的目的，是一种生态可持续的雨洪控制与雨水利用设施。

图 13-39　滨河亲水平台夜景效果图 1　　图 13-40　滨河亲水平台夜景效果图 2

在城市滨河空间之中，驳岸景观发挥着不可替代的作用。第一，防御洪水的功能。滨水驳岸最为基本的功能是预防洪水，保护堤坝，存水和排水。其是不是稳定同人们生命财产安全有着最为直接的关系。这一点在水位变化比较大的河流驳岸改建中体现得最为明显。第二，驳岸生态功能。这一功能说起来较为宽泛，如水源调节、水体自身净化能力提升、水陆生态恢复平衡等都属于此功能范围内。第三，景观的功能。城市想要将自身特色突显出来，在规划时一定要把自然景观融入城市规划建设中。驳岸作为城市滨水的核心设计，既要让人们在视觉观赏上得到满足，又要同城市区域发展结合将城市景观特色展现出来。

5.水生植物群落

在选择水生植物群时，要以水杉、杉木为主。之所以这样选择，那是因为考虑到景德镇雨水量充沛的季节和所处的地势比较低，靠近河岸，土壤基本都是湿地或者半湿地，在植物的配置上选择种植适喜湿润、耐涝的植物（图 13-41、图 13-42）。

6.公交中转站

整改后的中转站增加了两个中转车道将能更有秩序的引导公交车进行中转。本方案增加了黄泥头小型公交中转站建筑，整栋建筑将公交车停放处与员工办公和休息室结合为一体。一楼为公交车停放处与司机师傅转站休息室，二楼为员工办公室。中转车道与公车站设为三个，方便在此候车的乘客。

图 13-41　景观图

图 13-42　景观图

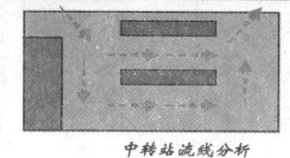

图 13-43　公交中转站效果图

7. 景观廊道入口

廊道特别的作用：雨水枯水期起观赏性作用，当降雨量增加，洪涝灾害来临时，可用于公园与公园外界连接的廊道。廊道周边设有防护栏（图 13-44、图 13-45、图 13-46）。

8. 休闲娱乐区

（1）休闲区

在这个区域可进行很多活动，既可进行有活力的娱乐活动，又可在树荫下放松心情。草木茂盛的区域长着厚厚树叶的树木和草坪交替而生，以草本植物和草地为主，点缀着野花。设置了大量座椅等可休闲的设施，赏心悦目的同时增加了情感交流（图 13-47～图 13-50）。

第十三章 海绵城市建设实例

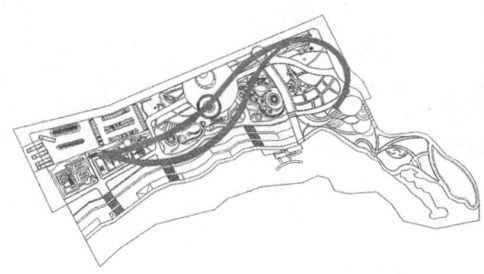

图 13-44 廊道效果图

图 13-45 景观廊架效果图 1

图 13-46 景观廊架效果图 2

13-47 休闲区效果图 1

13-48 休闲区效果图 2

13-49 次入口休闲区

图 13-50 休闲区效果图 3

· 241 ·

（2）娱乐区

对每位新生代孩子来说，儿童游乐园是快乐天堂的代名词。不过，对于00后尤其是10后的孩子来说，游乐园已经距离他们越来越远了。上述现象的出现是由多种原因造成的：第一，孩子的家长们有繁重的工作和应酬，根本抽不出时间带孩子去游乐园玩耍；第二，城市每天都处于建设之中，高楼大厦霸占了孩子们玩耍的乐土，让孩子们玩耍的地方愈来愈小；第三，电子产品发达的今天，孩子的目光都被其吸引了，让其窝在家里的时间远远大于户外运动玩耍的时间。

设置娱乐区，不仅能促进孩子和大人交流互动，让孩子在亲近自然的同时增加父母和孩子在情感上的交流，还能和小伙伴一起玩耍，在玩耍中学会怎样和他人进行相处（图13-51）。

图13-51 娱乐区鸟瞰图

（六）植物配置

1.本地植物优先选择，外来物种做搭配

本地植物能很好地适应当地的气候、土壤条件和周遭环境。在人工建造雨水花园时，本地植物不仅能将净化去污的能力成功发挥出来，还能让景观的地方特色显著。

雨水花园在选择常用植物时，要选择耐水性和耐湿性强，同时植株造型美观的乔木，如湿地松、水杉、池杉、垂柳等。这样选择的目的是方便管理、维护以及塑造造型。

2.净化能力强、根系发达为首选植物

植物在降解和去除雨水中污染物质的作用体现在三个方面。第一，利用植物自身的光合作用，吸收并利用雨水中含有的氮磷等矿物质；第二，利用根系将吸收的氧气输送到各基质当中，在根部造就一个有氧和无氧区相互穿插的微处理单元，进而让好氧、厌氧和无氧的微生物都有属于自己的区域；第三，面对污染物质，尤其重金属污染物，植物根系会发挥拦截和吸附作用。这类植物有芦苇、香蒲、细叶莎草、香根草等（图 13-52）。

乔木　　　　　　灌木　　　　　　地衣　　　　　　水生植物

图 13-52　植物

（七）铺装选择——透水性铺装

透水性瓷砖的主要原材料为赣南离子型稀土尾砂。它能烧制出和国家标准相符合的陶瓷透水砖（图 13-53）。通过对尾砂的使用量、烧制时的温度、保温所用时间以及成形压力等的研究发现了下面的规律。

图 13-53　陶瓷透水砖

1. 尾砂的使用量

在烧制时，提高稀土尾砂的使用量，让陶瓷透水砖的抗折强度逐渐降低，透水的系数是先大之后会变小。尾砂最为合理的使用量为 75%。

2. 烧制时的温度

陶瓷透水砖的内部孔径决定了其透水的溪水。试样在烧制时，温度从 1 200℃ 增加到 1 260℃ 的过程中，抗折强度在不断提高，而孔隙率却在逐渐下降，不过在温度调至 1 240℃ 时，试样的孔径达到最大，大小约 0.8 毫米，而此时的透水系数是最大的。

3. 保温所用时间

保温所用时间对其产生影响的规律同烧制时的温度"异曲同工"。最大透水溪水出现在保温时间为 30 分钟时。

4. 成型压力

一旦将陶瓷透水瓷砖的成形压力提高，其致密性就会提升，抗折强度就会增大，但是孔径就会变小，让透水系数变小。

从上述结论我们可以总结出，优化的制备工艺所需要的参数：烧制时的温度保持在 1 240℃、保温所用时间为 30 分钟，成形压力是 12 兆帕（MPa）。上述条件烧制出的试样抗折强度为 5.5 兆帕（MPa），透水系数为每秒 3.0×10^{-2} 厘米。

（八）景观小品设施

景观小品设施见图 12-53。

图 12-53　景观小品设施

参 考 文 献

[1] 鞠茂森.关于海绵城市建设理念、技术和政策问题的思考[J].水利发展研究,2015,(03):7-10.

[2] 车生泉,谢长坤,陈丹等.海绵城市理论与技术发展沿革及构建途径[J].中国园林,2015,(06):11-15.

[3] 周迪.海绵城市在现代城市建设中的应用研究[J].安徽农业科学,2015,(16):174-175.

[4] 俞孔坚,李迪华,袁弘等."海绵城市"理论与实践[J].城市规划,2015,(06):26-36.

[5] 仝贺,王建龙,车伍等.基于海绵城市理念的城市规划方法探讨[J].南方建筑,2015,(04):108-114.

[6] 邹宇,许乙青,邱灿红.南方多雨地区海绵城市建设研究——以湖南省宁乡县为例[J].经济地理,2015,09:(65)-71+78.

[7] 鹿健.海绵城市理念在雨洪资源利用中的实践分析[J].河南建材,2015,(05):113-115.

[8] 黄丽霞.海绵城市技术影响下的屋顶绿化植物配置研究[J].南方农业,2015,(28):13-16.

[9] 陈小龙,赵冬泉,盛政等.海绵城市规划系统的开发与应用[J].中国给水排水,2015,(19):121-125.

[10] 陈硕,王佳琪.海绵城市理论及其在风景园林规划中的应用[J].农业与技术,2016,(03):128-131.

[11] 崔广柏,张其成,湛忠宇,陈玥.海绵城市建设研究进展与若干问题探讨[J].水资源保护,2016,(02):1-4.

[12] 刘颂,陈长虹.基于低影响开发的海绵城市景观化途径[J].中国城市林业,2016,(02):10-16.

[13] 李俊奇,任艳芝,聂爱华,李小宁,宫永伟.海绵城市:跨界规划的思考[J].规划师,2016,(05):5-9.

[14] 王诒建.海绵城市控制指标体系构建探讨[J].规划师,2016,(05):10-16.

[15] 李敬,唐国策.海绵城市规划建设的发展与策略[J].林业科技情报,2016,(02):82-84.

[16] 谭术魁,张南.中国海绵城市建设现状评估——以中国16个海绵城市为例[J].城市问题,2016,(06):98-103.

[17] 张伟,王家卓,车晗等.海绵城市总体规划经验探索——以南宁市为例[J].城市规划,2016,(08):44-52.

[18] 孟岭超.基于"海绵城市"理念下的城市生态景观重塑研究[D].开封:河南大学,2015.

[19] 袁媛.基于城市内涝防治的海绵城市建设研究[D].北京:北京林业大学,2016.

[20] 乔典福.海绵城市背景下南昌市防洪排涝规划对策研究[D].广州:广东工业大学,2016.

[21] 牛聪聪.基于海绵城市的雨水花园应用研究[D].石家庄:河北师范大学,2016.

[22] 靳筠."海绵城市"建设功能下的西北地区景观设计研究[D].咸阳:西安建筑科技大学,2016.

[23] 谢瑶.重庆市海绵城市建设技术模式研究[D].重庆:重庆大学,2016.

[24] 李宇超.海绵城市建设的理论与实践[D].咸阳:西北农林科技大学,2016.

[25] 吴羽.关于海绵城市建设模式的实践研究[D].杭州:浙江工业大学,2016.

[26] 朱伟伟.海绵城市评价指标体系构建与实证研究[D].杭州:浙江农林大学,2016.

[27] 张伟,车伍.海绵城市建设内涵与多视角解析[J].水资源保护,2016,06:19-26.

[28] 睢晋玲,刘淼,李春林等.海绵城市规划及景观生态学启示——以盘锦市辽东湾新区为例[J].应用生态学报,2017,(03):975-982.

[29] 方世南,戴仁璋.海绵城市建设的问题与对策[J].中国特色社会主义研究,2017,(01):88-92+99.